工程力学 I

主　编　周　岭　于海明　杨烈霞
副主编　李　健　张有强　杨一帆　闫树军
编　委　李治宇　王　龙　王磊元　秦翠兰

科 学 出 版 社
北　京

内 容 简 介

本书是作者根据多年来的教学经验并参考同类著作进行编写的，以实用为原则，内容简明、通俗易懂，兼顾便于教师讲授和学生理解，突出对学生的学习指导。本书包括静力学、动力学、专题三部分内容，其中静力学包括静力学基本概念、质点的平衡、刚体的平衡，动力学包括质点运动学、刚体的运动、质点动力学及质点系动力学，专题包括平衡方程的应用、虚位移原理、达朗贝尔原理以及机械振动学基础等内容。另外，本书编入了与工程和生活实际相关、学生容易做错的思考题和习题，加强学生的思考。

本书适合农业工程、土木工程、机械工程等专业的基础力学课程教学使用，同时可以作为学生课外自学辅导教材及科研人员参考资料。

图书在版编目（CIP）数据

工程力学 I / 周岭，于海明，杨烈霞主编. —北京：科学出版社，2020.6
ISBN 978-7-03-065318-5

Ⅰ. ①工… Ⅱ. ①周… ②于… ③杨… Ⅲ. ①工程力学
Ⅳ. ①TB12

中国版本图书馆 CIP 数据核字（2020）第 091974 号

责任编辑：朱晓颖 陈 琼/ 责任校对：王 瑞
责任印制：张 伟 / 封面设计：迷底书装

科学出版社 出版
北京东黄城根北街 16 号
邮政编码：100717
http://www.sciencep.com

北京盛通商印快线网络科技有限公司 印刷
科学出版社发行 各地新华书店经销
*
2020 年 6 月第 一 版 开本：787×1092 1/16
2020 年 6 月第一次印刷 印张：13 1/4
字数：336 000

定价：59.00 元

（如有印装质量问题，我社负责调换）

前　　言

本书内容的编写以实用为原则，以便于教师讲授和学生理解为主旨，注重培养学生分析问题、解决问题及遇到问题辩证思维的能力。通过本书的学习，学生可以掌握物体机械运动的基本规律，初步学会运用这些基本规律去分析解决工程实际中的力学问题，并为学习材料力学、结构力学、流体力学、振动理论、机械原理、机械零件等相关后续课程打下基础。

本书具有以下主要特点。

(1) 构建新的经典力学知识框架，注重基础，突出重点，将运动学整合为两个单元：质点运动学和刚体的平面运动(刚体运动学)，让学生提纲挈领地掌握运动学的基础与重点。

(2) 将工程问题(桁架、机械振动)、分析力学基础(虚位移原理、达朗贝尔原理)作为专题内容，便于学生对知识的选修与延伸，有的放矢分层次培养学生。

(3) 符合学生的认知规律，注重学生工程系统能力的培养，书中各章根据需要附有思考题、习题，便于学生将理论学习与实践验证相结合。

参加本书编写的工作人员有：塔里木大学周岭(第 1 章、第 2 章)、李健(第 3 章、第 4 章)、闫树军(第 5 章)、张有强和王龙(第 10 章、专题)、杨帆(第 9 章部分、专题的习题与思考题)，东北农业大学于海明(第 6 章、第 7 章)，陕西理工大学杨烈霞(第 9 章部分)，山东理工大学李治宇(第 8 章)，新疆理工学院秦翠兰和王磊元(第 11 章)。

在本书编写过程中参考了同类著作(具体主要书目作为参考文献列于书末)，在此向这些著作的作者表示衷心的感谢。

科学出版社编审人员的专业知识、敬业精神以及严谨的工作作风为本书的质量和出版提供了保证，在此也向他们致以衷心的感谢。

由于编者第一次按这样的体系编写教材，水平有限，书中疏漏和不足之处在所难免，敬请读者批评指正。

编　者

2020 年 1 月

目　录

第一部分　静　力　学

第二部分 动 力 学

第三部分　专　　题

第一部分　静　力　学

第 1 章　静力学基本概念

静力学的基本物理量是力，它只研究最简单的运动状态，即平衡。静力学的全部内容是以几条公理为基础推理出来的。这些公理是人类在长期的生产实践中积累起来的关于力的知识的总结，它反映了作用在刚体上的力的最简单最基本的属性，这些公理的正确性是可以通过实验来验证的，但不能用更基本的原理来证明。

1.1　力、刚体和平衡的概念

静力学是研究物体的平衡问题的科学，主要讨论作用在物体上的力系的简化和平衡两大问题。平衡在工程上是指物体相对于地球保持静止或匀速直线运动状态，它是物体机械运动的一种特殊形式。

1. 力的概念

力的概念是人们在长期的生产劳动和生活实践中逐步形成，并通过归纳、概括和科学的抽象而建立的。**力是物体之间相互的机械作用，这种作用使物体的机械运动状态发生改变，或使物体产生变形**。力使物体的运动状态发生改变的效应称为外效应，而使物体发生变形的效应称为内效应。刚体只考虑外效应，变形固体还要研究内效应。经验表明，力对物体作用的效应完全取决于以下力的三要素。

(1) 力的大小，是物体相互作用的强弱程度。在国际单位制中，力的单位为牛顿(N)或千牛顿(kN)，1kN = 1000N。

(2) 力的方向，包含力的方位和指向两方面的含义。例如，重力的方向是“竖直向下”，“竖直”是力作用线的方位，“向下”是力的指向。

(3) 力的作用位置，是指物体上承受力的部位。一般来说是一块面积或体积，称为分布力；而有些分布力分布的面积很小，可以近似看作一个点，称为集中力。

如果改变了力的三要素中的任一要素，也就改变了力对物体的作用效应。

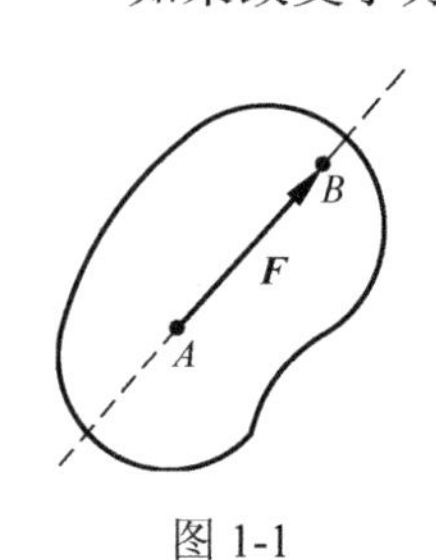

图 1-1

因为力是有大小和方向的量，所以力是矢量。可以用一条带箭头的线段来表示，如图 1-1 所示，线段 AB 的长度按一定的比例尺表示力 $\boldsymbol{F}$ 的大小，线段的方位和箭头的指向表示力的方向。线段的起点 A 或终点 B 表示力的作用点。线段 AB 的延长线(图 1-1 中虚线)表示力的作用线。

本书用黑体字母表示矢量，用对应白体字母表示矢量的大小。

一般来说，作用在物体上的力不止一个，我们把**作用于物体上的一群力称为力系**。如果作用于物体上的某一力系可以用另一力系来代替，而不改变原有的状态，则这两个力系互称等效力系。如果一个力与一个力系等效，则称此力为该力系的合力，这个过程称为力的合成；而力系中的各个力称为此合力的分力，将合力代换成分力的过程称为力的分解。**在研究力学问题时，为方便地显示各种力系对物体作用的总体效应，用一个简单的等效力系(或一个力)代替一个复杂力系的过程称为力系的简化**。力系的简化是刚体静力学的基本问题之一。

2. 刚体的概念

工程实际中的许多物体在力的作用下的变形微小，对平衡问题的影响也很小，为了简化分析，我们把物体视为**刚体**。**刚体是指在任何外力的作用下大小和形状始终保持不变的物体**。静力学的研究对象仅限于刚体，所以又称为刚体静力学。

严格地说，**绝对不变形的刚体在客观上是不存在的**，即使是坚硬的钢铁，在力的作用下也总要或多或少发生不同程度的变形。但是，这种微小的变形对平衡问题的研究影响不大，可以忽略不计；同时，把受力物体假定为刚体，就能使研究的问题大为简化。

需要注意的是，**刚体的平衡条件只是变形体平衡的必要条件，而不是充分条件**。也就是说，若将处于平衡状态的刚体看成变形体，其平衡状态将不一定保持；但是，如果变形体处于平衡状态，那么若将它看成刚体，则其平衡状态不受影响。

3. 平衡的概念

平衡是物体机械运动的特殊形式，严格地说，**物体相对于惯性参照系处于静止或做匀速直线运动的状态，即加速度为零的状态都称为平衡**。静力学还研究力系的简化和物体受力分析的基本方法。

平衡是物体运动的一种特殊情况。对于某一物体的平衡状态，必须指明它是相对于周围哪一物体而言的。目前，我们所讨论的平衡一般都是指相对于地球的平衡。

1.2　静力学的基本公理

公理就是无须证明、在长期生活和生产实践中所公认的真理。静力学公理是静力学全部理论的基础。

1. 二力平衡公理

作用于同一刚体上的两个力平衡的必要与充分条件是：力的大小相等，方向相反，作用在同一直线上。可以表示为：$\boldsymbol{F}_1 = -\boldsymbol{F}_2$ 或 $\boldsymbol{F}_1+\boldsymbol{F}_2 = 0$。

此公理给出了作用于刚体上的最简力系平衡时所必须满足的条件，是推证其他力系平衡条件的基础。

在两个力作用下处于平衡的物体称为二力体，若物体是构件或杆件，也称二力构件或二力杆件，简称二力杆，如图 1-2 所示。

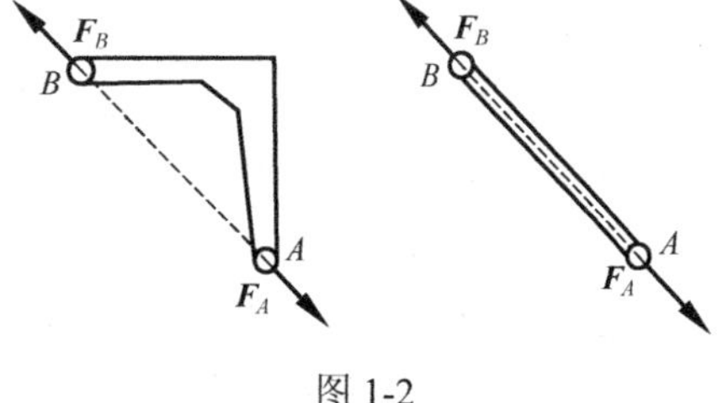

图 1-2

2. 加减平衡力系公理

在作用于刚体的任意力系中，加上或减去平衡力系，并不改变原力系对刚体的作用效应。

推论 1　力的可传性原理

作用于刚体上的力可以沿其作用线移至刚体内任意一点，而不改变该力对刚体的效应。

证明： 设力 $\boldsymbol{F}$ 作用于刚体上的点 A，如图 1-3 所示。在力 $\boldsymbol{F}$ 作用线上任选一点 B，在点 B 上加一对平衡力 $\boldsymbol{F}_1$ 和 $\boldsymbol{F}_2$，使 $\boldsymbol{F}_1 = -\boldsymbol{F}_2 = \boldsymbol{F}$，则 $\boldsymbol{F}_1$、$\boldsymbol{F}_2$、$\boldsymbol{F}$ 构成的力系与 $\boldsymbol{F}$ 等效。将平衡力系 $\boldsymbol{F}$、$\boldsymbol{F}_2$ 减去，则 $\boldsymbol{F}_1$ 与 $\boldsymbol{F}$ 等效。此时，相当于力 $\boldsymbol{F}$ 已由点 A 沿作用线移到了点 B。

由此可知，作用于刚体上的力是滑移矢量，因此作用于刚体上力的三要素为大小、方向和**作用线**。

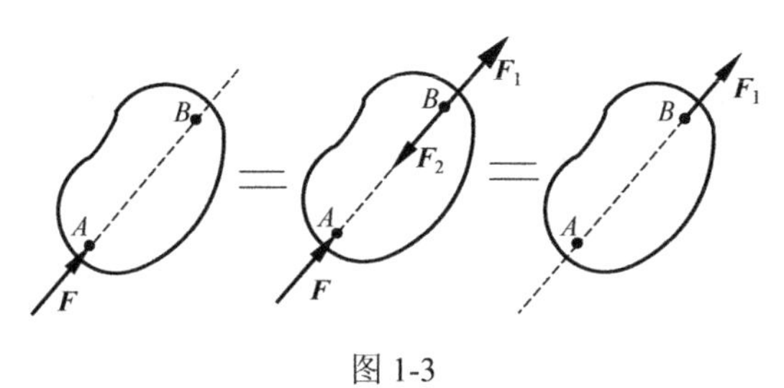

图 1-3

3. 力的平行四边形法则

作用于物体上同一点的两个力可以合成为作用于该点的一个合力，它的大小和方向由以这两个力的矢量为邻边所构成的平行四边形的对角线来表示。如图 1-4(a)所示，以 $\boldsymbol{F}_{\mathrm{R}}$ 表示力 $\boldsymbol{F}_1$ 和力 $\boldsymbol{F}_2$ 的合力，则 $\boldsymbol{F}_{\mathrm{R}} = \boldsymbol{F}_1 + \boldsymbol{F}_2$，即作用于物体上同一点两个力的合力等于这两个力的矢量和。

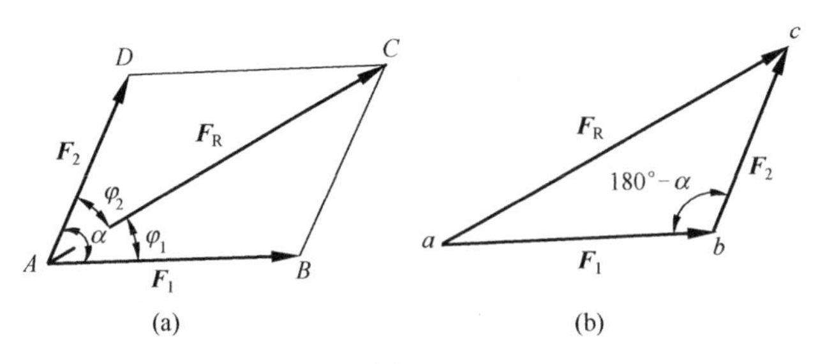

图 1-4

在求共点两个力的合力时，我们常采用力的三角形法则，如图 1-4(b)所示。从刚体外任选一点 a 作矢量 $\overrightarrow{ab}$ 代表力 $\boldsymbol{F}_1$，然后从 b 的终点作矢量 $\overrightarrow{bc}$ 代表力 $\boldsymbol{F}_2$，最后连起点 a 与终点 c 得到矢量 $\overrightarrow{ac}$，则 $\overrightarrow{ac}$ 就代表合力 $\boldsymbol{F}_{\mathrm{R}}$。分力矢与合力矢所构成的$\triangle abc$ 称为力的三角形。这种合成方法称为力的三角形法则。

推论 2　三力平衡汇交定理

刚体受同一平面内互不平行的三个力作用而平衡时，此三力的作用线必汇交于一点。

证明： 设在刚体上三点 A、B、C 分别作用有力 $\boldsymbol{F}_1$、$\boldsymbol{F}_2$、$\boldsymbol{F}_3$，其互不平行且为平衡力

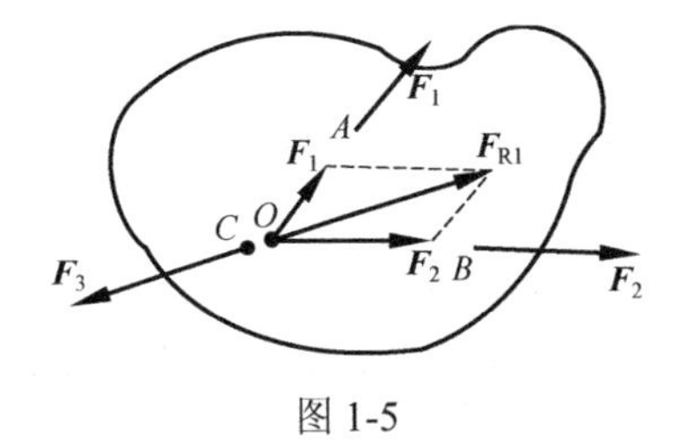

图 1-5

系，如图 1-5 所示，根据力的可传性原理，将力 $\boldsymbol{F}_1$ 和 $\boldsymbol{F}_2$ 移至汇交点 O，根据力的可传性原则，得合力 $\boldsymbol{F}_{R1}$，则力 $\boldsymbol{F}_3$ 与 $\boldsymbol{F}_{R1}$ 平衡。由二力平衡公理知，$\boldsymbol{F}_3$ 与 $\boldsymbol{F}_{R1}$ 必共线，所以力 $\boldsymbol{F}_1$ 的作用线必过点 O。

4. 作用与反作用公理

两个物体间相互作用力总是同时存在，它们的大小相等，指向相反，并沿同一直线分别作用在这两个物体上。

物体间的作用力与反作用力总是同时出现、同时消失。可见，自然界中的力总是成对地存在，而且同时分别作用在相互作用的两个物体上。**这个公理概括了任何两物体间的相互作用的关系，不论对刚体或变形体，不管物体是静止的还是运动的都适用**。应该注意，作用力与反作用力虽然等值、反向、共线，但它们不能平衡，因为二者分别作用在两个物体上，不可与二力平衡公理混淆起来。

5. 刚化原理

变形体在已知力系作用下平衡时，若将此变形体视为刚体(刚化)，则其平衡状态不变。

此原理建立了刚体平衡条件与变形体平衡条件之间的关系，即刚体的平衡条件对于变形体的平衡来说也必须满足。但是，**满足了刚体的平衡条件，变形体不一定平衡**。例如，一段软绳，在两个大小相等、方向相反的拉力作用下处于平衡，若将软绳变成刚杆，平衡保持不变。反过来，一个刚杆在两个大小相等、方向相反的压力作用下处于平衡，而软绳在此压力下则不能平衡。可见，刚体的平衡条件对于变形体的平衡来说只是必要条件而不是充分条件。

1.3　约束与约束反力

工程上所遇到的物体通常分两种：**可以在空间做任意运动的物体称为自由体**，如飞机、火箭等；**受到其他物体的限制，沿着某些方向不能运动的物体称为非自由体**。例如，悬挂的重物因为受到绳索的限制，在某些方向不能运动而成为非自由体，这种阻碍物体运动的限制称为约束。约束通常是通过物体间的直接接触形成的。

既然约束阻碍物体沿某些方向运动，那么**当物体沿着约束所阻碍的运动方向运动或有运动趋势时，约束对其必然有力的作用，以限制其运动，这种力称为约束反力**。约束反力的方向总是与约束所能阻碍的物体的运动或运动趋势的方向相反，它的作用点就在约束与被约束的物体的接触点，大小可以通过计算求得。

工程上通常把能使物体主动产生运动或运动趋势的力称为主动力，如重力、风力、水压力等。通常主动力是已知的，约束反力是未知的，它不仅与主动力的情况有关，也与约束类型有关。下面介绍工程实际中常见的几种约束类型及其约束力的特性。

1. 柔索约束

绳索、链条、皮带等属于柔索约束。理想化条件如下：柔索绝对柔软、无重量、无粗细、不可伸长或缩短。由于柔索只能承受拉力，所以**柔索的约束反力作用于接触点，方向沿柔索的中心线而背离物体，为拉力**，如图 1-6 和图 1-7 所示。

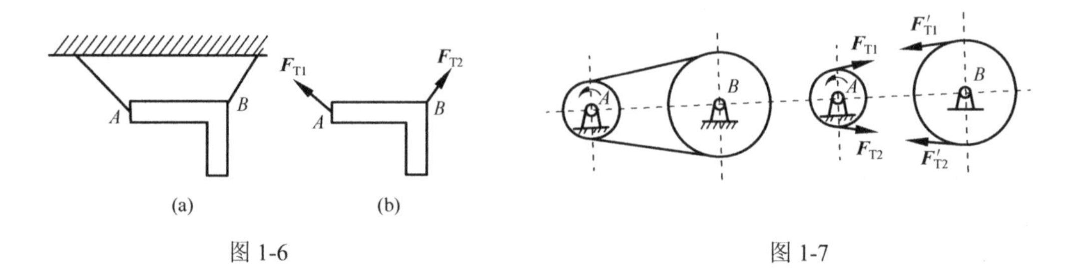

(a)　(b)

图 1-6　　图 1-7

2. 光滑接触面约束

当物体接触面上的摩擦力可以忽略时，即可看作光滑接触面，这时两个物体可以脱离开，也可以沿光滑接触面相对滑动，但沿接触面法线且指向接触面的位移受到限制。因此，**光滑接触面约束反力作用于接触点，沿接触面的公法线且指向物体，为压力**，如图 1-8 和图 1-9 所示。

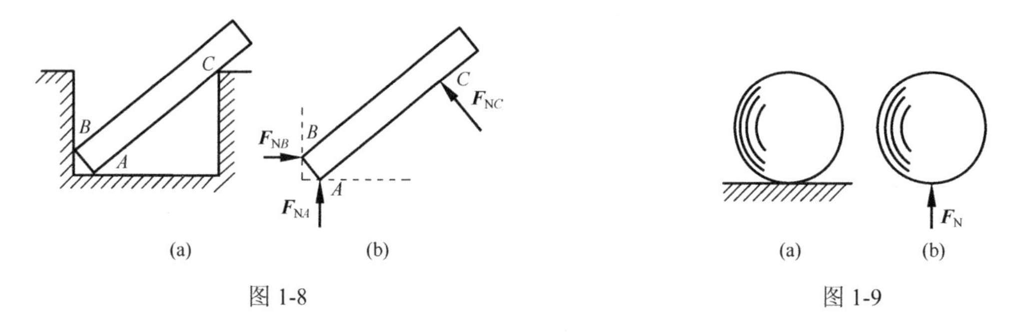

(a)　(b)　(a)　(b)

图 1-8　　图 1-9

3. 光滑铰链约束

工程上常用销钉来连接构件或零件，这类约束只限制相对移动不限制转动，且忽略销钉与构件间的摩擦。若两个构件用销钉连接起来，这种约束称为铰链约束，简称铰连接或中间铰，如图 1-10(a)所示。图 1-10(b)为计算简图。**铰链约束只能限制物体在垂直于销钉轴线的平面内相对移动，但不能限制物体绕销钉轴线相对转动**。如图 1-10(c)所示，**铰链约束的约束反力作用在销钉与物体的接触点 *D*，沿接触面的公法线方向，使被约束物体受压力**。但由于销钉与销钉孔壁接触点和被约束物体所受的主动力有关，一般不能预先确定，所以约束反力 $\boldsymbol{F}_C$ 的方向也不能确定。因此，其约束反力作用在垂直于销钉轴线平面内，通过销钉中心，方向不定。为计算方便，**铰链约束的约束反力常用过铰链中心两个大小未知的正交分力来表示**，如图 1-10(d)所示。两个分力的指向可以假设。

4. 固定铰支座约束

将结构物或构件用销钉与地面或机座连接就构成了固定铰支座，如图 1-11(a)所示。固定铰支座约束与铰链约束完全相同。简化记号和约束反力如图 1-11(b)和图 1-11(c)所示。

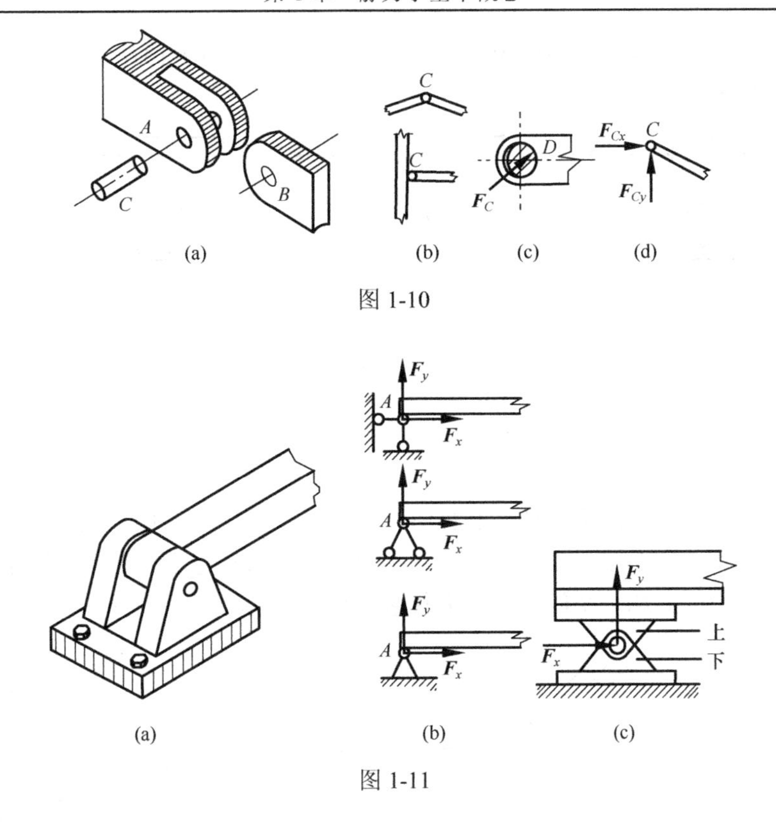

图 1-10

图 1-11

5. 滑动铰支座约束

在固定铰支座和支承面间装有辊轴，就构成了辊轴支座，又称滑动铰支座，如图 1-12(a)所示。这种约束只能限制物体沿支承面法线方向运动，而不能限制物体沿支承面移动和相对于销钉轴线转动。因此，**其约束反力垂直于支承面，过销钉中心，指向可假设**，如图 1-12(b)和图 1-12(c)所示。

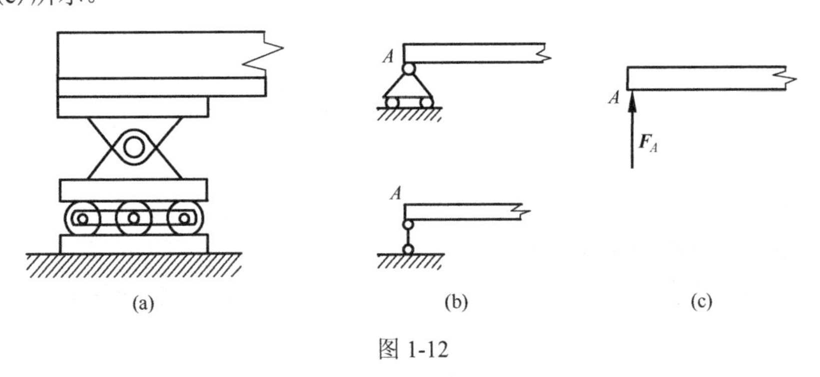

图 1-12

6. 链杆约束

两端以铰链与其他物体连接、中间不受力且不计自重的刚性直杆称链杆，如图 1-13(a)所示。这种约束反力只能限制物体沿链杆轴线方向运动，因此**链杆的约束反力沿着链杆两**

端中心连线方向，指向或为拉力或为压力，如图 1-13(b)和图 1-13(c)所示。**链杆属于二力杆的一种特殊情形**。

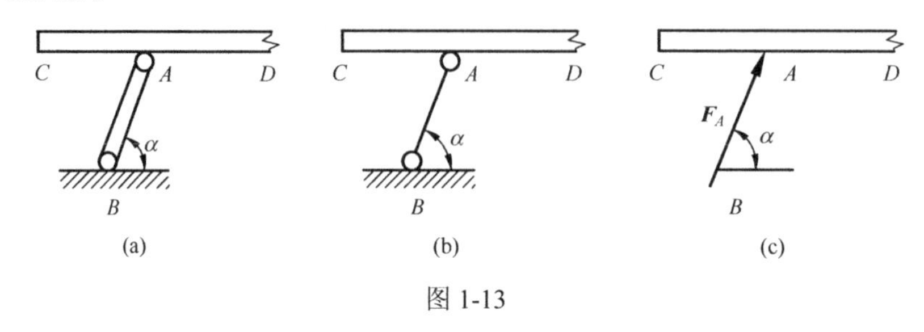

图 1-13

7. 固定端约束

将构件的一端插入一固定物体(如墙)中，就构成了固定端约束。在连接处具有较大的刚性，被约束的物体在该处被完全固定，既不允许相对移动也不可转动。**固定端的约束反力一般用两个正交分力和一个约束力偶来代替**，如图 1-14 所示。

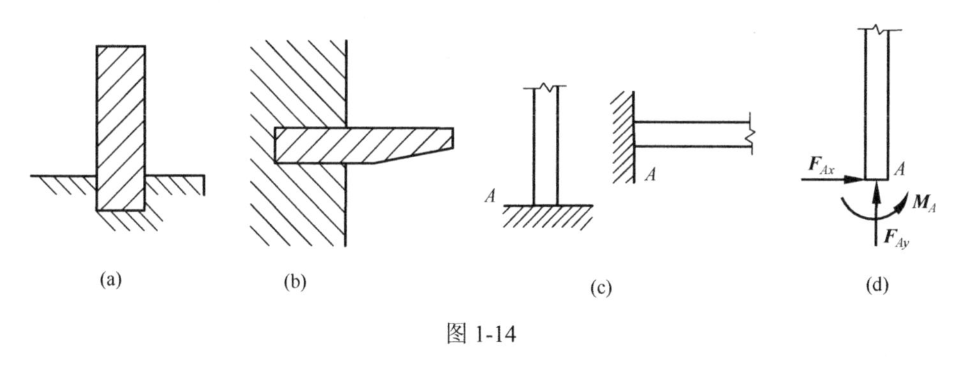

图 1-14

1.4 物体的受力分析与受力图

静力学问题大多是受一定约束的非自由刚体的平衡问题，解决此类问题的关键是找出主动力与约束反力之间的关系。因此，必须对物体的受力情况作全面的分析，即物体的受力分析，它是力学计算的前提和关键。

作用在物体上的每一个力，都对物体的运动(包括平衡)产生一定的影响。因此，**在工程实际中，常常要分析某一构件受哪些力的作用，在这些力中哪些力是已知的、哪些力是未知的，它们的大小和方向如何等，这种对物体受力情况进行的分析称为受力分析。**

在受力分析中，把所研究的物体称为研究对象，并把研究对象从周围物体中分离出来，单独画出它的轮廓图形，称为分离体。再在分离体上画出物体所受的全部力，包括主动力和约束反力，这个画有物体所受全部力的分离体图称为物体的受力图。取分离体、画受力图的整个过程即受力分析过程。

受力分析过程的步骤可大致归纳如下。

(1) 根据问题的要求确定研究对象，并将所确定的研究对象从周围物体中分离出来，即取分离体或取研究对象。

(2) 分析画出作用在分离体(研究对象)上的主动力，如重力、载荷等。

(3) 分析画出作用在分离体(研究对象)上的约束反力，主要分析周围物体对研究对象的限制属于哪一类约束，根据约束的性质画约束反力，指向未定的可暂时假设。

(4) 作全面检查，对于研究对象绝不能人为地多加一个力，也不能少画一个力。

画物体系的受力图时，通常应先找出二力构件，画出它的受力图，再画其他物体的受力图。当画物体系中某个物体的受力图时，只画其他物体对此物体的作用力或反作用力。

【例 1-1】 水平梁 *AB* 用斜杆 *CD* 支撑，*A*、*C*、*D* 三处均为光滑铰链连接，如图 1-15 所示。梁上放置一重为 $\boldsymbol{F}_{G1}$ 的电动机。已知梁重为 $\boldsymbol{F}_{G2}$，不计杆 *CD* 自重，试分别画出杆 *CD* 和梁 *AB* 的受力图。

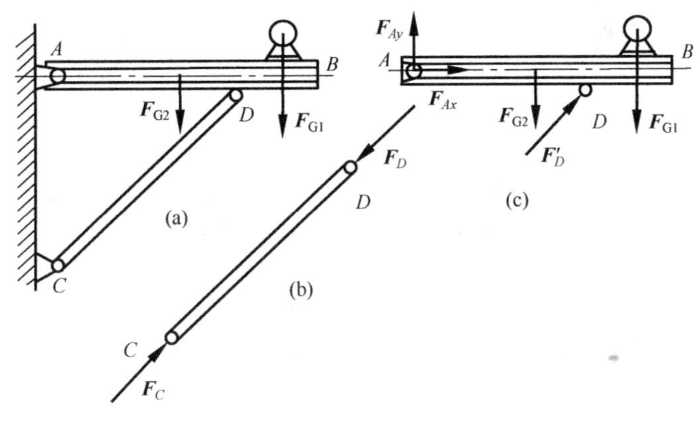

图 1-15

解： (1) 取杆 *CD* 为研究对象。由于杆 *CD* 自重不计，只在杆的两端分别受有铰链的约束反力 $\boldsymbol{F}_C$ 和 $\boldsymbol{F}_D$ 的作用，由此判断杆 *CD* 为二力杆。根据二力平衡公理，$\boldsymbol{F}_C$ 和 $\boldsymbol{F}_D$ 两力大小相等、沿铰链中心连线 *CD* 方向且指向相反。杆 *CD* 的受力图如图 1-15(b) 所示。

(2) 取梁 *AB*(包括电动机) 为研究对象。它受 $\boldsymbol{F}_{G1}$、$\boldsymbol{F}_{G2}$ 两个主动力的作用；梁在铰链 *D* 处受二力杆 *CD* 给它的约束反力 $\boldsymbol{F}'_D$ 的作用，根据作用与反作用公理，$\boldsymbol{F}'_D=-\boldsymbol{F}_D$；梁在 *A* 处受固定铰支座的约束反力，由于方向未知，可用两个大小未知的正交分力和表示。梁 *AB* 的受力图如图 1-15(c) 所示。

【例 1-2】 简支梁两端分别为固定铰支座和可动铰支座，在 *C* 处作用一集中荷载 $\boldsymbol{P}$ (图 1-16(a))，梁重不计，试画梁 *AB* 的受力图。

解： 取梁 *AB* 为研究对象。作用于梁上的力有集中荷载 $\boldsymbol{P}$、可动铰支座 *B* 的反力 $\boldsymbol{F}_B$，铅垂向上，固定铰支座 *A* 的反力用过点 *A* 的两个正交分力和表示。受力图如图 1-16(b) 所示。由于此梁受三个力作用而平衡，故可由三力汇交平衡定理确定 $\boldsymbol{F}_A$ 的方向。用点 *D* 表示力 $\boldsymbol{P}$ 和 $\boldsymbol{F}_B$ 的作用线交点。$\boldsymbol{F}_A$ 的作用线必过交点 *D*，如图 1-16(c) 所示。

【例 1-3】 三铰拱桥由左右两拱铰接而成，如图 1-17(a) 所示。设各拱自重不计，在拱 *AC* 上作用荷载 $\boldsymbol{F}$。试分别画出拱 *AC* 和 *CB* 的受力图。

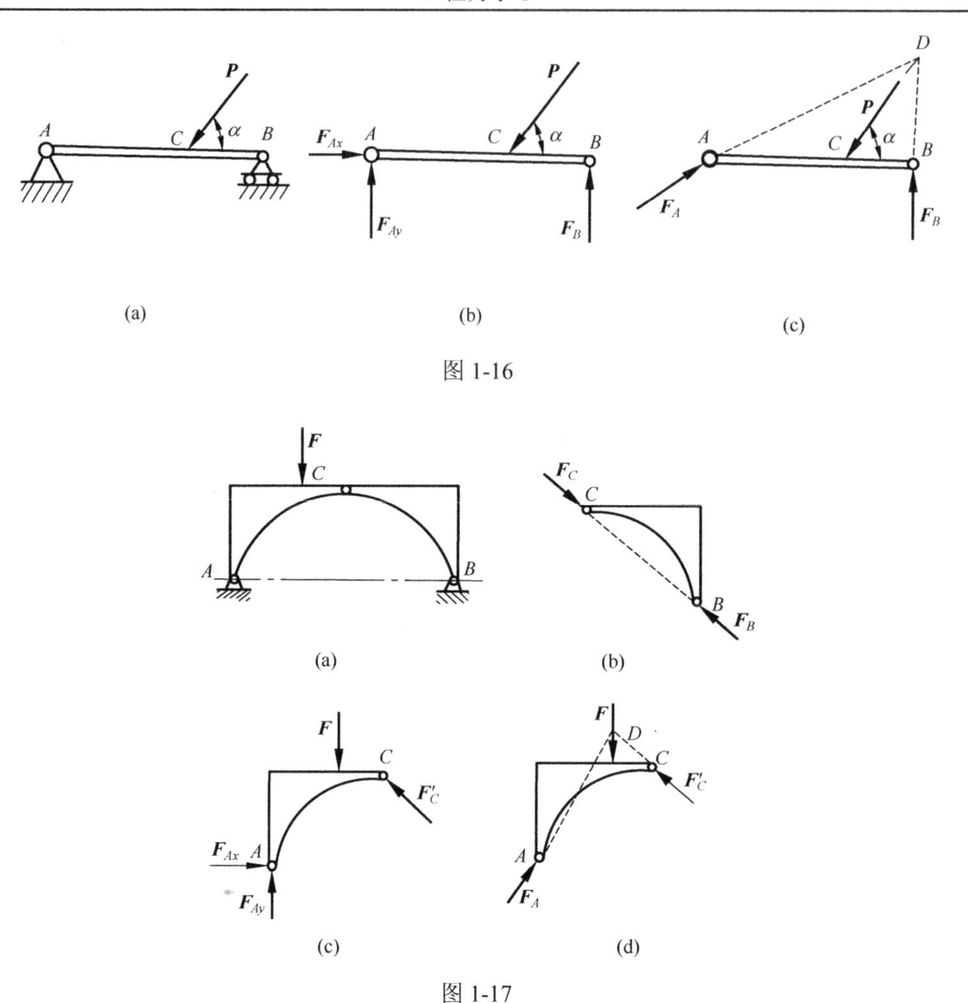

图 1-16

图 1-17

解：(1)取拱 CB 为研究对象。拱自重不计，且只在 B、C 处受到铰约束，因此拱 CB 为二力构件。在铰链中心 B、C 分别受到 $\boldsymbol{F}_B$ 和 $\boldsymbol{F}_C$ 的作用，且 $\boldsymbol{F}_B=-\boldsymbol{F}_C$。拱 CB 的受力图如图 1-17(b)所示。

(2)取拱 AC 连同销钉 C 为研究对象。由于拱自重不计，主动力只有荷载 $\boldsymbol{F}$；点 C 受拱 CB 施加的约束反力 $\boldsymbol{F}'_C$，且 $\boldsymbol{F}'_C=-\boldsymbol{F}_C$；点 A 处的约束反力可分解为 $\boldsymbol{F}_{Ax}$ 和 $\boldsymbol{F}_{Ay}$。拱 AC 的受力图如图 1-17(c)所示。

拱 AC 在 $\boldsymbol{F}$、$\boldsymbol{F}'_C$ 和 $\boldsymbol{F}_A$ 三力作用下平衡，根据三力平衡汇交定理，可确定出铰链 A 处约束反力 $\boldsymbol{F}_A$ 的方向。点 D 为力 $\boldsymbol{F}$ 与 $\boldsymbol{F}'_C$ 的交点，当拱 AC 平衡时，$\boldsymbol{F}_A$ 的作用线必通过点 D，如图 1-17(d)所示，$\boldsymbol{F}_A$ 的指向可先作假设，以后由平衡条件确定。

【例 1-4】 在图 1-18(a)所示系统中，物体 F 重 $\boldsymbol{P}$，其他构件不计自重。作：(1)整体；(2)杆 AB；(3)杆 BE；(4)杆 CD、轮 C、绳及重物 F 所组成的系统的受力图。

解：整体受力图如图 1-18(a)所示。

固定支座 A 有两个垂直反力和一个约束反力偶。铰 C、D、E 和 G 点这四处的约束反力对整体来说是内力，受力图上不应画出。

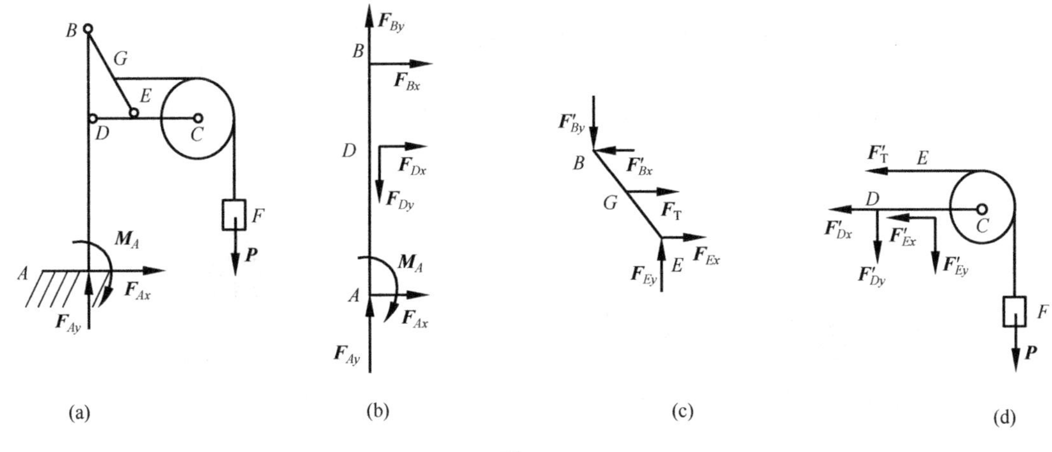

图 1-18

杆 AB 的受力图如图 1-18(b)所示。对杆 AB 来说，铰 B、D 的反力是外力，应画出。

杆 BE 的受力图如图 1-18(c)所示。杆 BE 上 B 点的反力 $\boldsymbol{F}'_{Bx}$ 和 $\boldsymbol{F}'_{By}$ 是杆 AB 上相应力的反作用力，必须等值、反向地画出。

杆 CD、轮 C、绳和重物 F 所组成的系统的受力图如图 1-18(d)所示。其上的约束反力分别是图 1-18(b)和图 1-18(c)上相应力的反作用力，它们的指向分别与相应力的指向相反。例如，$\boldsymbol{F}'_{Ex}$ 是图 1-18(c)上 $\boldsymbol{F}_{Ex}$ 的反作用力，力 $\boldsymbol{F}'_{Ex}$ 的指向应与力 $\boldsymbol{F}_{Ex}$ 的指向相反，不能再随意假定。铰 C 的反力为内力，受力图上不应画出。

最后总结，在画受力图时应注意如下几个问题：

(1)明确研究对象并取出分离体。

(2)画出全部的主动力。

(3)明确约束反力的个数，凡是研究对象与周围物体相接触的地方，都一定有约束反力，不可随意增加或减少。

(4)根据约束的类型画约束反力，即按约束的性质确定约束反力的作用位置和方向，不能主观臆断。

(5)优先分析二力杆。

(6)对物体系统进行分析时注意同一力在不同受力图上的画法要完全一致。在分析两个相互作用的力时，应遵循作用与反作用公理，作用力方向一经确定，则反作用力必与之相反，不可再假设指向。

(7)内力不必画出。

思　考　题

1.1　说明下列式子的意义和区别。

(1) $F_1 = F_2$ 和 $\boldsymbol{F}_1 = \boldsymbol{F}_2$；(2) $F_R = F_1 + F_2$ 和 $\boldsymbol{F}_R = \boldsymbol{F}_1 + \boldsymbol{F}_2$。

1.2　力的可传性原理的适用条件是什么？如图 1-19 所示，能否根据力的可传性原理，将作用于杆 AC 上的力 $\boldsymbol{F}$ 沿其作用线移至杆 BC 上而成为力 $\boldsymbol{F}'$？

1.3 作用于刚体上大小相等、方向相同的两个力对刚体的作用是否等效？

1.4 物体受汇交于一点的三个力作用而处于平衡，此三力是否一定共面？为什么？

1.5 图 1-20 中力 $\boldsymbol{P}$ 作用在销钉 C 上，试问销钉 C 对杆 AC 的力与销钉 C 对杆 BC 的力是否等值、反向、共线？为什么？

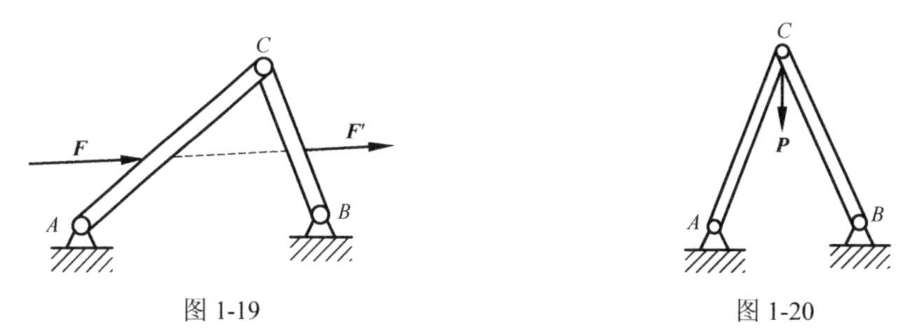

图 1-19　　图 1-20

习　　题

1-1 画出图示指定物体的受力图。

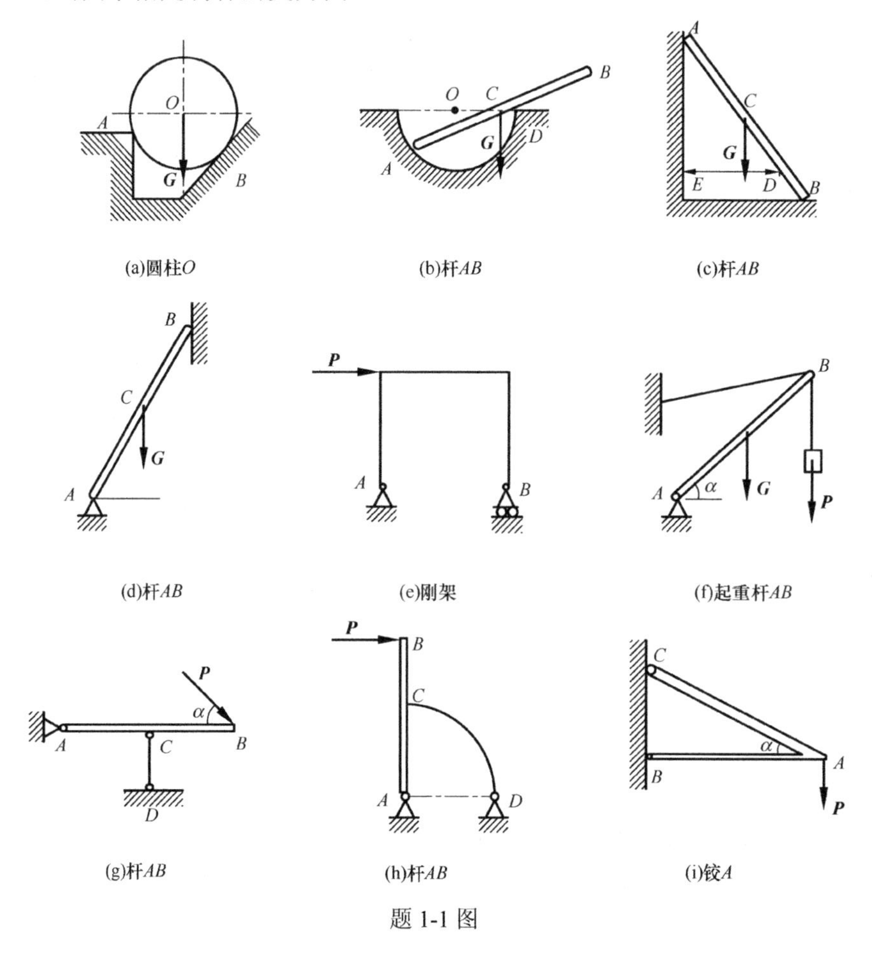

(a)圆柱O　(b)杆AB　(c)杆AB

(d)杆AB　(e)刚架　(f)起重杆AB

(g)杆AB　(h)杆AB　(i)铰A

题 1-1 图

1-2　画出图示各物体系中指定物体的受力图。

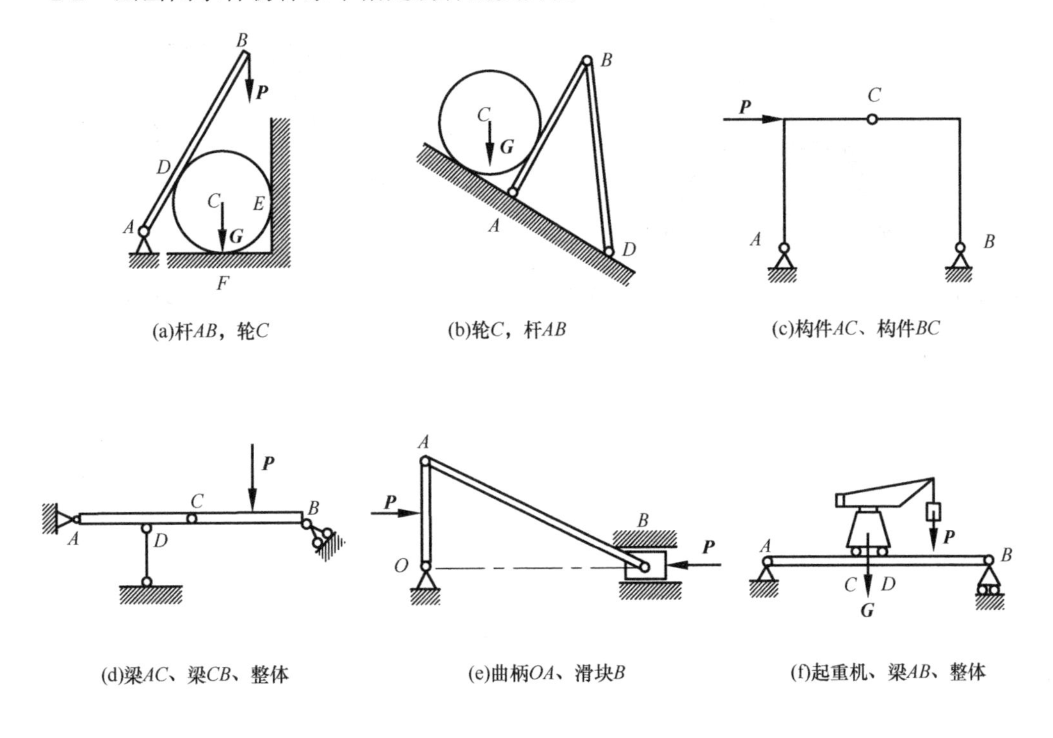

(a)杆AB，轮C　　　(b)轮C，杆AB　　　(c)构件AC、构件BC

(d)梁AC、梁CB、整体　　　(e)曲柄OA、滑块B　　　(f)起重机、梁AB、整体

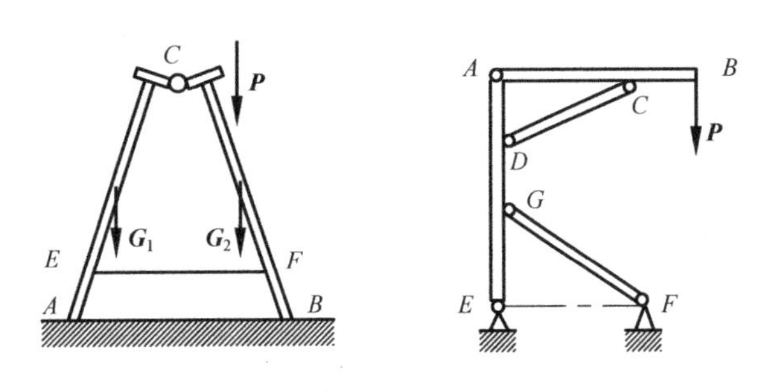

(g)折梯整体、AC部分、BC部分　　　(h)横梁AB、立柱AE、整体

题 1-2 图

1-3　画出图示各物体系中指定物体的受力图。

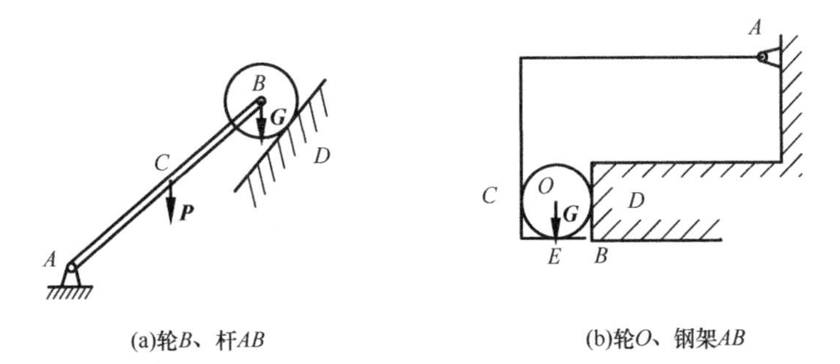

(a)轮B、杆AB　　　(b)轮O、钢架AB

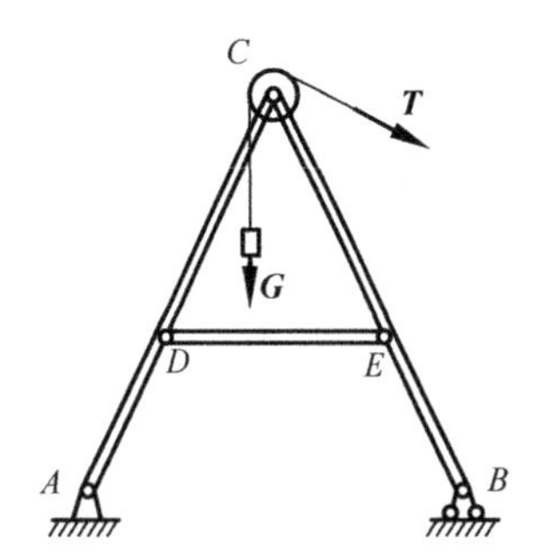

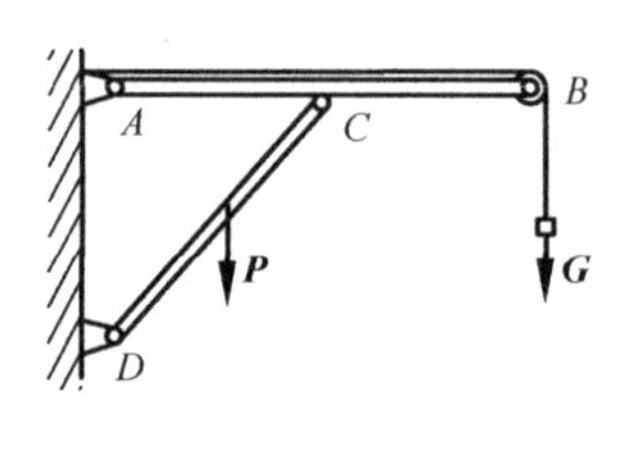

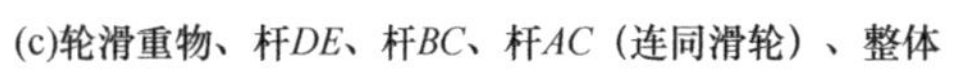
(c)轮滑重物、杆DE、杆BC、杆AC（连同滑轮）、整体

(d)杆AB（连同滑轮）、杆AB（不连同滑轮）、整体

题 1-3 图

第 2 章　质点的平衡

在物体的大小和形状不起作用或者所起的作用并不显著而可以忽略不计时，我们近似地把该物体看作一个只具有质量而其体积、形状可以忽略不计的理想物体。用来代替物体的有质量的点称为质点。

对于单个质点，由于作用在单质点上的力系只能是汇交力系，汇交力系在汇交点可以合成一合力，根据牛顿第一定律，质点平衡的充分和必要条件是合力等于零。也就是说，单个质点处于平衡，则肯定有作用在该质点上的力系的合力为零；反过来说，当作用在某质点上的力系的合力为零时，该质点处于平衡。

2.1　汇 交 力 系

2.1.1　平面汇交力系的直角坐标表示

设刚体上作用有一个平面汇交力系 $\boldsymbol{F}_1,\boldsymbol{F}_2,\cdots,\boldsymbol{F}_n$，各力汇交于 A 点(图 2-1(a))。根据力的可传性原理，可将这些力沿其作用线移到 A 点，从而得到一个平面共点力系(图 2-1(b))。故平面汇交力系可简化为平面共点力系。

连续应用力的平行四边形法则，可将平面共点力系合成为一个力。在图 2-1(b)中，先合成力 $\boldsymbol{F}_1$ 与 $\boldsymbol{F}_2$(图中未画出力平行四边形)，可得力 $\boldsymbol{F}_{R1}$，即 $\boldsymbol{F}_{R1}=\boldsymbol{F}_1+\boldsymbol{F}_2$；再将 $\boldsymbol{F}_{R1}$ 与 $\boldsymbol{F}_3$ 合成为力 $\boldsymbol{F}_{R2}$，即 $\boldsymbol{F}_{R2}=\boldsymbol{F}_{R1}+\boldsymbol{F}_3$；依此类推，最后可得

$$\boldsymbol{F}_R=\boldsymbol{F}_1+\boldsymbol{F}_2+\cdots+\boldsymbol{F}_n=\sum\boldsymbol{F}_i \tag{2-1}$$

式中，$\boldsymbol{F}_R$ 即该力系的合力。**故平面汇交力系的合成结果是一个合力**，合力的作用线通过汇交点，其大小和方向由力系中各力的矢量和确定。

因合力与力系等效，故平面汇交力系的平衡条件是该力系的合力为零。

过 $\boldsymbol{F}$ 两端向坐标轴引垂线(图 2-2)得垂足 a、b、a'、b'。线段 ab 和 $a'b'$分别为 $\boldsymbol{F}$ 在 x 轴和 y 轴上投影的大小，投影的正负号规定为：从 a 到 b(或从 a'到 b')的指向与坐标轴正

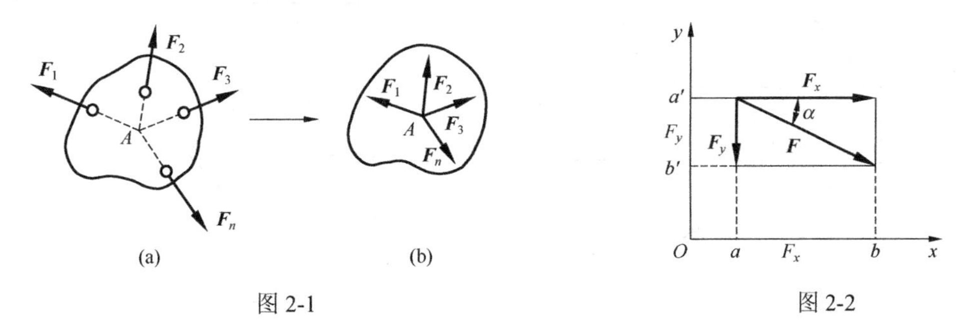

图 2-1　　图 2-2

向相同为正，相反为负。$\boldsymbol{F}$ 在 x 轴和 y 轴上的投影分别记作 F_x、F_y，若已知 $\boldsymbol{F}$ 的大小及其与 x 轴所夹的锐角 α，则有

$$\begin{cases} F_x = F\cos\alpha \\ F_y = -F\sin\alpha \end{cases} \tag{2-2}$$

如果将 $\boldsymbol{F}$ 沿坐标轴方向分解，所得分力 $\boldsymbol{F}_x$、$\boldsymbol{F}_y$ 的值与在同轴上的投影 F_x、F_y 相等。但须注意，力在轴上的投影是代数量，而分力是矢量，不可混为一谈。

若已知 $\boldsymbol{F}_x$、$\boldsymbol{F}_y$ 的值，可求出 $\boldsymbol{F}$ 的大小和方向，即

$$\begin{cases} F = \sqrt{F_x^2 + F_y^2} \\ \tan\alpha = \left|F_y / F_x\right| \end{cases} \tag{2-3}$$

2.1.2　空间汇交力系的直角坐标表示

若已知力 $\boldsymbol{F}$ 与直角坐标系 $Oxyz$ 三轴间的夹角分别为 α、β、γ，如图 2-3 所示，则力在三个轴上的投影等于力 $\boldsymbol{F}$ 的大小乘以与各轴夹角的余弦，即

$$\begin{cases} F_x = F\cos\alpha \\ F_y = F\cos\beta \\ F_z = F\cos\gamma \end{cases} \tag{2-4}$$

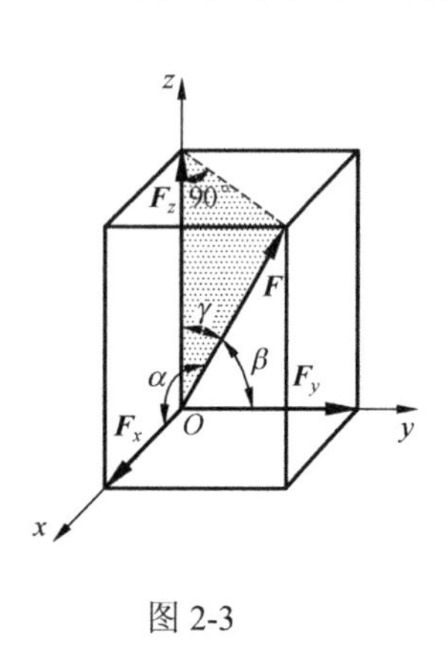

图 2-3

当力 $\boldsymbol{F}$ 与坐标轴 Ox、Oy 间的夹角不易确定时，可把力 $\boldsymbol{F}$ 先投影到坐标平面 Oxy 上，得到力 $\boldsymbol{F}_{xy}$，再把这个力投影到 x、y 轴上。在图 2-4 中，已知角 γ 和 φ，则力 $\boldsymbol{F}$ 在三个坐标轴上的投影分别为

$$\begin{cases} F_x = F\sin\gamma\cos\varphi \\ F_y = F\sin\gamma\sin\varphi \\ F_z = F\cos\gamma \end{cases} \tag{2-5}$$

若以 $\boldsymbol{F}_x$、$\boldsymbol{F}_y$、$\boldsymbol{F}_z$ 分别表示力 $\boldsymbol{F}$ 沿直角坐标轴 x、y、z 的正交分量，以 $\boldsymbol{i}$、$\boldsymbol{j}$、$\boldsymbol{k}$ 分别表示沿坐标轴 x、y、z 方向的单位矢量，如图 2-5 所示，则

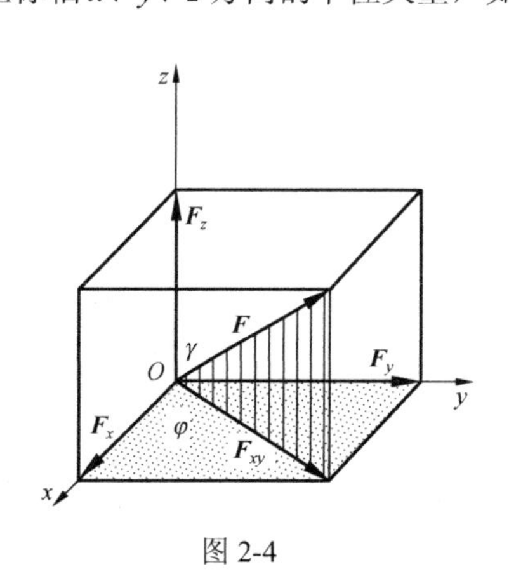

图 2-4

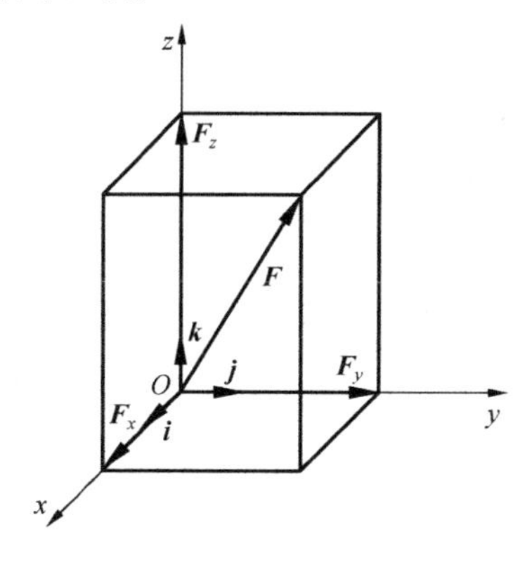

图 2-5

$$\boldsymbol{F}=\boldsymbol{F}_x+\boldsymbol{F}_y+\boldsymbol{F}_z=F_x\boldsymbol{i}+F_y\boldsymbol{j}+F_z\boldsymbol{k} \tag{2-6}$$

由此，力 $\boldsymbol{F}$ 在坐标轴上的投影和力沿坐标轴的正交分量间的关系可表示为

$$\boldsymbol{F}_x=F_x\boldsymbol{i},\quad \boldsymbol{F}_y=F_y\boldsymbol{j},\quad \boldsymbol{F}_z=F_z\boldsymbol{k} \tag{2-7}$$

如果已知力 $\boldsymbol{F}$ 在直角坐标系 $Oxyz$ 的三个投影，则力 $\boldsymbol{F}$ 的大小和方向余弦为

$$\begin{cases} F=\sqrt{F_x^2+F_y^2+F_z^2} \\ \cos(\boldsymbol{F},\boldsymbol{i})=\dfrac{F_x}{F} \\ \cos(\boldsymbol{F},\boldsymbol{j})=\dfrac{F_y}{F} \\ \cos(\boldsymbol{F},\boldsymbol{k})=\dfrac{F_z}{F} \end{cases} \tag{2-8}$$

2.2　汇交力系的合成

2.2.1　平面汇交力系合成的解析法

设刚体上作用有一个平面汇交力系 $\boldsymbol{F}_1,\boldsymbol{F}_2,\cdots,\boldsymbol{F}_n$，有式(2-1)成立。

将式(2-1)两边分别向 x 轴和 y 轴投影，有

$$\begin{cases} F_{Rx}=F_{1x}+F_{2x}+\cdots+F_{nx}=\sum F_{ix} \\ F_{Ry}=F_{1y}+F_{2y}+\cdots+F_{ny}=\sum F_{iy} \end{cases} \tag{2-9}$$

式(2-9)即合力投影定理：**力系的合力在某轴上的投影等于力系中各力在同一轴上投影的代数和。**

若进一步按式(2-10)运算，即可求得合力的大小及方向，即

$$\begin{cases} F_R=\sqrt{\left(\sum F_{ix}\right)^2+\left(\sum F_{iy}\right)^2} \\ \tan\alpha=\left|\sum F_{iy}/\sum F_{ix}\right| \end{cases} \tag{2-10}$$

【例 2-1】　一固定于房顶的吊钩上有三个力 $\boldsymbol{F}_1$、$\boldsymbol{F}_2$、$\boldsymbol{F}_3$，其数值与方向如图 2-6 所示。用解析法求此三力的合力。

解：建立直角坐标系 Axy，并应用式(2-1)，求出

$$F_{Rx}=F_{1x}+F_{2x}+F_{3x}=732\text{N}+0-2000\text{N}\times\cos30^\circ=-1000\text{N}$$
$$F_{Ry}=F_{1y}+F_{2y}+F_{3y}=0-732\text{N}-2000\text{N}\times\sin30^\circ=-1732\text{N}$$

再按式(2-10)得

$$F_R = \sqrt{\left(\sum F_{ix}\right)^2 + \left(\sum F_{iy}\right)^2} = 2000\ \text{N}$$

$$\tan\alpha = \left|\sum F_{iy} \Big/ \sum F_{ix}\right| = 1.732$$

$$\alpha = 60^\circ$$

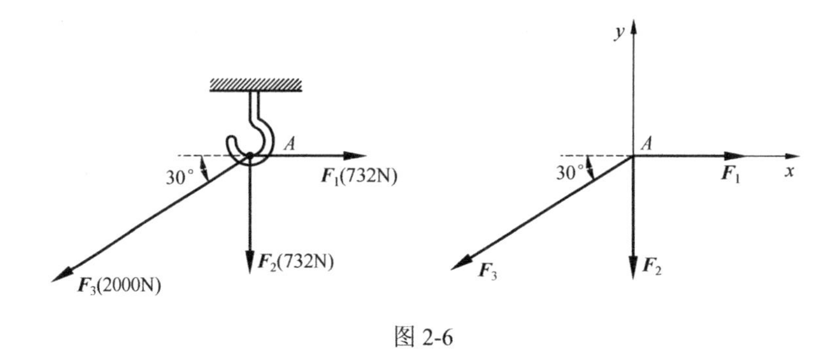

图 2-6

2.2.2　空间汇交力系的合成

将平面汇交力系的合成法则扩展到空间，可得：空间汇交力系的合力等于各分力的矢量和，合力的作用线通过汇交点。合力矢见式(2-11)。

由式(2-6)可得

$$\boldsymbol{F}_R = \sum F_{ix}\boldsymbol{i} + \sum F_{iy}\boldsymbol{j} + \sum F_{iz}\boldsymbol{k} \tag{2-11}$$

式中，$\sum F_{ix}$、$\sum F_{iy}$、$\sum F_{iz}$ 分别为 $\boldsymbol{F}_R$ 沿 x、y、z 轴的投影。由此可得合力的大小和方向余弦为

$$\begin{cases} F_R = \sqrt{\left(\sum F_{ix}\right)^2 + \left(\sum F_{iy}\right)^2 + \left(\sum F_{iz}\right)^2} \\ \cos(\boldsymbol{F}_R, \boldsymbol{i}) = \dfrac{\sum F_{ix}}{F_R} \\ \cos(\boldsymbol{F}_R, \boldsymbol{j}) = \dfrac{\sum F_{iy}}{F_R} \\ \cos(\boldsymbol{F}_R, \boldsymbol{k}) = \dfrac{\sum F_{iz}}{F_R} \end{cases} \tag{2-12}$$

【例 2-2】　在刚体上作用有四个汇交力，它们在坐标轴上的投影如表 2-1 所示，试求这四个力的合力的大小和方向。

表 2-1

投影	$\boldsymbol{F}_1$	$\boldsymbol{F}_2$	$\boldsymbol{F}_3$	$\boldsymbol{F}_4$	单位
F_x	1	2	0	2	kN
F_y	10	15	–5	10	kN
F_z	3	4	1	–2	kN

解： 由表 2-1 得

$$\sum F_{ix} = 1+2+0+2 = 5(\text{kN})$$
$$\sum F_{iy} = 10+15-5+10 = 30(\text{kN})$$
$$\sum F_{iz} = 3+4+1-2 = 6(\text{kN})$$

代入式(2-12)得合力的大小和方向余弦为

$$F_{\text{R}} = \sqrt{5^2+30^2+6^2} = 31(\text{kN})$$
$$\cos(\boldsymbol{F}_{\text{R}},\boldsymbol{i}) = \frac{5}{31}$$
$$\cos(\boldsymbol{F}_{\text{R}},\boldsymbol{j}) = \frac{30}{31}$$
$$\cos(\boldsymbol{F}_{\text{R}},\boldsymbol{k}) = \frac{6}{31}$$

由此得夹角　$(\boldsymbol{F}_{\text{R}},\boldsymbol{i}) = 80°43'$，$(\boldsymbol{F}_{\text{R}},\boldsymbol{j}) = 14°36'$，$(\boldsymbol{F}_{\text{R}},\boldsymbol{k}) = 78°50'$

2.3　汇交力系作用下质点的平衡

2.3.1　平面汇交力系的平衡方程及其应用

平衡条件的解析表达式称为平衡方程。平面汇交力系的平衡条件是

$$\begin{cases} \sum F_{ix} = 0 \\ \sum F_{iy} = 0 \end{cases} \tag{2-13}$$

即力系中各力在两个坐标轴上投影的代数和分别等于零，式(2-13)称为平面汇交力系的平衡方程。这是两个独立的方程，可求解两个未知量。

【例 2-3】 图 2-7 所示一圆柱体放置于夹角为 α 的 V 形槽内，并用压板 D 夹紧。已知压板作用于圆柱体上的压力为 $\boldsymbol{F}$。试求槽面对圆柱体的约束反力。

解： (1)取圆柱体为研究对象，画出其受力图，如图 2-7(b)所示。

(2)选取坐标系 xOy。

(3)列平衡方程式求解未知力。由式(2-13)得

$$\sum F_{ix} = 0,\quad F_{\text{N}B}\cos\frac{\alpha}{2} - F_{\text{N}C}\cos\frac{\alpha}{2} = 0 \tag{2-14}$$

$$\sum F_{iy} = 0,\quad F_{\text{N}B}\sin\frac{\alpha}{2} + F_{\text{N}C}\sin\frac{\alpha}{2} - F = 0 \tag{2-15}$$

由式(2-14)得　$F_{\text{N}B} = F_{\text{N}C}$

由式(2-15)得　$F_{\text{N}B} = F_{\text{N}C} = \dfrac{F}{2\sin\dfrac{\alpha}{2}}$

(4)讨论。由结果可知，$\boldsymbol{F}_{NB}$与$\boldsymbol{F}_{NC}$均随几何角度α而变化，角度α越小，则压力$\boldsymbol{F}_{NB}$和$\boldsymbol{F}_{NC}$就越大，因此α不宜过小。

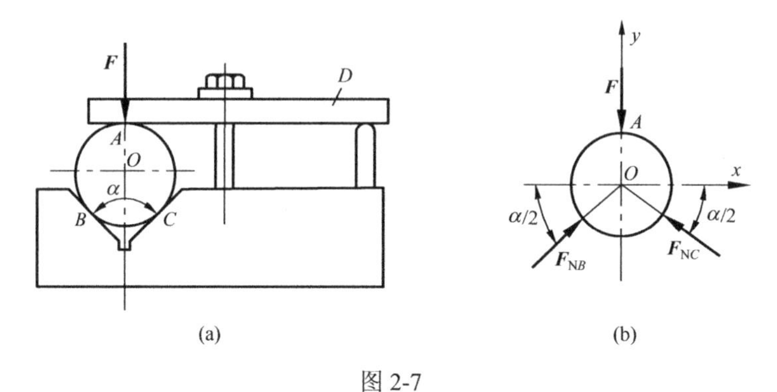

图 2-7

【例 2-4】 图 2-8 为一简易起重机。利用绞车和绕过滑轮的绳索吊起重物，其重力$G=20\text{kN}$，各杆件与滑轮的重力不计。滑轮B的大小可忽略不计，试求杆AB与BC所受的力。

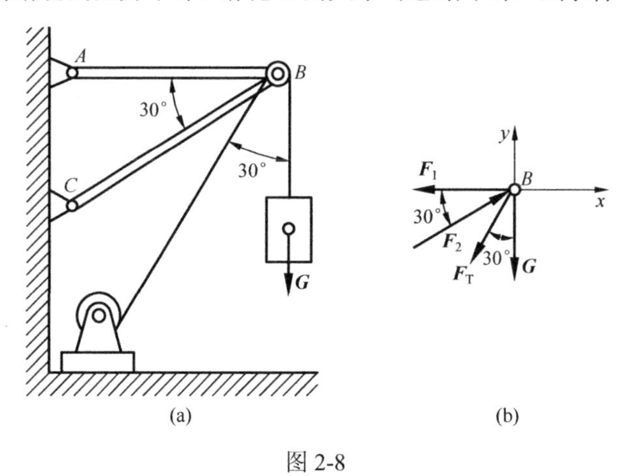

图 2-8

解：(1)取节点B为研究对象，画其受力图，如图 2-8(b)所示。由于杆AB与BC均为二力构件，对B的约束反力分别为$\boldsymbol{F}_1$与$\boldsymbol{F}_2$，滑轮两边绳索的约束反力相等，即$\boldsymbol{F}_T=\boldsymbol{G}$。

(2)选取坐标系xBy。

(3)列平衡方程式求解未知力：

$$\sum F_{ix}=0,\quad F_2\cos30^\circ-F_1-F_T\sin30^\circ=0 \tag{2-16}$$

$$\sum F_{iy}=0,\quad F_2\sin30^\circ-F_T\cos30^\circ-G=0 \tag{2-17}$$

由式(2-17)得　$F_2=74.6\text{kN}$

代入式(2-16)得　$F_1=54.6\text{kN}$

此两力均为正值，说明$\boldsymbol{F}_1$与$\boldsymbol{F}_2$的方向与图示一致，即杆AB受拉力，杆BC受压力。

2.3.2 空间汇交力系的平衡方程及其应用

一般空间汇交力系合成为一个合力，因此，空间汇交力系平衡的必要和充分条件为该

力系的合力等于零，即

$$\boldsymbol{F}_{\mathrm{R}}=\sum \boldsymbol{F}_i=0 \tag{2-18}$$

由式(2-18)可知，为使合力 $\boldsymbol{F}_{\mathrm{R}}$ 为零，必须同时满足:

$$\begin{cases}\sum F_{ix}=0\\ \sum F_{iy}=0\\ \sum F_{iz}=0\end{cases} \tag{2-19}$$

于是可得结论，空间汇交力系平衡的必要和充分条件为该力系中各力在三个坐标轴上的投影的代数和分别等于零。式(2-19)称为空间汇交力系的平衡方程。

应用解析法求解空间汇交力系的平衡问题的步骤与平面汇交力系相同，只不过须列出三个平衡方程，可求解三个未知量。

【例 2-5】 如图 2-9(a)所示，用起重杆吊起重物。起重杆的 A 端用球铰链固定在地面上，而 B 端则用绳 CB 和 DB 拉住，两绳分别系在墙上的点 C 和 D，连线 CD 平行于 x 轴。已知 $CE=EB=DE$，$\alpha=30°$，CDB 平面与水平面间的夹角 $\angle EBF=30°$(图 2-9(b))，物重 $P=10\text{kN}$。若起重杆的重量不计，试求起重杆所受的压力和绳子的拉力。

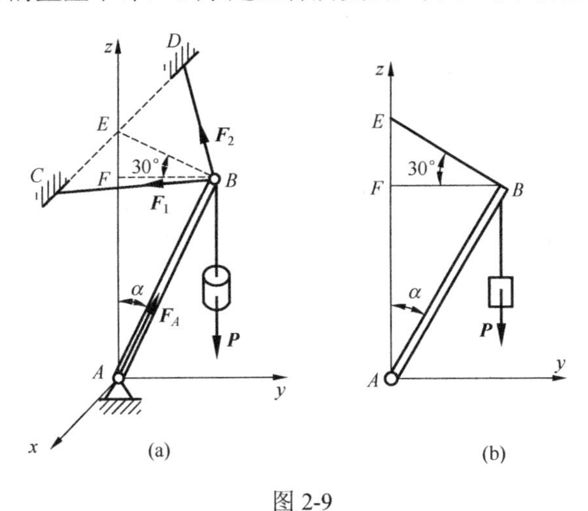

图 2-9

解： 取起重杆 AB 与重物为研究对象，其上受主动力 $\boldsymbol{P}$，B 处受绳拉力 $\boldsymbol{F}_1$ 与 $\boldsymbol{F}_2$；球铰 A 的约束反力方向一般不能预先确定，可用三个正交分力表示。由于杆重不计，又只在 A、B 两端受力，所以起重杆 AB 为二力构件，球铰 A 对杆 AB 的反力 $\boldsymbol{F}_A$ 必沿 A、B 连线。$\boldsymbol{P}$、$\boldsymbol{F}_1$、$\boldsymbol{F}_2$ 和 $\boldsymbol{F}_A$ 四个力汇交于点 B，为一空间汇交力系。

取坐标轴如图 2-9(b)所示。由已知条件得 $\angle CBE=\angle DBE=45°$，列平衡方程:

$$\sum F_{ix}=0,\quad F_1\sin45°-F_2\sin45°=0$$

$$\sum F_{iy}=0,\quad F_A\sin30°-F_1\cos45°\cos30°-F_2\cos45°\cos30°=0$$

$$\sum F_{iz}=0,\quad F_1\cos45°\sin30°+F_2\cos45°\sin30°+F_A\cos30°-P=0$$

求解上面的三个平衡方程，得

$$F_1 = F_2 = 3.54\text{kN}, \quad F_A = 8.66\text{kN}$$

F_A 为正值，说明图中所设 $\boldsymbol{F}_A$ 的方向正确，杆 AB 受压力。

2.4　力对点的矩和力对轴的矩

2.4.1　力对点的矩

设平面上作用一力 $\boldsymbol{F}$，在该平面内任取一点 O 称为**力矩中心**，简称**矩心**，如图 2-10 所示。点 O 到力作用线的垂直距离 h 称为力臂。力 $\boldsymbol{F}$ 对点 O 的矩用 $M_O(\boldsymbol{F})$ 或 M_O 表示，计算公式为

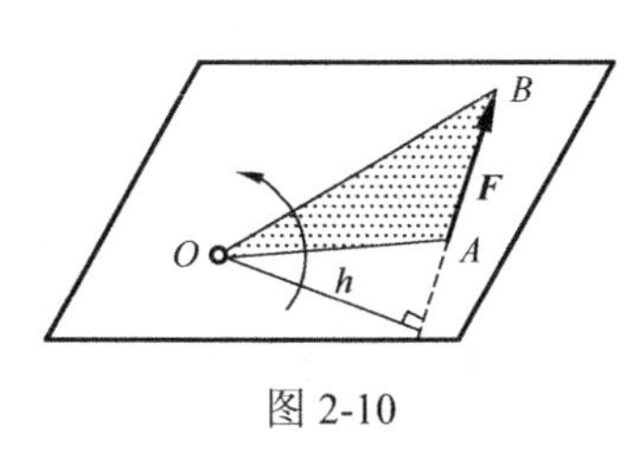

图 2-10

$$M_O(\boldsymbol{F}) = \pm Fh \tag{2-20}$$

即在平面问题中力对点的矩是一个代数量，它的绝对值等于力的大小与力臂的乘积，力矩的正负号通常规定如下：力使物体绕矩心逆时针方向转动时为正，顺时针方向转动时为负。

力矩在下列两种情况下等于零：①力的大小等于零；②力的作用线通过矩心，即力臂等于零。

力矩的量纲是[力]·[长度]，在国际单位制中以牛顿·米(N · m)为单位。

1. 平面问题中力对点的矩

在力对点的矩的计算中，还常用解析表达式。由图 2-11 可见，力对坐标原点的矩为

$$\begin{aligned} M_O(\boldsymbol{F}) &= Fh = F_r\sin(\alpha-\theta) = F_r\sin\alpha\cos\theta - F_r\cos\alpha\sin\theta \\ &= r\cos\theta\cdot F\sin\alpha - r\sin\theta\cdot F\cos\alpha \end{aligned}$$

由于力 $\boldsymbol{F}$ 作用点 A 的坐标 $x = r\cos\theta, y = r\sin\theta$，力 $\boldsymbol{F}$ 在 x 轴投影为 $F_x = F\cos\alpha$，在 y 轴投影为 $F_y = F\sin\alpha$。所以

$$M_O(\boldsymbol{F}) = xF_y - yF_x \tag{2-21}$$

一旦知道力作用点的坐标 x、y 和力在坐标轴上的投影 F_x、F_y，利用式(2-21)便可计算出力对坐标原点的矩，式(2-21)称为力矩的解析表达式。

【例 2-6】 制动踏板如图 2-12 所示。已知 $F = 300\text{N}$，$a = 0.25\text{m}$，$b = c = 0.05\text{m}$，推杆顶力 $\boldsymbol{S}$ 为水平方向，$\boldsymbol{F}$ 与水平线夹角 $\alpha = 30°$。试求踏板平衡时推杆顶力 $\boldsymbol{F}_S$ 的大小。

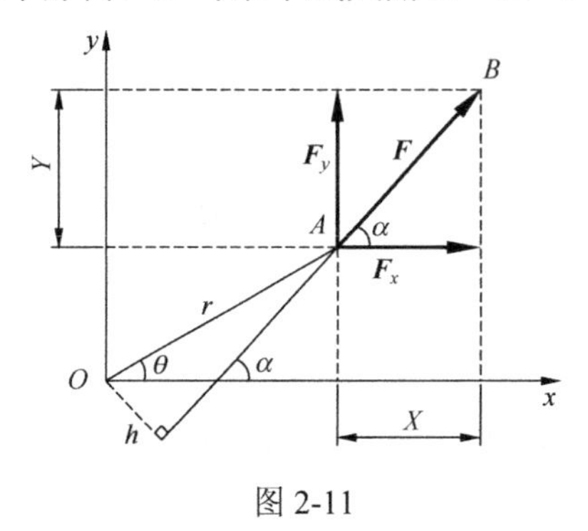

图 2-11

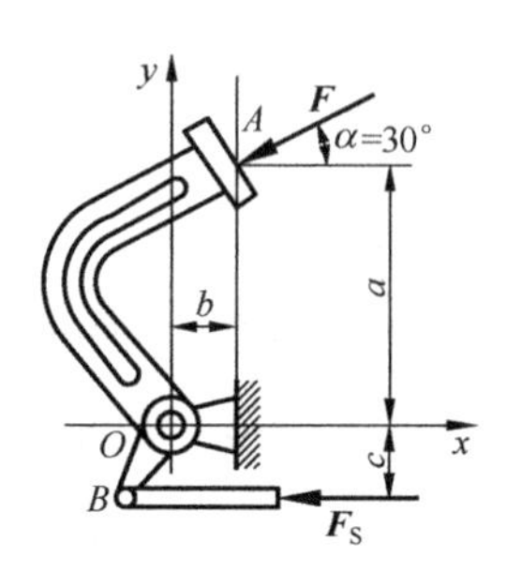

图 2-12

解：踏板 AOB 为绕定轴 O 转动的杠杆，力 $\boldsymbol{F}$ 对 O 点矩与力 $\boldsymbol{F}_{\mathrm{S}}$ 对 O 点矩相互平衡。力 $\boldsymbol{F}$ 作用点 A 坐标为

$$x = b = 0.05\mathrm{m}, \quad y = a = 0.25\mathrm{m}$$

力 $\boldsymbol{F}$ 在 x、y 轴投影为

$$F_x = -F\cos 30^\circ = -260\mathrm{N}$$
$$F_y = -F\sin 30^\circ = -150\mathrm{N}$$

由式(2-21)得到力 $\boldsymbol{F}$ 对 O 点的矩

$$M_O(\boldsymbol{F}) = xF_y - yF_x = 0.05\times(-150) - 0.25\times(-260) = 57.5(\mathrm{N}\cdot\mathrm{m})$$

力 $\boldsymbol{F}_{\mathrm{S}}$ 对 O 点的矩等于 $F_{\mathrm{S}}\cdot c$，由杠杆平衡条件得

$$F_{\mathrm{S}} = \frac{M_O(\boldsymbol{F})}{c} = \frac{57.5}{0.05} = 1150(\mathrm{N})$$

2. 空间问题中力对点的矩

力矩是度量力对物体的转动效应的物理量。对空间三维问题，需要建立力对点的矩的矢量表达式。

设 O 点为空间的任意定点，自 O 点至力 $\boldsymbol{F}$ 的作用点 A 引矢径 $\boldsymbol{r}$，如图 2-13 所示。$\boldsymbol{r}$ 和 $\boldsymbol{F}$ 的矢积(叉积)称为力 $\boldsymbol{F}$ 对 O 点的矩，记作 $\boldsymbol{M}_O(\boldsymbol{F})$，它是一个矢量，$O$ 点称为矩心，即

$$\boldsymbol{M}_O(\boldsymbol{F}) = \boldsymbol{r}\times\boldsymbol{F} \tag{2-22}$$

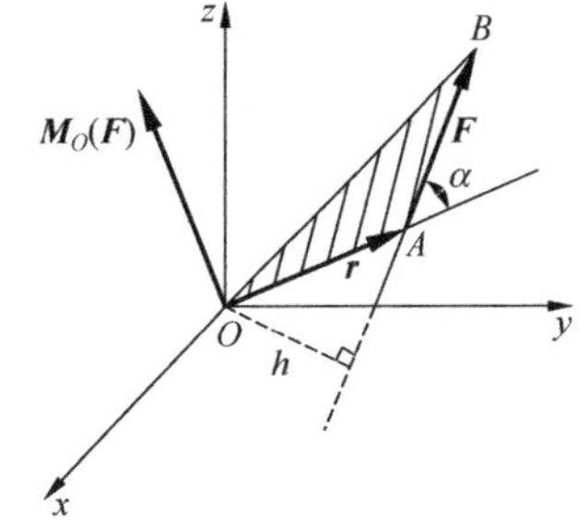

图 2-13

注意：式(2-20)中 $M_O(F)$ 为代数量(标量)，而式(2-22)中 $\boldsymbol{M}_O(\boldsymbol{F})$ 为矢量。

设力作用点 A 的坐标为(x, y, z)，$\boldsymbol{i}$、$\boldsymbol{j}$、$\boldsymbol{k}$ 分别为为 x、y、z 轴上的单位矢量，力 $\boldsymbol{F}$ 用坐标轴上的投影 F_x、F_y、F_z 表示，见式(2-6)。

矢量叉积运算中 $\boldsymbol{i}\times\boldsymbol{i} = \boldsymbol{j}\times\boldsymbol{j} = \boldsymbol{k}\times\boldsymbol{k} = 0$，$\boldsymbol{i}\times\boldsymbol{j} = -\boldsymbol{j}\times\boldsymbol{i} = \boldsymbol{k}$，$\boldsymbol{j}\times\boldsymbol{k} = -\boldsymbol{k}\times\boldsymbol{j} = \boldsymbol{i}$，$\boldsymbol{k}\times\boldsymbol{i} = -\boldsymbol{i}\times\boldsymbol{k} = \boldsymbol{j}$。以 M_{Ox}、M_{Oy}、M_{Oz} 分别表示力矩 $\boldsymbol{M}_O(\boldsymbol{F})$ 在 x、y、z 轴上的投影，由于

$$\boldsymbol{r} = x\boldsymbol{i}+y\boldsymbol{j}+z\boldsymbol{k} \tag{2-23}$$

将式(2-6)、式(2-23)代入式(2-22)，根据矢量叉积的运算规则，得

$$\begin{aligned}\boldsymbol{M}_O(\boldsymbol{F}) &= M_{Ox}\boldsymbol{i} + M_{Oy}\boldsymbol{j} + M_{Oz}\boldsymbol{k} = \boldsymbol{r}\times\boldsymbol{F} \\ &= (x\boldsymbol{i} + y\boldsymbol{j} + z\boldsymbol{k})\times(F_x\boldsymbol{i} + F_y\boldsymbol{j} + F_z\boldsymbol{k}) \\ &= (yF_z - zF_y)\boldsymbol{i} + (zF_x - xF_z)\boldsymbol{j} + (xF_y - yF_x)\boldsymbol{k}\end{aligned} \tag{2-24}$$

于是得

$$\begin{cases} M_{Ox} = yF_z - zF_y \\ M_{Oy} = zF_x - xF_z \\ M_{Oz} = xF_y - yF_x \end{cases} \tag{2-25}$$

将矢量叉积 $\boldsymbol{r}\times\boldsymbol{F}$ 用三阶行列式表示：

$$\boldsymbol{M}_O(\boldsymbol{F})=\begin{vmatrix}\boldsymbol{i} & \boldsymbol{j} & \boldsymbol{k}\\ x & y & z\\ F_x & F_y & F_z\end{vmatrix}=M_{Ox}\boldsymbol{i}+M_{Oy}\boldsymbol{j}+M_{Oz}\boldsymbol{k}$$
$$=(yF_z-zF_y)\boldsymbol{i}+(zF_x-xF_z)\boldsymbol{j}+(xF_y-yF_x)\boldsymbol{k} \tag{2-26}$$

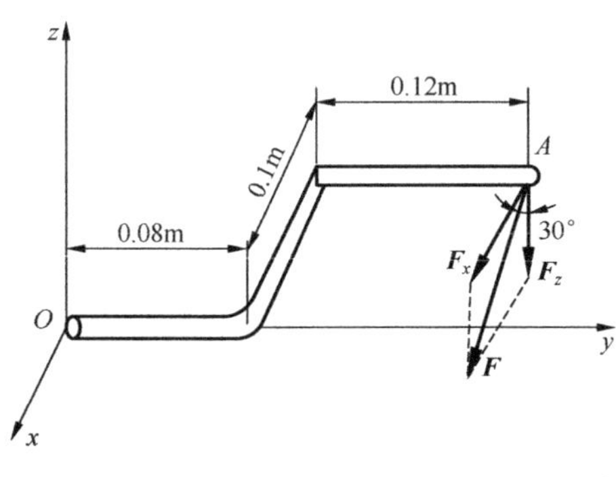

图 2-14

【例 2-7】 如图 2-14 所示，大小为 200N 的力 $\boldsymbol{F}$ 平行于 Oxz 平面并作用于曲柄的右端 A 点，曲柄在 Oxy 平面内。试求力 $\boldsymbol{F}$ 对坐标原点 O 的力矩 $\boldsymbol{M}_O(\boldsymbol{F})$。

解： 曲柄上的右端 A 点坐标为

$$x=-0.1\text{m},\quad y=0.2\text{m},\quad z=0$$

力 $\boldsymbol{F}$ 在 x、y、z 轴上的投影为

$$F_x=F\sin30^\circ=200\times0.5000\text{N}=100.0\text{N}$$
$$F_y=0$$
$$F_z=-F\cos30^\circ=-200\times0.8660\text{N}=-173.2\text{N}$$

力 $\boldsymbol{F}$ 对 O 点矩为

$$\boldsymbol{M}_O(\boldsymbol{F})=\begin{vmatrix}\boldsymbol{i} & \boldsymbol{j} & \boldsymbol{k}\\ x & y & z\\ F_x & F_y & F_z\end{vmatrix}=\begin{vmatrix}\boldsymbol{i} & \boldsymbol{j} & \boldsymbol{k}\\ -0.1 & 0.2 & 0\\ 100.0 & 0 & -173.2\end{vmatrix}$$
$$=\begin{vmatrix}0.2 & 0\\ 0 & -173.2\end{vmatrix}\boldsymbol{i}+\begin{vmatrix}-0.1 & 0\\ 100.0 & -173.2\end{vmatrix}\boldsymbol{j}+\begin{vmatrix}-0.1 & 0.2\\ 100.0 & 0\end{vmatrix}\boldsymbol{k}$$
$$=0.2\times(-173.2)\boldsymbol{i}+(-0.1)\times(-173.2)\boldsymbol{j}-0.2\times100.0\boldsymbol{k}$$
$$=-34.64\boldsymbol{i}+17.32\boldsymbol{j}-20.00\boldsymbol{k}$$

即 $M_{Ox}=-34.64\text{N}\cdot\text{m}$，$M_{Oy}=17.32\text{N}\cdot\text{m}$，$M_{Oz}=-20.00\text{N}\cdot\text{m}$。

【例 2-8】 如图 2-15 所示，已知力 $\boldsymbol{F}$ 作用点 A 的坐标为(3，4，5)，单位为 m；对 O 点力矩 $\boldsymbol{M}_O(\boldsymbol{F})=-6\boldsymbol{i}+7\boldsymbol{j}-2\boldsymbol{k}$，单位为 N · m。试求力 $\boldsymbol{F}$ 的大小和方向。

解： 力作用点 A 坐标为 $x=3\text{m}$，$y=4\text{m}$，$z=5\text{m}$。

力 $\boldsymbol{F}$ 对 O 点矩在坐标轴上投影为 $M_{Ox}=-6\text{N}\cdot\text{m}$，$M_{Oy}=7\text{N}\cdot\text{m}$，$M_{Oz}=-2\text{N}\cdot\text{m}$。

力矢量表达为　　$\boldsymbol{F}=F_x\boldsymbol{i}+F_y\boldsymbol{j}+F_z\boldsymbol{k}$

将坐标值、力和力矩投影代入式(2-25)得

$$\begin{cases}-6=4F_z-5F_y\\ 7=5F_x-3F_z\\ -2=3F_y-4F_x\end{cases}$$

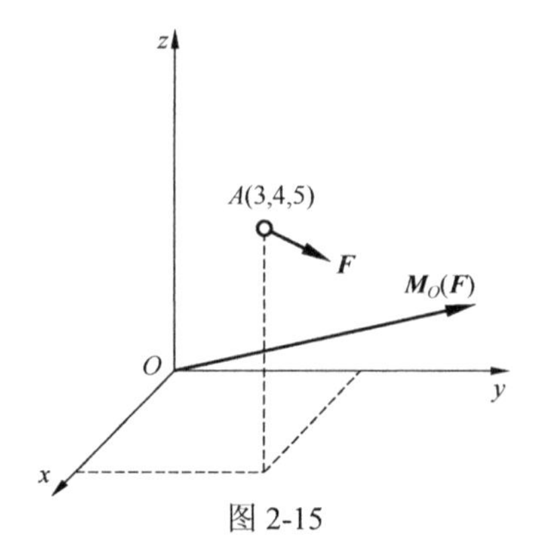

图 2-15

求解上述三元一次方程组，得到 $F_x=F_y=2\text{N}$，$F_z=1\text{N}$。

将 F_x、F_y、F_z 代入式(2-8)求得力 $\boldsymbol{F}$ 的大小：

$$F=\sqrt{(F_x)^2+(F_y)^2+(F_z)^2}=\sqrt{2^2+2^2+1^2}\ \text{N}=3\text{N}$$

力 $\boldsymbol{F}$ 与 x、y、z 轴夹角分别为

$$\alpha=\arccos\frac{F_x}{F}=\arccos\frac{2}{3}=48°11'$$

$$\beta=\arccos\frac{F_y}{F}=\arccos\frac{2}{3}=48°11'$$

$$\gamma=\arccos\frac{F_z}{F}=\arccos\frac{1}{3}=70°31'$$

2.4.2　力对轴的矩

在机电系统中存在着大量绕固定轴转动的构件，如电机转子、齿轮、飞轮、机床主轴等。力对轴的矩是度量作用力对绕轴转动物体作用效果的物理量。讨论图 2-16 所示手推门的情况。设门绕固定轴 z 转动，其上 A 点受力 $\boldsymbol{F}$ 的作用。将力 $\boldsymbol{F}$ 沿 z 轴和垂直于 z 轴的 H 平面分解为 $\boldsymbol{F}_z$ 和 $\boldsymbol{F}_{xy}$ 两个分量。实践表明，分力 $\boldsymbol{F}_z$ 不能使刚体绕 z 轴转动，只有分力 $\boldsymbol{F}_{xy}$ 才能使刚体产生绕 z 轴的转动。因此，力 $\boldsymbol{F}$ 对 z 轴的转动效应取决于分力 $\boldsymbol{F}_{xy}$ 对 O 点的矩，称为力 $\boldsymbol{F}$ 对 z 轴的矩，以符号 $\boldsymbol{M}_z(\boldsymbol{F})$ 表示。

扩展到一般情形，如图 2-17 所示，定义：**力 $\boldsymbol{F}$ 对任意轴 z 的矩等于力 $\boldsymbol{F}$ 在垂直于 z 轴的 H 平面上的分力 $\boldsymbol{F}_{xy}$ 对 z 轴与平面 H 交点 O 的矩。**

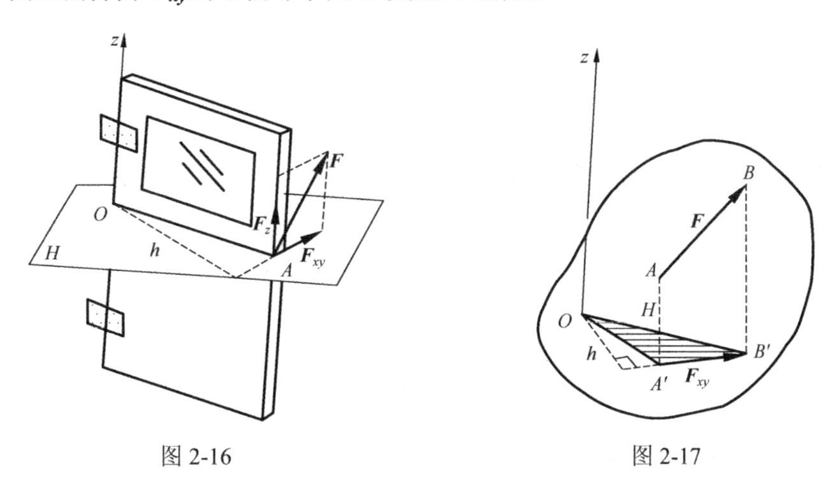

图 2-16　　　　图 2-17

力对轴的矩的正负号按照右手螺旋规则确定，即从矩轴的正端向另一端看去，力使刚体绕矩轴逆时针转动取正号，顺时针转动取负号。

根据上面的定义可知，力对轴的矩为零的条件是：

(1) 若力 $\boldsymbol{F}$ 的作用线与轴平行，则力对轴的矩为零；

(2) 若力 $\boldsymbol{F}$ 的作用线与轴相交，则力臂为零，力对轴的矩也为零。

概括上述两种情况，得到：当力的作用线与轴共面时，力对轴的矩为零；当力不为零并且它的作用线与轴是异面直线时，力对轴的矩不等于零。力对轴的矩的单位是牛顿·米

(N · m)。

讨论图 2-18 所示的一般情形，设力 $\boldsymbol{F}$ 的作用点 A 的坐标为 (x,y,z)，力 $\boldsymbol{F}$ 沿着坐标轴的分力分别为 $\boldsymbol{F}_x$、$\boldsymbol{F}_y$、$\boldsymbol{F}_z$，在坐标轴上的投影分别为 F_x、F_y、F_z。按力对轴的矩的定义得到力对 x、y、z 坐标轴的矩的解析表达式：

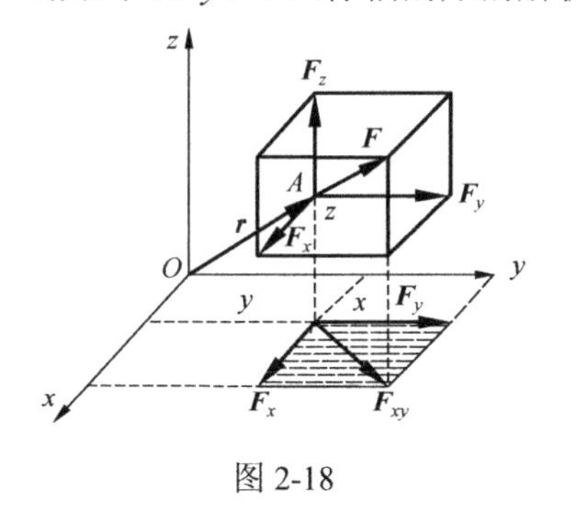

图 2-18

$$\begin{cases} M_x(\boldsymbol{F}) = yF_z - zF_y \\ M_y(\boldsymbol{F}) = zF_x - xF_z \\ M_z(\boldsymbol{F}) = xF_y - yF_x \end{cases} \tag{2-27}$$

对照式(2-25)、式(2-27)，得到

$$\begin{cases} M_{Ox} = M_x(F) \\ M_{Oy} = M_y(F) \\ M_{Oz} = M_z(F) \end{cases} \tag{2-28}$$

注意：力 $\boldsymbol{F}$ 对任意轴 z 的矩 $M_x(\boldsymbol{F})$、$M_y(\boldsymbol{F})$、$M_z(\boldsymbol{F})$ 为代数量，是标量；而力对点的矩 $\boldsymbol{M}_O(\boldsymbol{F})$ 是矢量，$\boldsymbol{M}_O(\boldsymbol{F}) = M_{Ox}\boldsymbol{i}+M_{Oy}\boldsymbol{j}+M_{Oz}\boldsymbol{k}$，$M_{Ox}$、$M_{Oy}$ 和 M_{Oz} 分别是 $\boldsymbol{M}_O(\boldsymbol{F})$ 在 x、y、z 轴的投影。由式(2-26)得到**力矩关系定理：力 $\boldsymbol{F}$ 对点 $\boldsymbol{O}$ 的力矩矢 $\boldsymbol{M}_O(\boldsymbol{F})$ 在 $\boldsymbol{Oxyz}$ 坐标轴上的投影等于力 $\boldsymbol{F}$ 对 $\boldsymbol{x}$、$\boldsymbol{y}$、$\boldsymbol{z}$ 轴的力矩。**

【例 2-9】 构件 OA 在 A 点受到作用力 $F = 1000$N，方向如图 2-19(a)所示。图中 A 点在 Oxy 平面内，尺寸如图 2-19(a)所示。试求力 $\boldsymbol{F}$ 对 x、y、z 坐标轴的矩 $M_x(\boldsymbol{F})$、$M_y(\boldsymbol{F})$、$M_z(\boldsymbol{F})$。

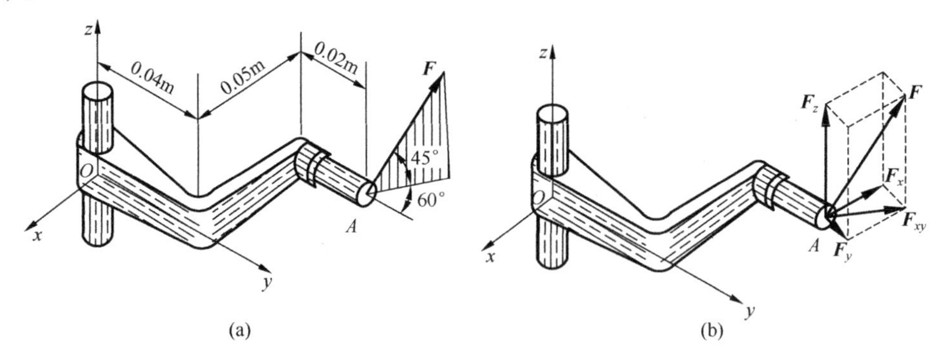

图 2-19

解：力 $\boldsymbol{F}$ 作用点 A 的坐标为

$$x = -0.05\text{m}, \quad y = 0.06\text{m}, \quad z = 0$$

力 $\boldsymbol{F}$ 在 x、y、z 轴上的投影为

$$F_x = -F\cos 45^\circ \cdot \sin 60^\circ = -1000 \times 0.707 \times 0.866\text{N} = -612\text{N}$$

$$F_y = F\cos 45^\circ \cdot \cos 60^\circ = 1000 \times 0.707 \times 0.500\text{N} = 354\text{N}$$

$$F_z = F\sin 45^\circ = 1000.0 \times 0.707\text{N} = 707\text{N}$$

将各个量代入式(2-27)，得力 $\boldsymbol{F}$ 对三个坐标轴的矩分别为

$$M_x(\boldsymbol{F}) = yF_z - zF_y = 0.06\times707\text{N}\cdot\text{m} = 42.4\text{N}\cdot\text{m}$$
$$M_y(\boldsymbol{F}) = zF_x - xF_z = -(-0.05)\times707\text{N}\cdot\text{m} = 35.4\text{N}\cdot\text{m}$$
$$M_z(\boldsymbol{F}) = xF_y - yF_x = (-0.05)\times354\text{N}\cdot\text{m} - 0.06\times(-612)\text{N}\cdot\text{m} = 19.0\text{N}\cdot\text{m}$$

2.5　力　偶

在日常生活及生产实践中，常见到物体受一对大小相等、方向相反但不在同一作用线上的平行力作用。例如，图 2-20 所示的司机转动方向盘及钳工对丝锥的操作等。

一对等值、反向、不共线的平行力组成的力系称为力偶，此二力之间的距离称为力偶臂。由这些实例可知，力偶对物体作用的外效应是使物体单纯地产生转动。

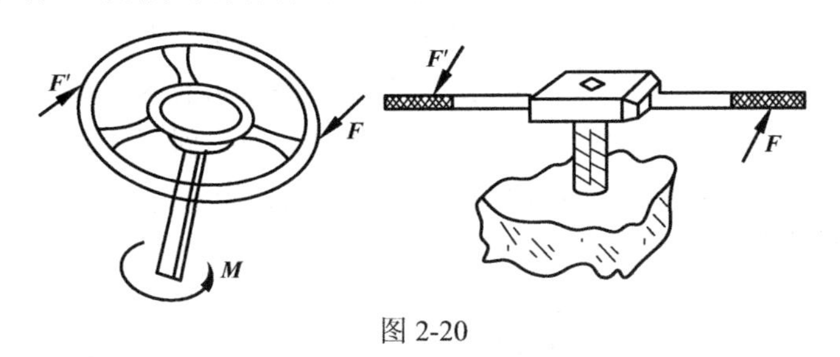

图 2-20

2.5.1　力偶的三要素

在力学上，以 F 与力偶臂 d 的乘积作为量度力偶在其作用面内对物体转动效应的物理量，称为力偶矩，并记作 $M(\boldsymbol{F},\boldsymbol{F}')$ 或 M，即

$$M(\boldsymbol{F},\boldsymbol{F}') = M = \pm Fd \tag{2-29}$$

力偶矩的大小也可以通过力与力偶臂组成的三角形面积的 2 倍来表示，如图 2-21 所示，即

$$M = \pm 2S_{\triangle OAB}$$

一般规定，逆时针转动的力偶取正值，顺时针转动的力偶取负值。

力偶矩的单位为 N · m 或 N · mm。

力偶对物体的转动效应取决于下列三要素：

(1) **力偶矩的大小；**

(2) **力偶的转向；**

(3) **力偶作用面的方位。**

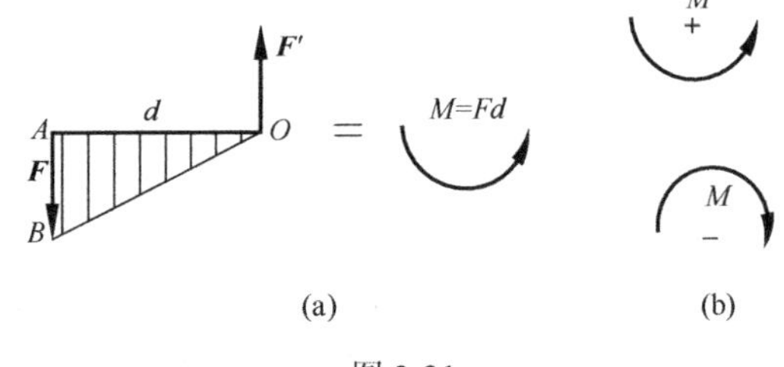

图 2-21

2.5.2　平面力偶的等效条件与力偶的性质

凡是三要素相同的力偶则彼此等效，即它们可以相互置换，这一点不仅可以由力偶的概念说明，还可通过力偶的性质作进一步证明。

性质 1　力偶对其作用面内任意点的力矩恒等于此力偶的力偶矩，而与矩心的位置无关。

证明： 设在刚体某平面上 A、B 两点作用一力偶 $M=Fd$，现求此力偶对任意点 O 的力矩。取 x 表示矩心 O 到 $\boldsymbol{F}'$的垂直距离，按力矩定义，$\boldsymbol{F}$ 与 $\boldsymbol{F}'$ 对 O 点的力矩和为

$$M_O(\boldsymbol{F})+M_O(\boldsymbol{F}')=F(d-x)+Fx=Fd$$

即

$$M_O(\boldsymbol{F})+M_O(\boldsymbol{F}')=M(\boldsymbol{F},\boldsymbol{F}')$$

不论 O 点选在何处，力偶对该点的矩永远等于它的力偶矩，而与力偶对矩心的相对位置无关。

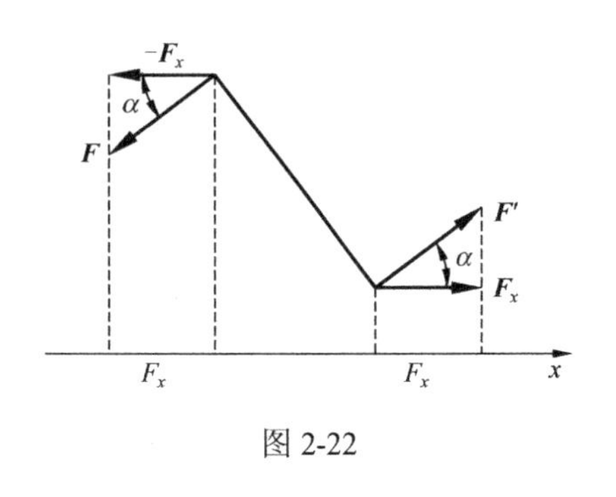

图 2-22

性质 2　由图 2-22 可见，**力偶在任意坐标轴上的投影之和为零，故力偶无合力，力偶不能与一个力等效，也不能用一个力来平衡。**

力偶无合力，故力偶对物体的平移运动不会产生任何影响，力与力偶相互不能代替，不能构成平衡。因此，**力与力偶是力系的两个基本元素。**

由上述性质，对力偶可作如下处理。

(1) 力偶在它的作用面内，可以任意转移位置，其作用效应和原力偶相同，即力偶对于刚体上任意点的力偶矩值不因移位而改变。

(2) 力偶在它的作用面内不改变力偶矩大小和转向的条件下，可以同时改变力偶中两反向平行力的大小、方向以及力偶臂的长短，而力偶的作用效应保持不变。

图 2-23 中各力偶的作用效应都相同。力偶的力偶臂、力及其方向既然都可改变，就可简明地以一个带箭头的弧线并标出值来表示力偶，如图 2-23(d)所示。

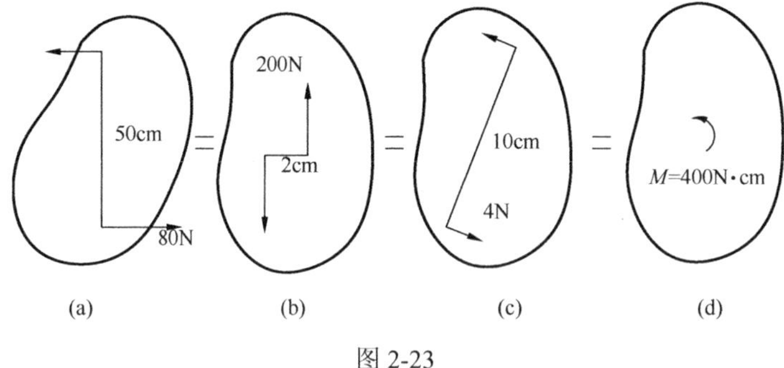

图 2-23

2.5.3　空间力偶

由平面力偶理论知道，只要不改变力偶矩的大小和力偶的转向，力偶可以在它的作用面内任意移转；只要保持力偶矩的大小和力偶的转向不变，也可以同时改变力偶中力的大小和力偶臂的长短，却不改变力偶对刚体的作用。实践经验还告诉我们，力偶的作用面也可以平移。例如，用螺丝刀拧螺钉时，只要力偶矩的大小和力偶的转向保持不变，长螺丝刀或短螺丝刀的效果是一样的，即力偶的作用面可以垂直于螺丝刀的轴线平行移动，而并不影响拧螺钉的效果。由此可知，空间力偶的作用面可以平行移动，而不改变力偶对刚体的作用效果。反之，如果两个力偶的作用面不相互平行(即作用面的法线不相互平行)，即使它们的力偶矩大小相等，这两个力偶对物体的作用效果也不同。

综上所述，空间力偶对刚体的作用除了与力偶矩大小有关外，还与其作用面的方位及力偶的转向有关。

由此可知，空间力偶对刚体的作用效果取决于下列三个因素:

(1) 力偶矩的大小;

(2) 力偶作用面的方位;

(3) 力偶的转向。

空间力偶的三个因素可以用一个矢量表示，矢的长度表示力偶矩的大小，矢的方位与力偶作用面的法线方位相同，矢的指向与力偶转向的关系服从右手螺旋规则。若以力偶的转向为右手螺旋的转动方向，则螺旋前进的方向即矢的指向(图 2-24(b))；或从矢的末端看去，应看到力偶的转向是逆时针转向(图 2-24(a))。这样，这个矢就完全包括上述三个因素，称为力偶矩矢，记作 $\boldsymbol{M}$。由此可知，力偶对刚体的作用完全由力偶矩矢所决定。

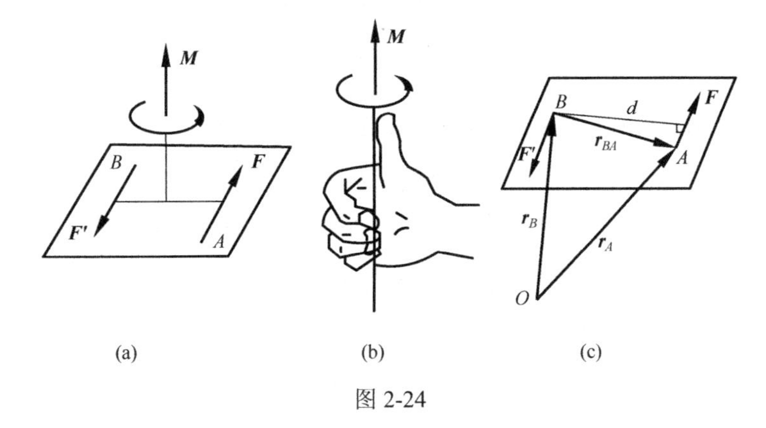

图 2-24

应该指出，由于力偶可以在同平面内任意移转，并可搬移到平行平面内，而不改变它对刚体的作用效果，故力偶矩矢可以平行搬移，且不需要确定矢的初端位置。这样的矢量称为自由矢量。

为进一步说明力偶矩矢为自由矢量，显示力偶的等效特性，可以证明：力偶对空间任一点 O 的矩都是相等的，都等于力偶矩。

如图 2-24(c)所示，组成力偶的两个力 $\boldsymbol{F}$ 和 $\boldsymbol{F}'$ 对空间任一点 O 之矩的矢量和为

$$\boldsymbol{M}_O(\boldsymbol{F},\boldsymbol{F}')=\boldsymbol{M}_O(\boldsymbol{F})+\boldsymbol{M}_O(\boldsymbol{F}')=\boldsymbol{r}_A\times\boldsymbol{F}+\boldsymbol{r}_B\times\boldsymbol{F}'$$

式中，$\boldsymbol{r}_A$ 与 $\boldsymbol{r}_B$ 分别为由点 O 到二力作用点 A、B 的矢径。因 $\boldsymbol{F}'=-\boldsymbol{F}$，故上式可写为

$$\boldsymbol{M}_O(\boldsymbol{F},\boldsymbol{F}')=\boldsymbol{r}_A\times\boldsymbol{F}+\boldsymbol{r}_B\times\boldsymbol{F}'=(\boldsymbol{r}_A-\boldsymbol{r}_B)\times\boldsymbol{F}=\boldsymbol{r}_{BA}\times\boldsymbol{F}$$

显见，$\boldsymbol{r}_{BA}\times\boldsymbol{F}$ 的大小等于 Fd，方向与力偶$(\boldsymbol{F},\boldsymbol{F}')$的力偶矩矢 $\boldsymbol{M}$ 一致。由此可见，力偶对空间任一点的矩矢都等于力偶矩矢，与矩心位置无关。

综上所述，力偶的等效条件可叙述为：两个力偶的力偶矩矢相等，则它们是等效的。

2.6　力偶系的合成与平衡条件

作用在同一物体上的若干力偶总称为力偶系。

2.6.1 平面力偶系的合成与平衡条件

设在刚体某平面上有力偶 M_1、M_2 的作用，如图 2-25(a)所示，现求其合成的结果。

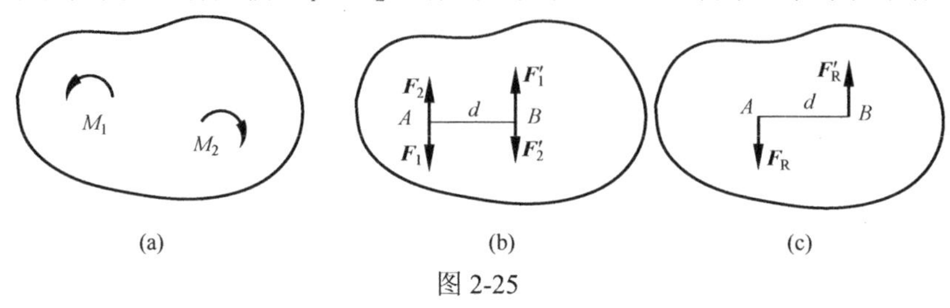

图 2-25

在平面上任取一线段 $AB = d$ 作为公共力偶臂，并把每个力偶化为一组作用在 A、B 两点的反向平行力，如图 2-25(b)所示，根据力系等效条件，有

$$F_1 = \frac{M_1}{d}, \quad F_2 = \frac{M_2}{d}$$

于是在 A、B 两点各得一组共线力系，其合力为 $\boldsymbol{F}_R$ 与 $\boldsymbol{F}_R'$，如图 2-25(c)所示，且有

$$F_R = F_R' = F_1 = F_2$$

$\boldsymbol{F}_R$ 与 $\boldsymbol{F}_R'$ 为一对等值、反向、不共线的平行力，它们组成的力偶即合力偶，所以有

$$M = F_R d = (F_1 - F_2)d = M_1 + M_2$$

若在刚体上有若干个力偶作用，采用上述方法叠加，可得合力偶矩为

$$M = M_1 + M_2 + \cdots + M_n = \sum M_i \tag{2-30}$$

式(2-30)表明：**平面力偶系合成的结果为一合力偶，合力偶矩为各分力偶矩的代数和。**

由合成结果可知，要使力偶系平衡，则合力偶的矩必须等于零，因此平面力偶系平衡的必要和充分条件是：**力偶系中各力偶矩的代数和等于零**，即

$$\sum M_i = 0 \tag{2-31}$$

平面力偶系的独立平衡方程只有一个，故只能求解一个未知数。

【例 2-10】 四连杆机构在图 2-26 所示位置平衡，已知 $OA = 60\text{cm}$，$O_1B = 40\text{cm}$，作用在摇杆 OA 上的力偶矩 $M_1 = 1\text{N} \cdot \text{m}$，不计杆自重，求力偶矩 M_2 的大小。

解：(1)受力分析。

杆 AB 为二力杆，受力分析如图 2-26(c)所示。

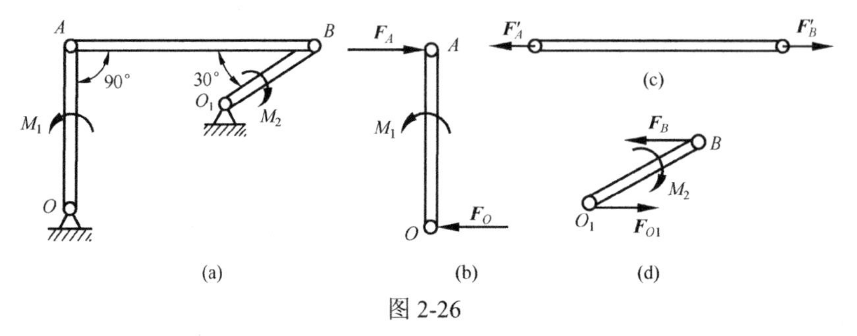

图 2-26

再取杆 OA 分析，如图 2-26(b)所示，在杆上作用有主动力偶矩 M_1，根据力偶的性质，力偶只与力偶平衡，所以在杆的两端点 O、A 上必作用有大小相等、方向相反的一对力 $\boldsymbol{F}_O$ 及 $\boldsymbol{F}_A$，而连杆 AB 为二力杆，所以 $\boldsymbol{F}_A$ 的作用方向被确定。再取杆 O_1B 分析，如图 2-26(d)所示，此时杆上作用一个待求力偶 M_2，此力偶与作用在 O_1、B 两端点上的约束反力构成的力偶平衡。

(2)列平衡方程。

$$\sum M_i = 0, \quad M_1 - F_A \times OA = 0 \tag{2-32}$$

$$F_A = \frac{M_1}{OA} = 1.67\text{N}$$

对受力图 2-26(c)列平衡方程

$$\sum M_i = 0, \quad F_B \times O_1 B \sin 30° - M_2 = 0 \tag{2-33}$$

因

$$F_B = F_A = 1.67\text{N}$$

故由式(2-33)得

$$M_2 = F_A \times O_1 B \times 0.5 = 1.67\text{N} \times 0.4\text{m} \times 0.5 = 0.33\text{N} \cdot \text{m}$$

2.6.2　空间力偶系的合成与平衡条件

可以证明，任意个空间分布的力偶可合成为一个合力偶，合力偶矩矢等于各分力偶矩矢的矢量和，即

$$\boldsymbol{M} = \boldsymbol{M}_1 + \boldsymbol{M}_2 + \cdots + \boldsymbol{M}_n = \sum \boldsymbol{M}_i \tag{2-34}$$

证明：设有矩为 $\boldsymbol{M}_1$ 和 $\boldsymbol{M}_2$ 的两个力偶分别作用在相交的平面 I 和 II 内，如图 2-27 所示。首先证明它们合成的结果为一力偶。为此，在这两平面的交线上取任意线段 $AB = d$，利用同平面内力偶的等效条件，将两力偶各在其作用面内移转和变换，使它们的力偶臂与线段 AB 重合，而保持力偶矩的大小和力偶的转向不变。这时，两力偶分别为$(\boldsymbol{F}_1, \boldsymbol{F}_1')$和

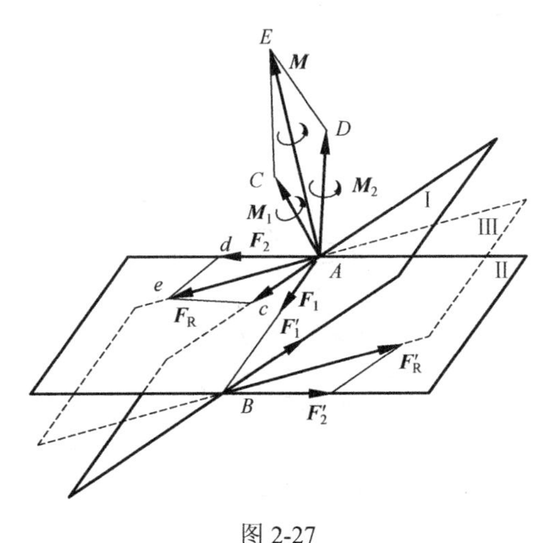

图 2-27

$(\boldsymbol{F}_2,\boldsymbol{F}_2')$，它们的力偶矩矢分别为 $\boldsymbol{M}_1$ 和 $\boldsymbol{M}_2$。将力 $\boldsymbol{F}_1$ 与 $\boldsymbol{F}_2$ 合成为力 $\boldsymbol{F}_R$，又将力 $\boldsymbol{F}_1'$ 与 $\boldsymbol{F}_2'$ 合成为力 $\boldsymbol{F}_R'$。由图显然可见，力 $\boldsymbol{F}_R$ 与 $\boldsymbol{F}_R'$ 等值而反向，组成一个力偶，即合力偶，它作用在平面III内，令合力偶矩矢为 $\boldsymbol{M}$。

若有 n 个空间力偶，按上法逐次合成，最后得一力偶，合力偶的矩矢应为

$$\boldsymbol{M}=\sum\boldsymbol{M}_i$$

合力偶矩矢的解析表达式为

$$\boldsymbol{M}=M_x\boldsymbol{i}+M_y\boldsymbol{j}+M_z\boldsymbol{k} \tag{2-35}$$

式中，M_x、M_y、M_z 分别为合力偶矩矢在 x、y、z 轴上的投影。将式(2-34)分别向 x、y、z 轴投影，有

$$\begin{cases}M_x=M_{1x}+M_{2x}+\cdots+M_{nx}=\sum\limits_{i=1}^{n}M_{ix}\\M_y=M_{1y}+M_{2y}+\cdots+M_{ny}=\sum\limits_{i=1}^{n}M_{iy}\\M_z=M_{1z}+M_{2z}+\cdots+M_{nz}=\sum\limits_{i=1}^{n}M_{iz}\end{cases} \tag{2-36}$$

即合力偶矩矢在 x、y、z 轴上的投影等于各分力偶矩矢在相应轴上投影的代数和。

算出合力偶矩矢的投影后，合力偶矩矢的大小和方向余弦可用式(2-37)求出，即

$$\begin{cases}M=\sqrt{\left(\sum M_{ix}\right)^2+\left(\sum M_{iy}\right)^2+\left(\sum M_{iz}\right)^2}\\\cos(\boldsymbol{M},\boldsymbol{i})=\dfrac{M_x}{M}\\\cos(\boldsymbol{M},\boldsymbol{j})=\dfrac{M_y}{M}\\\cos(\boldsymbol{M},\boldsymbol{k})=\dfrac{M_z}{M}\end{cases} \tag{2-37}$$

【例 2-11】 工件如图 2-28 所示，它的四个面上同时钻五个孔，每个孔所受的切削力偶矩均为 80N · m。求工件所受合力偶的矩在 x、y、z 轴上的投影 M_x、M_y、M_z，并求合力偶矩矢的大小和方向。

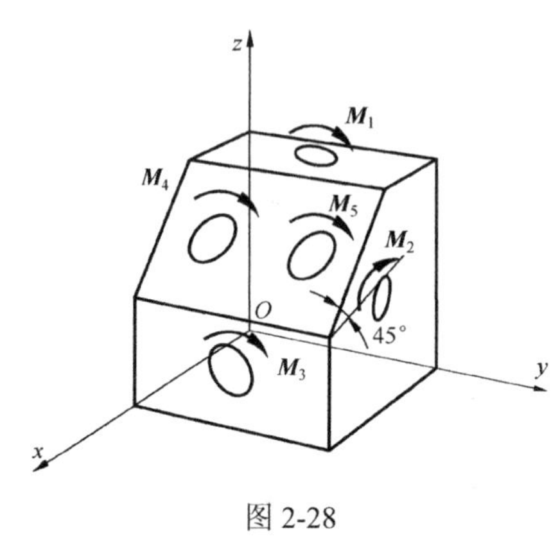

图 2-28

解：先将作用在四个面上的力偶用力偶矩矢量表示。根据式(2-36)，得

$$M_x = \sum M_{ix} = M_3 - M_4\cos45° - M_5\cos45°$$
$$= -193.1\text{N}\cdot\text{m}$$
$$M_y = \sum M_{iy} = -M_2 = -80\text{N}\cdot\text{m}$$
$$M_z = \sum M_{iz} = -M_1 - M_4\sin45° - M_5\sin45°$$
$$= -193.1\text{N}\cdot\text{m}$$

再根据式(2-37)求得合力偶矩矢的大小和方向余弦为

$$M = \sqrt{M_x^2 + M_y^2 + M_z^2} = 284.6\text{N}\cdot\text{m}$$
$$\cos(\boldsymbol{M},\boldsymbol{i}) = \frac{M_x}{M} = -0.6785$$
$$\cos(\boldsymbol{M},\boldsymbol{j}) = \frac{M_y}{M} = -0.2811$$
$$\cos(\boldsymbol{M},\boldsymbol{k}) = \frac{M_z}{M} = -0.6785$$

空间力偶系可以用一个合力偶来代替，因此空间力偶系平衡的必要和充分条件是：该力偶系的合力偶矩等于零，即所有力偶矩矢的矢量和等于零，即

$$\sum_{i=1}^{n} \boldsymbol{M}_i = 0 \tag{2-38}$$

由式(2-38)有

$$M = \sqrt{\left(\sum M_{ix}\right)^2 + \left(\sum M_{iy}\right)^2 + \left(\sum M_{iz}\right)^2} = 0$$

欲使上式成立，必须同时满足

$$\begin{cases} \sum M_{ix} = 0 \\ \sum M_{iy} = 0 \\ \sum M_{iz} = 0 \end{cases} \tag{2-39}$$

式(2-39)为空间力偶系的平衡方程，即空间力偶系平衡的必要和充分条件为：该力偶系中所有各力偶矩矢在三个坐标轴上投影的代数和分别等于零。

上述三个独立的平衡方程可求解三个未知量。

思　考　题

2.1　输电线跨度 l 相同，电线下垂量 h 越小，电线越易拉断，为什么？

2.2　平面汇交力系向汇交点以外一点简化，其结果可能是一个力吗？可能是一个力偶吗？可能是一个力和一个力偶吗？

2.3　在正方体的顶角 A 和 B 处，分别作用力 $\boldsymbol{F}_1$ 和 $\boldsymbol{F}_2$，如图 2-29 所示。求此两力在 x、y、z 轴上的投影和对 x、y、z 轴的矩；试将力 $\boldsymbol{F}_1$ 和 $\boldsymbol{F}_2$ 向点 O 简化，并用解析式计算其大小和方向。

2.4　试比较力矩和力偶间的区别与联系。

2.5　由力偶理论知道，一力不能与力偶平衡。但是为什么螺旋压榨机上，力偶似乎可以用被压榨物体的反抗力 $\boldsymbol{F}_N$ 来平衡(图 2-30(a))？为什么如图 2-30(b)所示的轮子上的力偶 $\boldsymbol{M}$ 似乎与重物的力 $\boldsymbol{P}$ 相平衡？这种说法错在哪里？

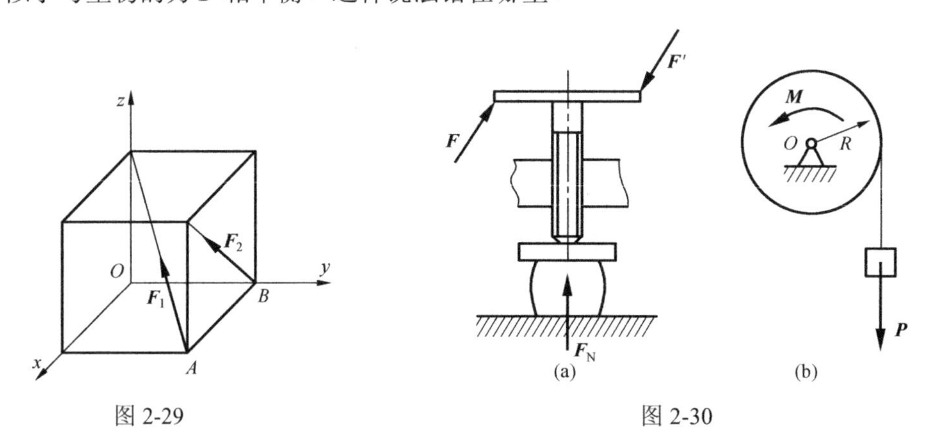

图 2-29　　图 2-30

2.6　如图 2-31 所示，确定 A、B 处约束反力的方向(不计自重及各处摩擦力)。

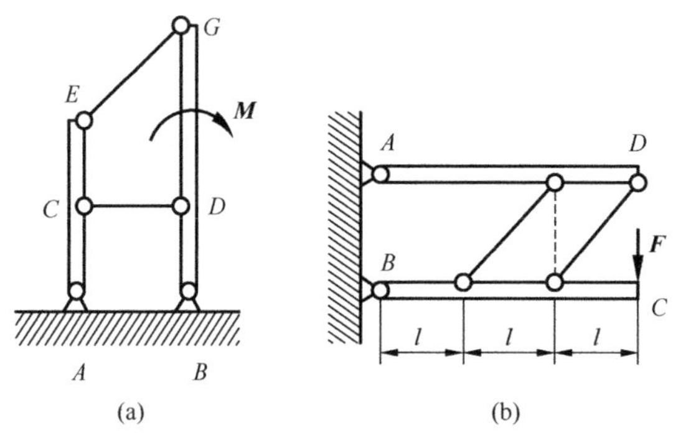

图 2-31

2.7　如图 2-32(a)、图 2-32(b)所示，确定 A 支座反力方向(不计自重及各处摩擦力)。

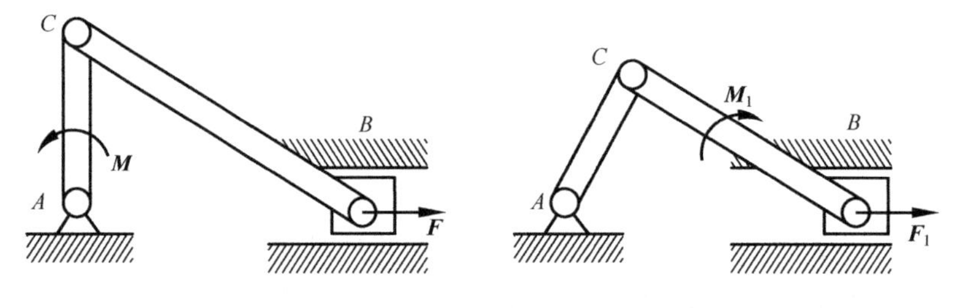

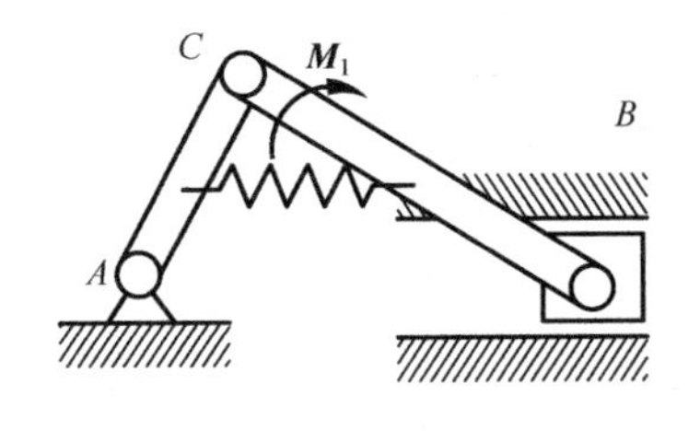

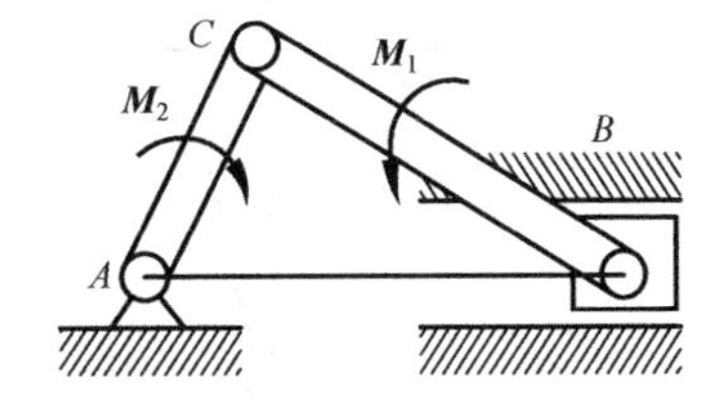

(b)

图 2-32

2.8　空间汇交力系的平衡方程独立的充分和必要条件是(　　)。

A．三轴正交；　　B．三轴相交不共面；

C．三轴不共面；　　D．三轴的单位向量不相关

2.9　空间汇交力系可否用取矩式给出？

2.10　图 2-33 所示的三角板上作用一力偶 $\boldsymbol{M}$，确定杆 2 和杆 3 合力的大小。已知：$\boldsymbol{M}$、a、b，求$|F_1+F_1|$值。

2.11　力在坐标轴上的投影以及在平面上的投影均为矢量，对吗？

2.12　在研究物体机械运动时，物体的变形对所研究问题没有影响，或影响甚微，此时物体可视为刚体，对吗？

2.13　当力与轴垂直时，力对该轴之矩为零，对吗？

2.14　如图 2-34 所示，力 $\boldsymbol{F}$ 作用线在 $OABC$ 平面内，则力 $\boldsymbol{F}$ 对空间直角坐标系 x,y,z 轴之矩是(　　)。

A．$M_x(\boldsymbol{F})=0$，其余不为零；　　B．$M_y(\boldsymbol{F})=0$，其余不为零；

C．$M_z(\boldsymbol{F})=0$，其余不为零；　　D．$M_x(\boldsymbol{F})=0$，$M_y(\boldsymbol{F})=0$，$M_z(\boldsymbol{F})=0$

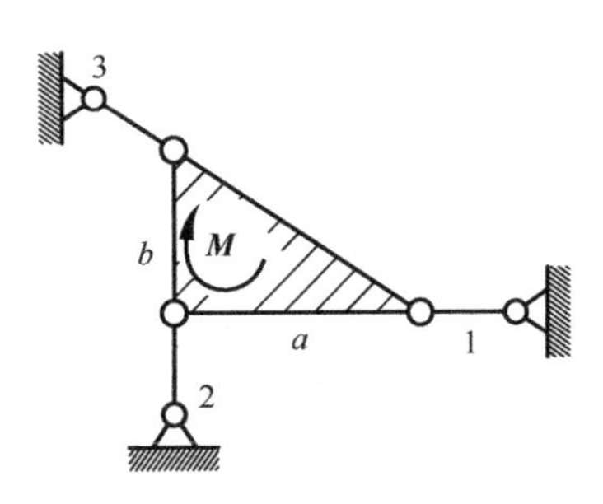

图 2-33

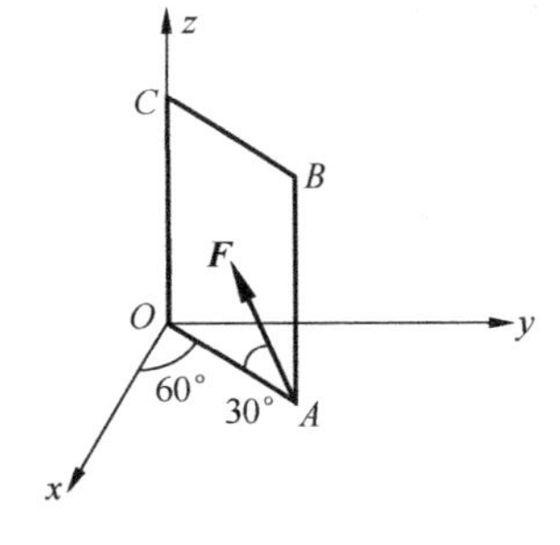

图 2-34

2.15　下列表述中不正确的是(　　)。

A．力矩与力偶量纲不相同；　　B．力不能平衡力偶；

C．一个力不能平衡一个力偶

习　　题

2-1　在图示刚架的点 B 作用一水平力 $\boldsymbol{F}$，刚架重量不计。求支座 A、D 的约束力。

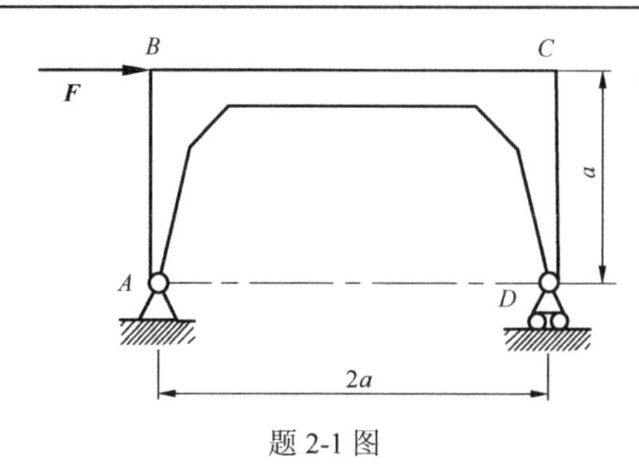

题 2-1 图

2-2　已知四根绳索 AB、BC、BD、DE 相互连接，如图所示，DB 保持水平，DE 和 BC 分别与水平和铅垂线的夹角均为 α，A 处连接一木桩，桩重 $\boldsymbol{W}$。求 D 处作用的铅垂力 $\boldsymbol{P}$ 需多大才能与桩保持平衡？

2-3　图示液压夹紧机构中，D 为固定铰链，B、C、E 为活动铰链。已知力 $\boldsymbol{F}$ 和机构平衡时角度，求此时工件 H 所受的压紧力。

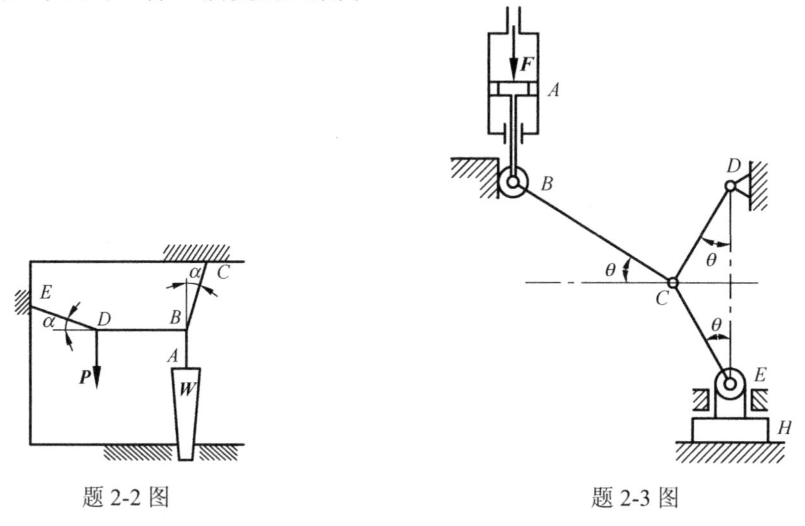

题 2-2 图　　题 2-3 图

2-4　图示简易起重机用钢丝绳吊起重量 $G = 10\text{kN}$ 的重物。各杆自重不计，A、B、C 三处为光滑铰链连接。铰链 A 处装有不计半径的光滑滑轮。求杆 AB 和 AC 受到的力。

2-5　夹具中所用增力机构如图所示。已知推力 $\boldsymbol{P}$ 作用于 A 点，夹紧平衡时杆与水平线的夹角为 α，不计滑块和杆重，视各铰链为光滑。定义增力倍数 $\beta = Q/P$。试求 β 与 α 的函数关系。

2-6　图示力系中，$F_1 = 100\text{N}$、$F_2 = 300\text{N}$、$F_3 = 200\text{N}$，各力作用线的位置如图所示。试将力系向原点 O 简化。

2-7　图示空间构架由三根无重直杆组成，在 D 端用球铰链连接。A、B 和 C 端则用球铰链固定在水平地板上。如果挂在 D 端的物重 $P = 10\,\text{kN}$，试求铰链 A、B 和 C 的反力。

2-8　图示空间桁架由六杆 1、2、3、4、5 和 6 构成。在节点 A 上作用一力 $\boldsymbol{F}$，此力在矩形 $ABDC$ 平面内，且与铅垂线成 45° 角。$\triangle EAK = \triangle FBM$。等腰$\triangle EAK$、$\triangle FBM$ 和$\triangle NDB$ 在顶点 A、B 和 D 处均为直角，又 $EC = CK = FD = DM$。若 $F = 10\text{kN}$，求各杆的内力。

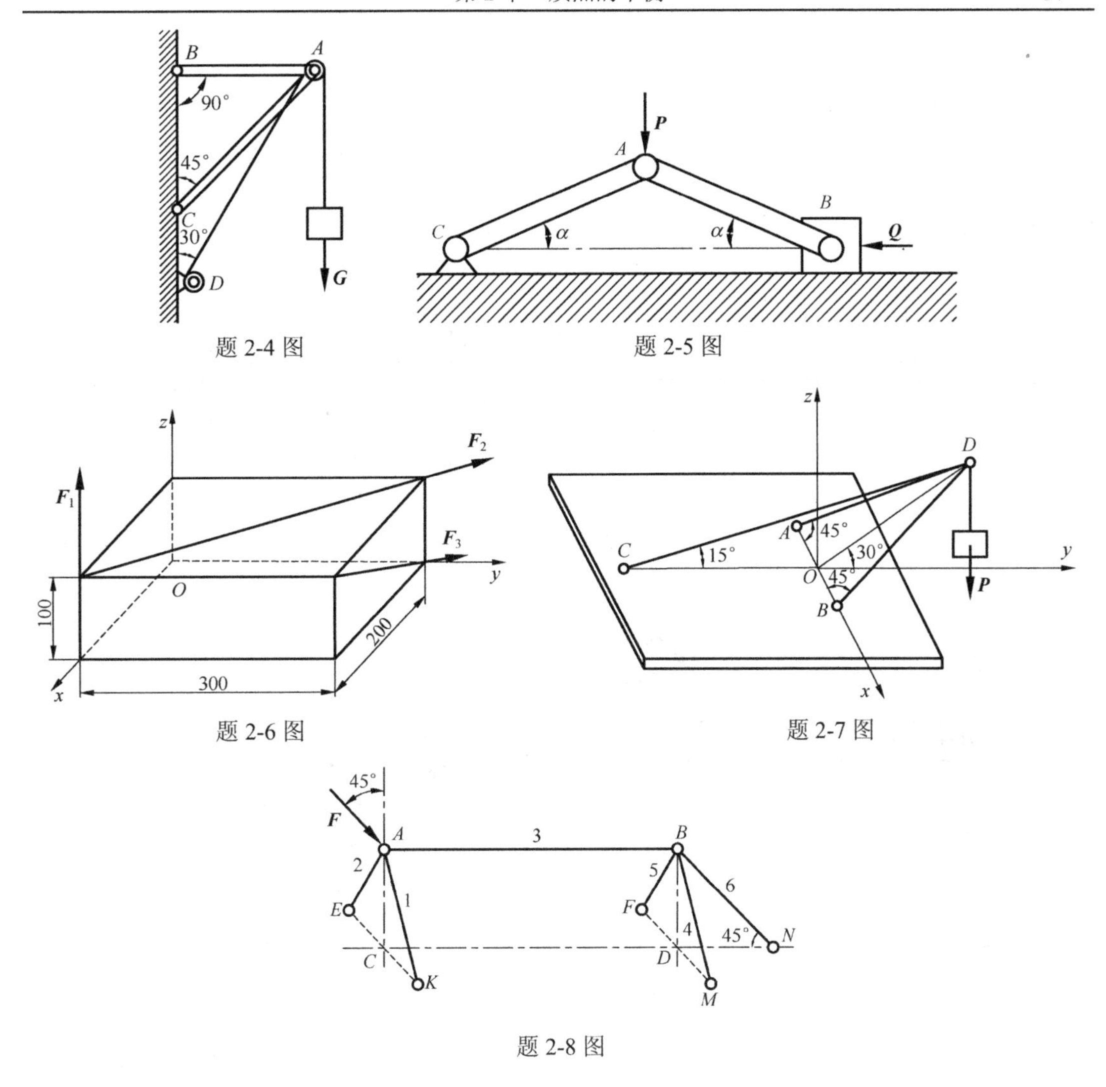

题 2-4 图

题 2-5 图

题 2-6 图

题 2-7 图

题 2-8 图

2-9　小车受到三个水平力的作用，如图所示，已知 $F_1 = 150\text{N}$，$F_2 = 100\text{N}$，问 F_3 等于多大时，才能使合力沿 x 方向，并计算此合力的大小。

2-10　如图所示，力 $\boldsymbol{F} = -4\boldsymbol{i} - 3\boldsymbol{j} - 5\boldsymbol{k}$，矢径 $\boldsymbol{r} = 3\boldsymbol{i} + 2\boldsymbol{j} + 4\boldsymbol{k}$，试求：①力 $\boldsymbol{F}$ 对 O 点的力矩；②力 $\boldsymbol{F}$ 对 M 点的力矩；③力 $\boldsymbol{F}$ 对三坐标轴的力矩；④力 $\boldsymbol{F}$ 在 $\boldsymbol{r}$ 方向的投影。

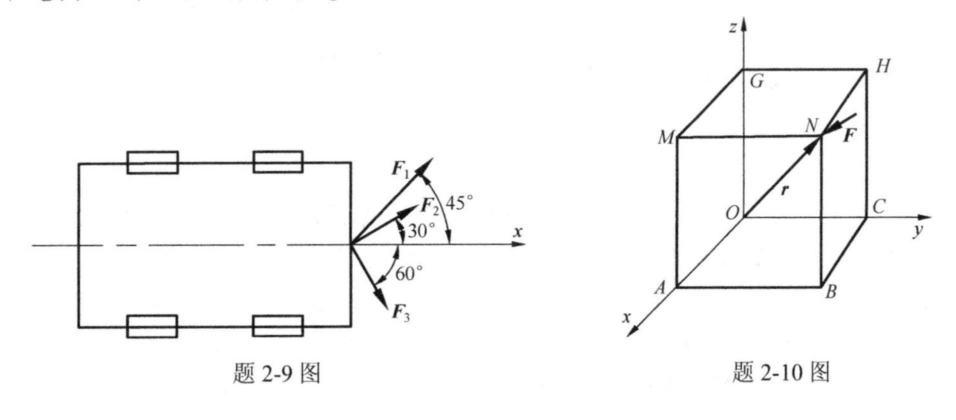

题 2-9 图

题 2-10 图

2-11　分别计算图示分布载荷对 A 点的力矩。

2-12　如图所示，A 点作用三个与坐标轴方位一致的分力，试求其合力对原点 O 的力矩和合力对 z 轴的矩。

2-13　图示曲杆上作用两个力偶，试求其合力偶；若令此合力偶的两力分别作用在 A、B 两点，问这两力的方向应该怎样选取，才能使力最小。

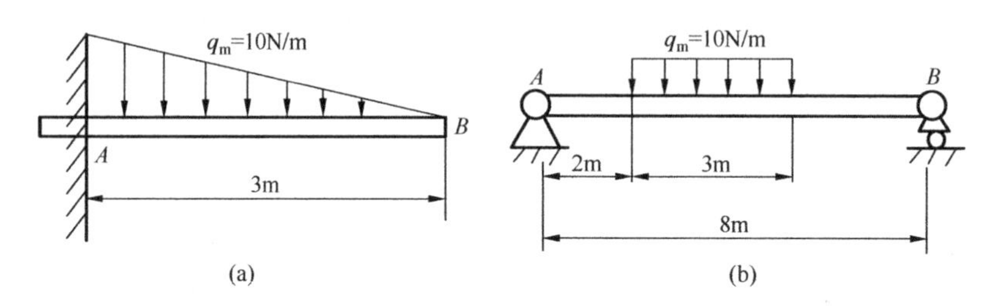

题 2-11 图

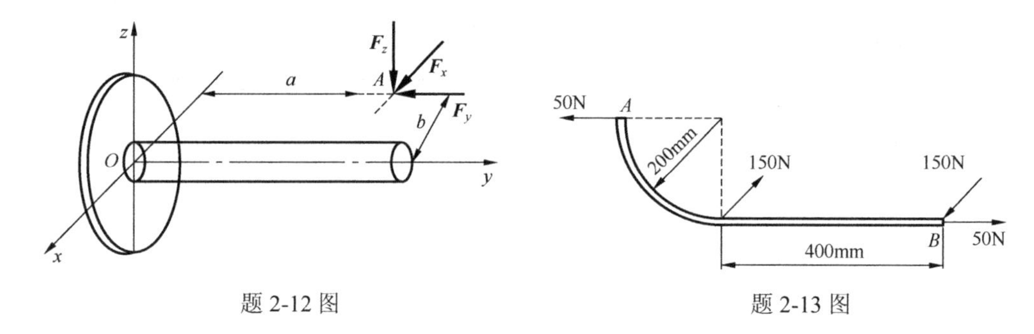

题 2-12 图　　题 2-13 图

2-14　三力偶如图所示，已知 $F_1 = F_1' = 100\text{N}$，力偶臂 $h_1 = 200\text{mm}$，$F_2 = F_2' = 120\text{N}$，$h_2 = 300\text{mm}$，$F_3 = F_3' = 80\text{N}$，$h_3 = 180\text{mm}$，求其合力偶矩。

2-15　图示力偶 $\boldsymbol{M}_1$ 和 $\boldsymbol{M}_2$ 分别作用于平面 ABC 和 ACD，已知 $M_1 = M_2 = M$，求合力偶矩。

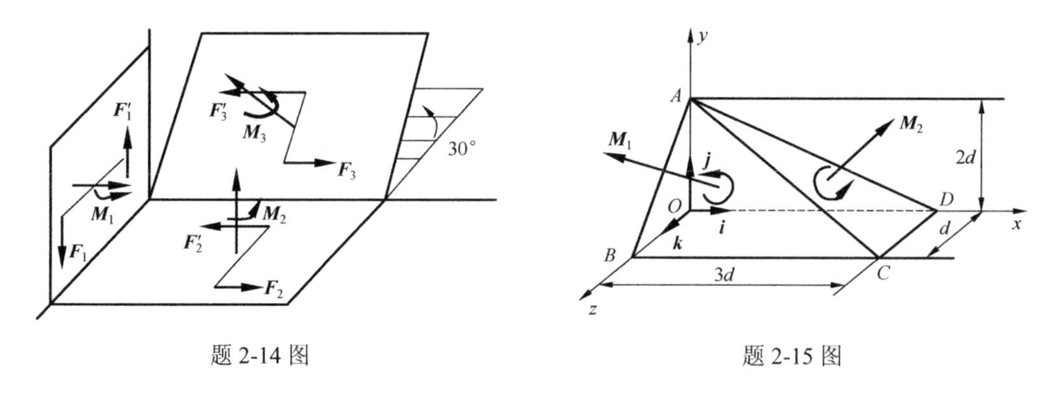

题 2-14 图　　题 2-15 图

2-16　图示轴 AB 与铅垂线成 β 角，悬臂 CD 与轴铅锤地固定在轴上，其长为 a，并与铅垂面 zAB 成 θ 角。如果在点 D 作用铅垂向下的力 $\boldsymbol{F}$，求此力对轴 AB 的矩。

2-17　图示三圆盘 A、B 和 C 的半径分别为 150mm、100mm 和 50mm。三轴 OA、OB 和 OC 在同一平面内，$\angle AOB$ 为直角。在这三圆盘上分别作用力偶，组成各力偶的力作用在轮缘上，它们的大小分别等于 10N、20N 和 F。如果这三圆盘所构成的物体系是自由的，不计物体系重量，求能使此物体系平衡的力 $\boldsymbol{F}$ 的大小和角 θ。

2-18　某减速器由三轴组成，如图所示，动力由 I 轴输入，在 I 轴上作用转矩 $M_1 = 697\ \mathrm{N\cdot m}$。如果齿轮节圆直径为 $D_1 = 160\mathrm{mm}$，$D_2 = 632\mathrm{mm}$，$D_3 = 204\mathrm{mm}$，齿轮压力角为 20°。不计摩擦及轮、轴重量，试求等速传动时轴承 A、B、C、D 的约束反力。

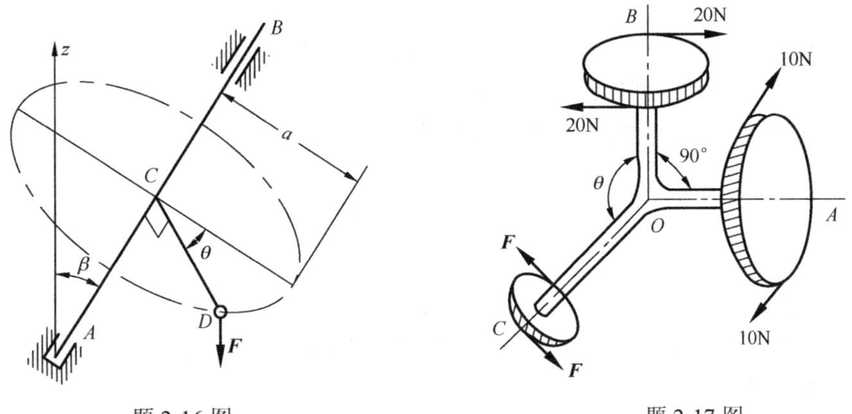

题 2-16 图　　题 2-17 图

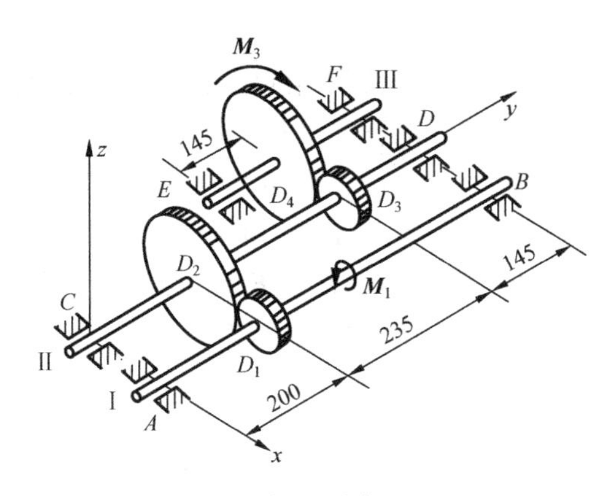

题 2-18 图

第 3 章　刚体的平衡

在刚体问题中，可将刚体当作一个特殊的质点系(质量连续分布、各质点间的距离保持不变)。质点系平衡，即刚体平衡，是指质点系中每一个质点均处于平衡状态，即质点系中所有的质点相对参考系全都处于静止状态或全都处于匀速运动状态。

3.1　一般力系的简化

在实际工程中，物体的受力情况往往比较复杂，为了研究力系对刚体的总效应，需要将力系等效简化，这在分析物体的外力和内力、研究力系对物体的平衡条件与运动效应时，均具有重要的意义。

3.1.1　力的平移定理

如前所述，作用在刚体上的力沿着其作用线滑移后，不改变它对刚体的效应；作用在刚体上的力偶在同一刚体内进行任意滑移和平移，也不影响该力偶对刚体的作用效果。那么，作用在刚体上的力能否平移？如果可以平移，应该怎样进行等效平移呢？

如图 3-1 所示，设力 $\boldsymbol{F}$ 作用于刚体上 A 点，由加减平衡力系公理可知，在另一点 B 可加上一对平衡力 $\boldsymbol{F}'$ 与 $\boldsymbol{F}''$，且 $\boldsymbol{F}'/\!/\boldsymbol{F}$，$\boldsymbol{F}'=-\boldsymbol{F}''=\boldsymbol{F}$，这样可视为力 $\boldsymbol{F}$ 平移到 B 点，记为 $\boldsymbol{F}'$，其余两力 $(\boldsymbol{F},\boldsymbol{F}'')$ 构成一力偶，其力偶矩 $\boldsymbol{M}=BA\times\boldsymbol{F}$。

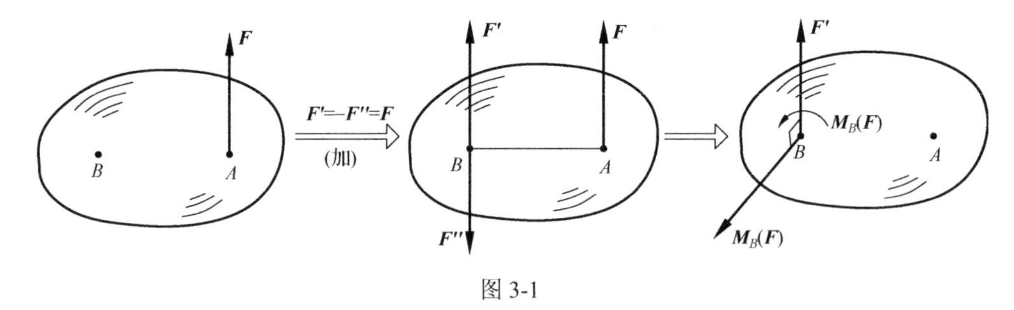

图 3-1

这就是**力的平移定理：作用于刚体上的力可以平移到该刚体内任一点，但为了保持原力对刚体的效应不变，必须附加一力偶，该附加力偶的力偶矩等于原力对新作用点的矩。**

如图 3-2 所示，用扳手拧紧螺栓时，螺钉除受大小为 F 的力外，还受力偶矩大小为 $M=Fl$ 的力偶作用。

又如图 3-3(a)所示**梁**(受横向荷载的**杆**)承受均布载荷，将它们向梁的中点平移，两边附加力偶构成平衡力偶系，去掉之后，便得图 3-3(b)所示等效简化情形。

注意：力的平移定理仅适用于同一刚体。研究变形体的内力和变形时，力平移后，内力和变形均发生改变。在图 3-4(a)中，力 $\boldsymbol{F}$ 从 AB 移至 BC 上后，A、B、C 三处受力均改变；图 3-4(b)中力 $\boldsymbol{F}$ 作用于 B 处时，AB 段弯曲，BC 段做刚体位移；力 $\boldsymbol{F}$ 从 B 处平移至 C 后，AB 段弯曲不变，BC 段的内力与变形均发生变化。

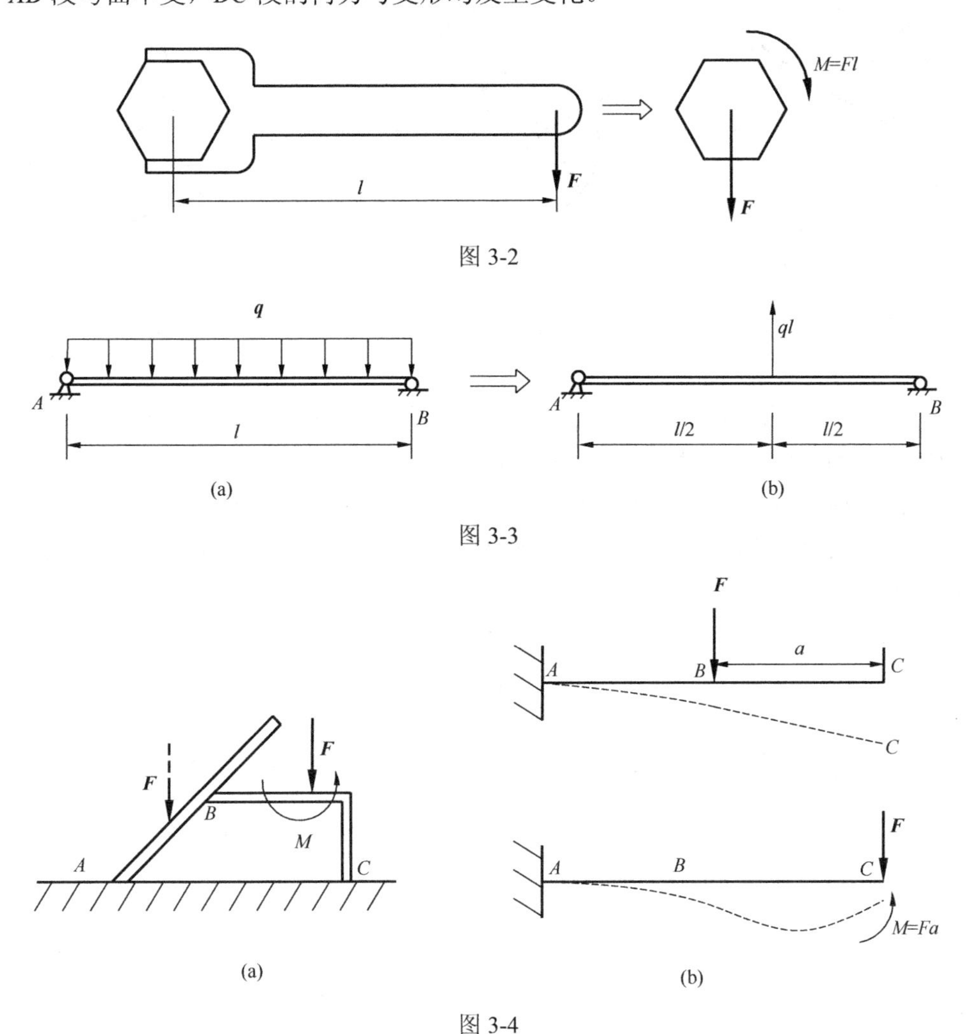

图 3-4

3.1.2 一般力系向一点的简化

运用力的平移定理，把**一般力系**中的各力向任选的一点(简化中心)平移，便转化为与原力系等效的一个汇交力系和一个附加力偶系，将它们分别合成，就得到作用在简化中心的一个力和一个附加力偶。

如图 3-5(a)所示，空间一般力系$(\boldsymbol{F}_1,\boldsymbol{F}_2,\cdots,\boldsymbol{F}_n)$作用于同一刚体上，各力作用点矢径为$(\boldsymbol{r}_1,\boldsymbol{r}_2,\cdots,\boldsymbol{r}_n)$。选刚体上任一点 O 作为简化中心，并建立 $Oxyz$ 直角坐标系，先将各力向 O 点平移，得到一个作用于 O 点的汇交力系$(\boldsymbol{F}_1',\boldsymbol{F}_2',\cdots,\boldsymbol{F}_n')$和一个附加的力偶系$(\boldsymbol{M}_{O1},\boldsymbol{M}_{O2},\cdots,\boldsymbol{M}_{On})$，如图 3-5(b)所示。其中，

$$\boldsymbol{F}_i'=\boldsymbol{F}_i$$

$$\boldsymbol{M}_{Oi}=\boldsymbol{M}_O(\boldsymbol{F}_i)=\boldsymbol{r}_i\times\boldsymbol{F}_i\quad(i=1,2,\cdots,n)$$

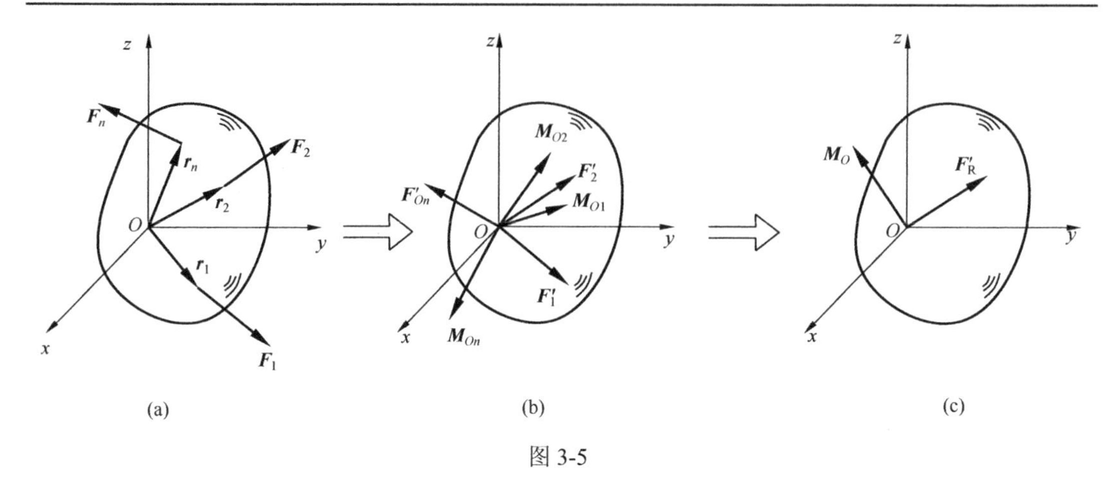

图 3-5

再将此汇交力系和力偶系分别合成，便得到作用在简化中心 O 的一个合力 $\boldsymbol{F}'_R$ 和一个合力偶矩矢为 $\boldsymbol{M}_O$ 的附加力偶，如图 3-5(c)所示。

注意：平移到 O 点的各力 $\boldsymbol{F}'_i(i=1,2,\cdots,n)$ 与 $\boldsymbol{F}_i$ 虽大小、方向相同，但作用点不同。

为了能用原力系的特征量来表示力系向 O 点简化的结果，引入表征原力系整体特征的如下两个矢量——主矢和主矩。

$$\begin{cases}\boldsymbol{F}_R=\sum\boldsymbol{F}_i\\ \boldsymbol{M}_O=\sum\boldsymbol{M}_O(\boldsymbol{F}_i)\end{cases}\tag{3-1}$$

显然，主矢 $\boldsymbol{F}_R=\sum\boldsymbol{F}_i=\sum\boldsymbol{F}'_i$，与简化中心的位置无关，是力系简化过程中的一个不变量；而主矩 $\boldsymbol{M}_O$ 一般与简化中心 O 的位置有关，称为力系对 O 点的主矩。

3.1.3　力系的最简形式

一般力系向任意点简化，可以得到作用在简化中心的一个力和一个力偶。试问该结果包含哪些特殊情形？能否进一步简化？根据原力系对于简化中心的主矢和主矩可能出现的不同情况讨论如下。

(1)若 $\boldsymbol{F}_R=0$ 且 $\boldsymbol{M}_O=0$，则原力系与零力系等效，原力系处于平衡。

(2)若 $\boldsymbol{F}_R=0$，而 $\boldsymbol{M}_O\neq0$，则原力系与一力偶等效，可简化为一个力偶。由于力偶矩对刚体是自由矢量，所以当力系主矢为零时，其主矩与简化中心位置无关，该力系本质上是一个力偶系，其最简结果是一个力偶。

(3)若 $\boldsymbol{F}_R\neq0$，而 $\boldsymbol{M}_O=0$，则原力系简化为作用在简化中心 O 的一个力。这显然是最简形式，当简化中心的位置不在该合力线上时，原力系的主矢和主矩均不为零。

(4)若 $\boldsymbol{F}_R\neq0$，且 $\boldsymbol{M}_O\neq0$，则原力系简化为作用在简化中心 O 的一个力和一个力偶。这种情形一般还可以进一步简化。

①若 $\boldsymbol{F}_R\perp\boldsymbol{M}_O$(图 3-6)，即 $\boldsymbol{F}_R\cdot\boldsymbol{M}_O=0$，则进行图 3-6 所示的等效变换后，力系进一步简化为作用在另一简化中心 O_1 处的一个力 $\boldsymbol{F}'_R$。显然，这是最简形式。矢量 $\overrightarrow{OO_1}=\dfrac{\boldsymbol{F}_R\times\boldsymbol{M}_O}{F_R^2}$；

若在 O 点建立直角坐标系 $Oxyz$，设点 $P(x,y,z)$ 为合力作用线上的任一点，则合力作用线方程为

$$\frac{F_{Rx}}{x-x_{O1}}=\frac{F_{Ry}}{y-y_{O1}}=\frac{F_{Rz}}{z-z_{O1}} \tag{3-2}$$

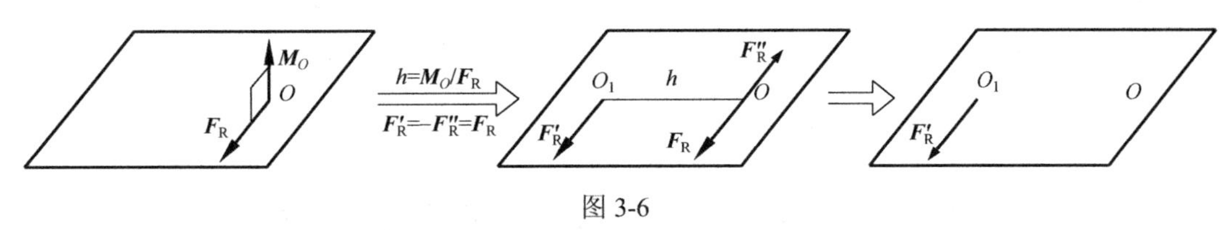

图 3-6

②若 $\boldsymbol{F}_R // \boldsymbol{M}_O$(图 3-7)，则力 $\boldsymbol{F}_R$ 平移产生的附加力偶总是与 $\boldsymbol{M}_O$ 相垂直，二者不能互相抵消，因此，向简化中心简化所得的结果已是最简形式，称为作用在简化中心的**力螺旋**。从这个意义上说，力螺旋如同力和力偶，也是一种基本力学量。

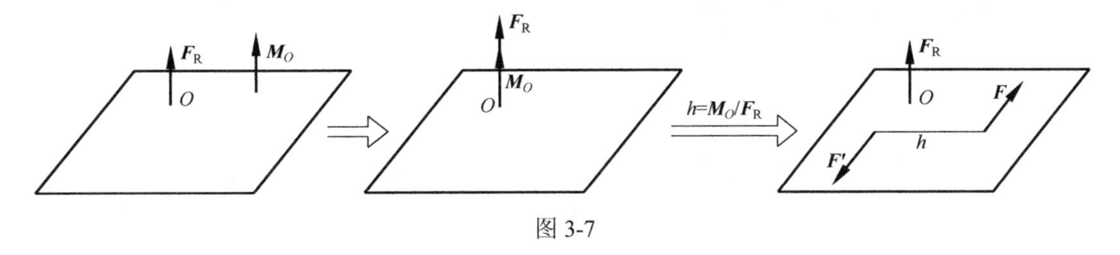

图 3-7

工程中的力螺旋实例很多，如用螺丝刀拧螺钉，用电钻钻孔等，螺钉、电钻所受的合力系都是力螺旋。

③当 $\boldsymbol{F}_R$ 不垂直也不平行于 $\boldsymbol{M}_O$(图 3-8(a))时，将 $\boldsymbol{M}_O$ 分解为与 $\boldsymbol{F}_R$ 方向平行和垂直的两个分量，即 $\boldsymbol{M}_O=\boldsymbol{M}_{O\perp}+\boldsymbol{M}_{O//}$，先将 $\boldsymbol{F}_R$ 与 $\boldsymbol{M}_{O//}$ 按情形①简化为作用在点 O' 处的一个力 $\boldsymbol{F}'_R$，如图 3-8 (b)所示；再将 $\boldsymbol{M}_{O//}$ 移至 O' 处，按情形②构成一个作用在点 O' 处的力螺旋，如图 3-8(c)所示。力螺旋中力的作用线称为力螺旋的中心轴，在以 O 为原点的直角坐标系中，其作用线方程为

$$\frac{F_{Rx}}{x-x_{O'}}=\frac{F_{Ry}}{y-y_{O'}}=\frac{F_{Rz}}{z-z_{O'}} \tag{3-3}$$

力偶矩 $\boldsymbol{M}_{O//}$ 可写为

$$\boldsymbol{M}_{O//}=p\boldsymbol{F}_R$$

式中

$$p=\frac{\boldsymbol{F}_R\cdot\boldsymbol{M}_O}{F_R^2} \tag{3-4}$$

p 为**力螺旋参数**，完全由力系的主矢与主矩确定。

综上所述，一般力系简化的最简形式有平衡、合力偶、合力、力螺旋四种情形。**力系的主矢与主矩是否正交，是判断某力系能否进一步简化成一个力的条件。**

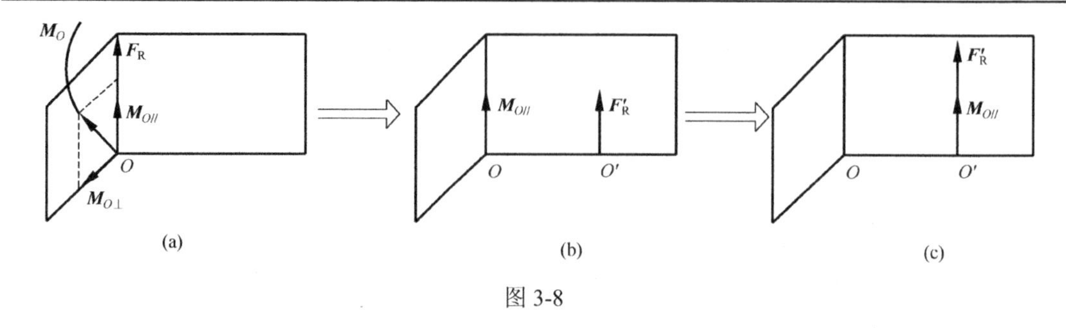

图 3-8

3.2　一般力系作用下刚体平衡问题的求解

当作用在刚体上的一般力系向任一点简化时，若主矢 $\boldsymbol{F}_{\mathrm{R}}=0$ 且主矩 $\boldsymbol{M}_O=0$，则这是作用在刚体上的一般力系平衡的情形，接下来将进行详细讨论。

3.2.1　平面一般力系的平衡方程

1. 基本形式

由上述讨论知，若平面一般力系的主矢和对任一点的主矩都为零，则物体处于平衡；反之，若力系是平衡力系，则其主矢、主矩必同时为零。因此，平面一般力系平衡的充分和必要条件是

$$\begin{cases} F'_{\mathrm{R}}=\sqrt{\left(\sum F_{ix}\right)^2+\left(\sum F_{iy}\right)^2}=0 \\ M_O=\sum M_O(\boldsymbol{F}_i)=0 \end{cases} \tag{3-5}$$

故得平面一般力系的平衡方程为

$$\begin{cases} \sum F_{ix}=0 \\ \sum F_{iy}=0 \\ \sum M_O(\boldsymbol{F}_i)=0 \end{cases} \tag{3-6}$$

式(3-6)满足平面一般力系平衡的充分和必要条件，所以平面一般力系有三个独立的平衡方程，可求解最多三个未知量。

用解析表达式表示平衡条件的方式不是唯一的，平衡方程式的形式还有二矩式和三矩式两种形式。

2. 二矩式

$$\begin{cases} \sum F_{ix}=0 \\ \sum M_A(\boldsymbol{F}_i)=0 \\ \sum M_B(\boldsymbol{F}_i)=0 \end{cases} \tag{3-7}$$

附加条件：AB 连线不得与 x 轴相垂直。

3. 三矩式

$$\begin{cases}\sum M_A(\boldsymbol{F}_i)=0\\ \sum M_B(\boldsymbol{F}_i)=0\\ \sum M_C(\boldsymbol{F}_i)=0\end{cases}\tag{3-8}$$

附加条件：A、B、C 三点不在同一直线上。

式(3-7)和式(3-8)是物体取得平衡的必要条件，但不是充分条件，读者可自行推证。

平面一般力系平衡方程的解题步骤如下。

(1)确定研究对象，画出受力图。应取有已知力和未知力作用的物体，画出其分离体的受力图。

(2)列平衡方程并求解。适当选取坐标轴和矩心。若受力图上有两个未知力互相平行，可选垂直于此二力的坐标轴，列出投影方程。若不存在两未知力互相平行，则选任意两未知力的交点为矩心，列出力矩方程，先行求解。一般水平和垂直的坐标轴可画可不画，但倾斜的坐标轴必须画。

【例 3-1】　绞车通过钢丝牵引小车沿斜面轨道匀速上升，如图 3-9(a)所示。已知小车重 $P=10\text{kN}$，绳与斜面平行，$\alpha=30°$，$a=0.75\text{m}$，$b=0.3\text{m}$，不计摩擦。求钢丝绳的拉力及轨道对车轮的约束反力。

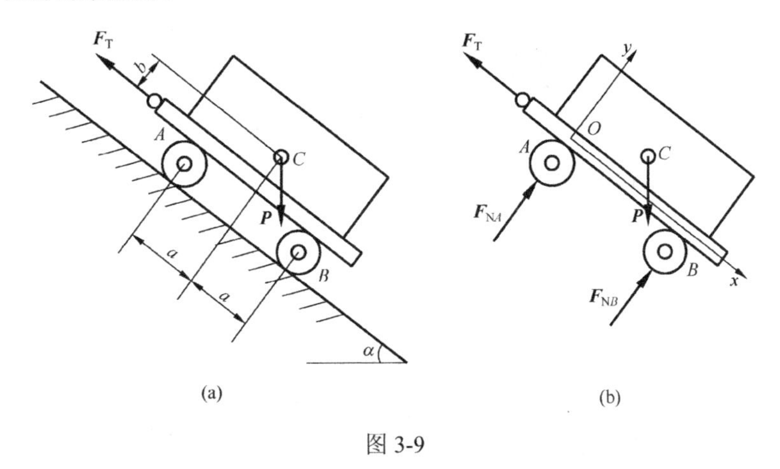

图 3-9

解：(1)取小车为研究对象，画受力图(图 3-9(b))。小车上作用有重力 $\boldsymbol{P}$，钢丝绳的拉力 $\boldsymbol{F}_\text{T}$，轨道在 A、B 处的约束反力 $\boldsymbol{F}_{\text{N}A}$ 和 $\boldsymbol{F}_{\text{N}B}$。

取图示坐标系，列平衡方程：

$$\sum F_{ix}=0,\quad -F_\text{T}+P\sin\alpha=0$$

$$\sum F_{iy}=0,\quad F_{\text{N}A}+F_{\text{N}B}-P\cos\alpha=0$$

$$\sum M_O(\boldsymbol{F}_i)=0\quad F_{\text{N}B}(2a)-Pb\sin\alpha-Pb\cos\alpha=0$$

解得 $F_\text{T}=\ 5\text{kN}$，$F_{\text{N}B}=\ 5.33\text{kN}$，$F_{\text{N}A}=3.33\text{kN}$。

【例 3-2】 悬臂梁如图 3-10 所示，梁上作用有均布载荷 $\boldsymbol{q}$，在 B 端作用有集中力 $\boldsymbol{F}=\boldsymbol{q}l$ 和力偶 $\boldsymbol{M}=\boldsymbol{q}l^2$，梁长度为 $2l$，已知 $\boldsymbol{q}$ 和 $\boldsymbol{q}l$(力的单位为 N，长度的单位为 m)。求固定端的约束反力。

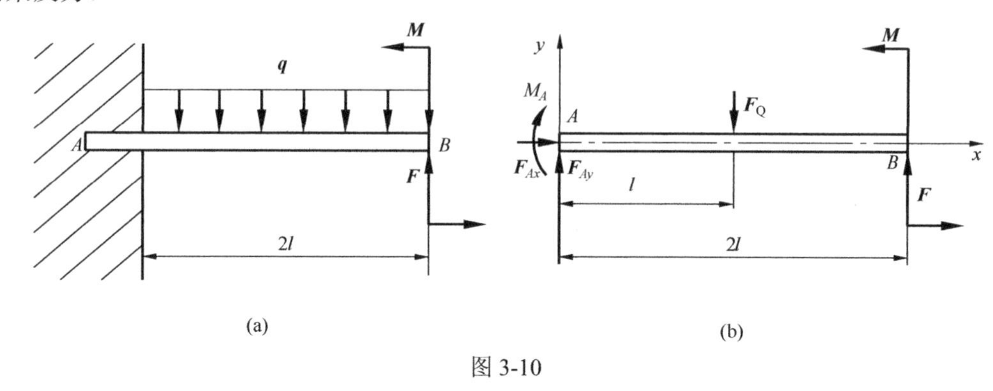

图 3-10

解： 取梁 AB 为研究对象，画受力图(图 3-10(b))，均布载荷 $\boldsymbol{q}$ 可简化为作用于梁中点的一个集中力 $\boldsymbol{F}_{\mathrm{Q}}=\boldsymbol{q}\times 2l$。

列平衡方程：

$$\sum F_{ix}=0,\quad F_{Ax}=0$$

$$\sum M_A(\boldsymbol{F}_i)=0,\quad M-M_A+F(2l)-F_{\mathrm{Q}}l=0$$

故

$$M_A=M+2Fl-F_{\mathrm{Q}}l=ql^2+2ql^2-2ql^2=ql^2$$

根据

$$\sum F_{iy}=0,\quad F_{Ay}+F-F_{\mathrm{Q}}=0$$

故

$$F_{Ay}=F_{\mathrm{Q}}-F=2ql-ql=ql$$

3.2.2 空间一般力系的平衡方程

空间任意力系处于平衡的必要和充分条件是：该力系的主矢和对于任一点的主矩都等于零，即 $\boldsymbol{F}_{\mathrm{R}}'=0$ 且 $\boldsymbol{M}_O=0$。

$$F_{\mathrm{R}}'=\sqrt{\left(\sum F_x\right)^2+\left(\sum F_y\right)^2+\left(\sum F_z\right)^2}=0$$

$$M_O=\sqrt{\left[\sum M_x(F)\right]^2+\left[\sum M_y(F)\right]^2+\left[\sum M_z(F)\right]^2}=0$$

可将上述条件写成空间任意力系的平衡方程：

$$\begin{cases}\sum F_{ix}=0\\ \sum F_{iy}=0\\ \sum F_{iz}=0\\ \sum M_x(\boldsymbol{F}_i)=0\\ \sum M_y(\boldsymbol{F}_i)=0\\ \sum M_z(\boldsymbol{F}_i)=0\end{cases}\tag{3-9}$$

于是得结论，空间任意力系平衡的必要和充分条件是：所有各力在三个坐标轴中每一个轴上的投影的代数和等于零，以及这些力对于每一个坐标轴的矩的代数和也等于零。

与平面力系相同，空间力系的平衡方程也有其他形式。可以从空间任意力系的普遍平衡规律中导出特殊情况的平衡规律，如空间平行力系、空间汇交力系和平面任意力系等平衡方程。现以空间平行力系为例，其余情况在前面已作介绍。

设物体受一空间平行力系作用，如图 3-11 所示。令 z 轴与这些力平行，则各力对于 z 轴的矩等于零。此时代入方程组(3-9)中，第一、第二和第六个方程成了恒等式。因此，空间平行力系只有三个平衡方程，即

$$\begin{cases}\sum F_{iz}=0\\ \sum M_x(\boldsymbol{F}_i)=0\\ \sum M_y(\boldsymbol{F}_i)=0\end{cases} \tag{3-10}$$

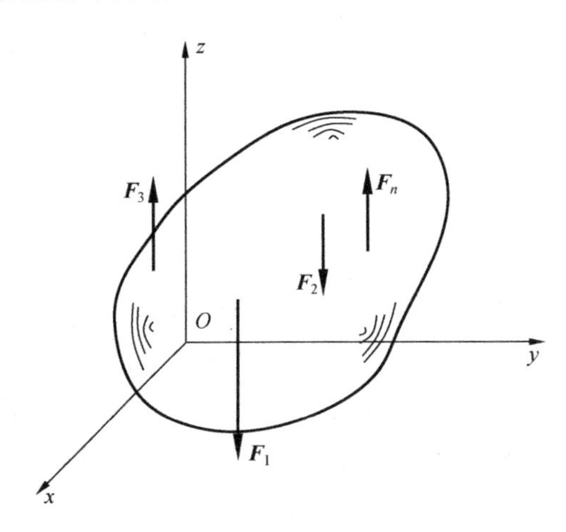

图 3-11

【例 3-3】 在图 3-12(a)中，皮带的拉力 $F_2=2F_1$，曲柄上作用有铅垂力 $F=2000\text{N}$。已知皮带轮的直径 $D=400\text{mm}$，曲柄长 $R=300\text{mm}$，皮带 1 和皮带 2 与铅垂线间夹角分别为 α 和 β，$\alpha=30°$，$\beta=60°$（图 3-12(b)），其他尺寸如图所示。求皮带拉力和轴承反力。

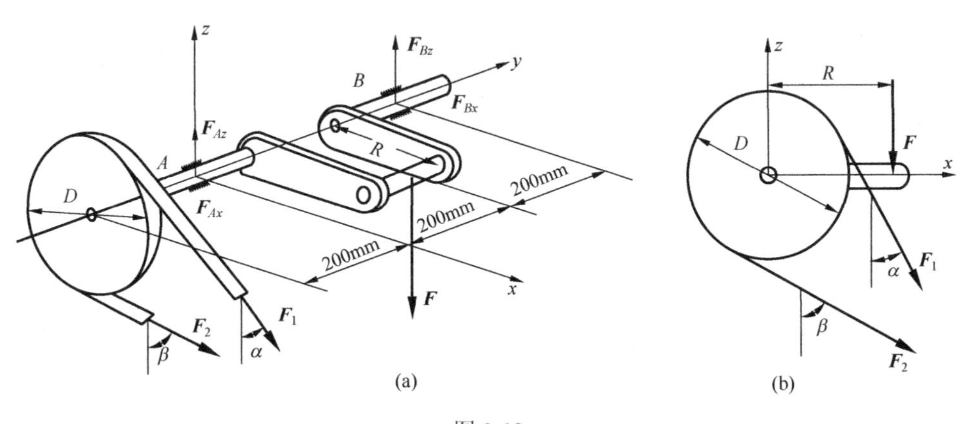

图 3-12

解：以整个轴为研究对象。在轴上作用的力有皮带拉力 $\boldsymbol{F}_1$、$\boldsymbol{F}_2$，作用在曲柄上的力 $\boldsymbol{F}$，轴承反力 $\boldsymbol{F}_{Ax}$、$\boldsymbol{F}_{Az}$、$\boldsymbol{F}_{Bx}$ 和 $\boldsymbol{F}_{Bz}$。轴受空间任意力系作用，选坐标轴如图所示，列出平衡方程：

$$\sum F_{ix}=0,\quad F_1\sin 30°+F_2\sin 60°+F_{Ax}+F_{Bx}=0$$

$$\sum F_{iy}=0,\quad 0=0$$

$$\sum F_{iz}=0,\quad F_1\cos 30°-F_2\cos 60°-F+F_{Az}+F_{Bz}=0$$

$$\sum M_x(\boldsymbol{F}_i)=0,\quad F_1\cos 30°\times 200+F_2\cos 60°\times 200-F\times 200+F_{Bz}\times 400=0$$

$$\sum M_y(\boldsymbol{F}_i)=0,\quad F\cdot R-\frac{D}{2}(F_2-F_1)=0$$

$$\sum M_z(\boldsymbol{F}_i)=0,\quad F_1\sin30^\circ\times200+F_2\sin60^\circ\times200-F_{Bz}\times400=0$$

又有

$$F_2=2F_1$$

联立上述方程，解得

$$F_1=3000\text{N},\ F_2=6000\text{N}$$

$$F_{Ax}=-1004\text{N},\ F_{Az}=9397\text{N}$$

$$F_{Bx}=3348\text{N},\ F_{Bz}=-1799\text{N}$$

本例中，平衡方程 $\sum F_{iy}=0$ 成为恒等式，独立的平衡方程只有 5 个；在题设条件 $F_2=2F_1$ 之下，才能解出上述 6 个未知量。

【例 3-4】 车床主轴如图 3-13(a)所示。已知车刀对工件的切削力为：径向切削力 $F_x=4.25\text{kN}$，纵向切削力 $F_y=6.8\text{kN}$，主(切向)切削力 $F_z=17\text{kN}$，方向如图所示。$\boldsymbol{F}_\tau$ 与 $\boldsymbol{F}_r$ 分别为作用在直齿轮 C 上的切向力和径向力，且 $F_r=0.36F_\tau$。齿轮 C 的节圆半径为 $R=50\text{mm}$，被切削 1 件的半径为 $r=30\text{mm}$。卡盘及工件等自重不计，其余尺寸如图所示(单位为 mm)。求：①齿轮啮合力 $\boldsymbol{F}_\tau$ 及 $\boldsymbol{F}_r$；②径向轴承 A 和止推轴承 B 的约束反力；③三爪卡盘 E 在 O 处对工件的约束反力。

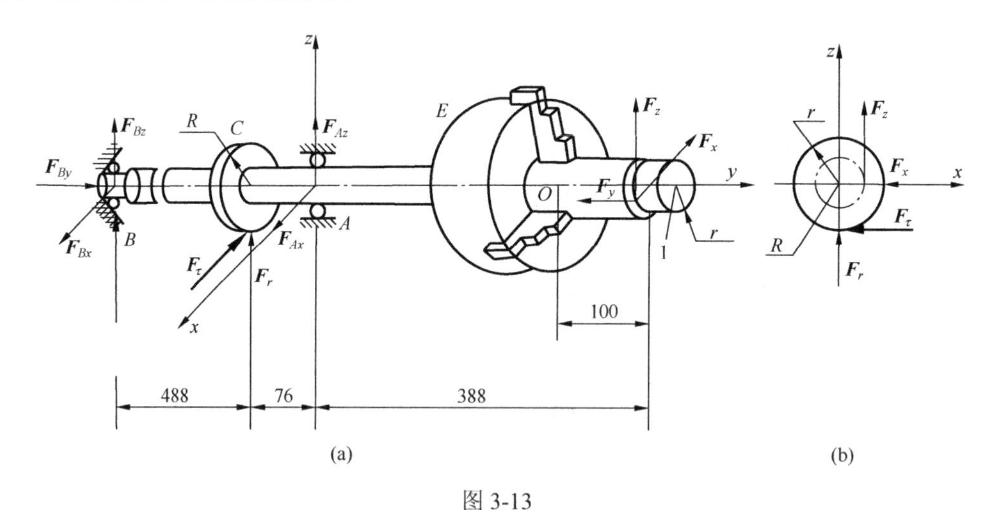

图 3-13

解：先取主轴、卡盘、齿轮以及工件系统为研究对象，受力如图 3-13(a)所示，为一空间任意力系。取坐标系 $Axyz$ 如图所示，列平衡方程：

$$\sum F_{ix}=0,\quad F_{Bx}-F_\tau+F_{Ax}-F_x=0$$

$$\sum F_{iy}=0,\quad F_{By}-F_y=0$$

$$\sum F_{iz}=0,\quad F_{Bz}+F_r+F_{Az}+F_z=0$$

$$\sum M_x(\boldsymbol{F}_i)=0,\quad -(488+76)F_{Bz}-76F_r+388F_z=0$$

$$\sum M_y(\boldsymbol{F}_i)=0,\quad F_\tau R-F_z r=0$$

$$\sum M_z(\boldsymbol{F}_i)=0,\quad (488+76)F_{Bx}-76F_\tau-30F_y+388F_x=0$$

又按题意，有
$$F_r=0.36F_\tau$$

以上共有 7 个方程，可解出全部 7 个未知量，即

$$F_\tau=10.2\text{kN},\quad F_r=3.67\text{kN}$$
$$F_{Ax}=15.64\text{kN},\quad F_{Az}=-31.87\text{kN}$$
$$F_{Bx}=-1.19\text{kN},\quad F_{By}=6.8\text{kN},\quad F_{Bz}=11.2\text{kN}$$

再取工件为研究对象，其上除受 3 个切削力外，还受到卡盘(空间插入端约束)对工件的 6 个约束反力 $\boldsymbol{F}_{Ox}$、$\boldsymbol{F}_{Oy}$、$\boldsymbol{F}_{Oz}$、$\boldsymbol{M}_x$、$\boldsymbol{M}_y$、$\boldsymbol{M}_z$，如图 3-14 所示。

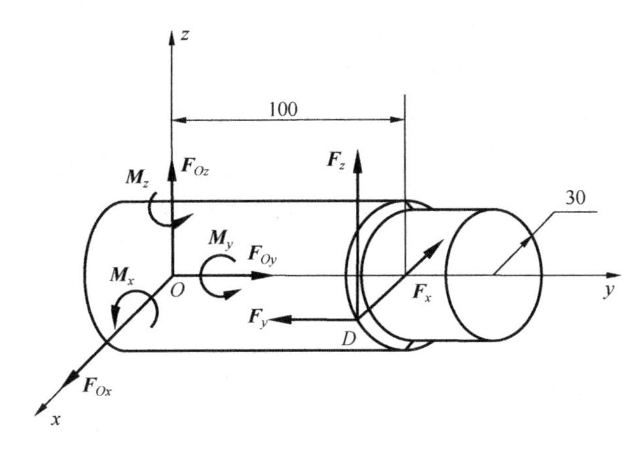

图 3-14

取坐标轴系 $Oxyz$，列平衡方程：

$$\sum F_{ix}=0,\quad F_{Ox}-F_x=0$$
$$\sum F_{iy}=0,\quad F_{Oy}-F_y=0$$
$$\sum F_{iz}=0,\quad F_{Oz}+F_z=0$$
$$\sum M_x(\boldsymbol{F}_i)=0,\quad M_x+100F_z=0$$
$$\sum M_y(\boldsymbol{F}_i)=0,\quad M_y-30F_z=0$$
$$\sum M_z(\boldsymbol{F}_i)=0,\quad M_z+100F_x-30F_y=0$$

求解上述方程，得

$$F_{Ox}=4.25\text{kN},\quad F_{Oy}=6.8\text{kN},\quad F_{Oz}=-17\text{kN},$$
$$M_x=-1.7\text{kN}\cdot\text{m},\quad M_y=0.51\text{kN}\cdot\text{m},\quad M_z=-0.22\text{kN}\cdot\text{m}$$

3.3　摩擦角、自锁现象与滚动摩阻

之前我们把物体的接触面都看作是绝对光滑的，忽略了物体之间的摩擦。但是，摩擦

是一种普遍存在于机械运动中的自然现象，完全光滑的表面事实上并不存在，有时摩擦还起着决定性的作用。一个物体沿另一个物体接触表面有相对运动或相对运动趋势而受到阻碍的现象，称为摩擦现象，简称摩擦。在工程实际生产和生活中，往往需要考虑摩擦，如车辆的制动、摩擦轮或皮带轮传动、夹具利用摩擦夹紧工件、楔紧装置、螺栓利用摩擦锁紧等。在自动调节、精密测量等问题中，即使摩擦很小，也会影响机构的灵敏度和准确性，因此必须考虑摩擦。摩擦有利有弊。摩擦会引起运转机械发热、零件磨损，使机器精度降低，缩短使用寿命，同时阻碍机械运动，消耗能量，降低机械效率。另外，摩擦也有其有利的一面，如利用摩擦原理制成了摩擦离合器、摩擦传动装置及回程自锁的汽车千斤顶等。研究摩擦的目的是掌握它的基本规律，从而能有效地发挥其有利的一面，避免其不利的一面。

本节研究在考虑摩擦时物体的平衡问题，其中摩擦力作用于相互接触处，其方向与相对滑动的趋势或相对滑动的方向相反，而它的大小则根据主动力作用的不同，可以分为静滑动摩擦力、最大静滑动摩擦力和动滑动摩擦力。本节会接触关于摩擦的定律即库仑定律，该定律由法国科学家库仑于 1781 年建立。库仑定律是近似的实验定律，虽然近代摩擦理论更复杂、更精确，但是在一般工程计算中，应用它已能满足要求，因此库仑定律还是得到广泛采用。

3.3.1 摩擦角

当有摩擦时，支承面对平衡物体的约束力包含法向约束力 $\boldsymbol{F}_{\mathrm{N}}$ 和切向约束力 $\boldsymbol{F}_{\mathrm{s}}$(静摩擦力)，这两个力的合力 $\boldsymbol{F}_{\mathrm{R}A}=\boldsymbol{F}_{\mathrm{N}}+\boldsymbol{F}_{\mathrm{s}}$ 称为支承面的全约束力，它的作用线与接触面的公法线成一偏角 φ，如图 3-15(a)所示。当物体处于平衡的临界状态时，静摩擦力为最大静摩擦力，偏角 φ 也达到最大值，如图 3-15(b)所示。全约束力与法线间夹角的最大值 φ_f 称为摩擦角。由图可知

$$\tan\varphi_f=\frac{F_{\max}}{F_{\mathrm{N}}}=f_{\mathrm{s}}$$

即

$$\varphi_f=\arctan f_{\mathrm{s}} \tag{3-11}$$

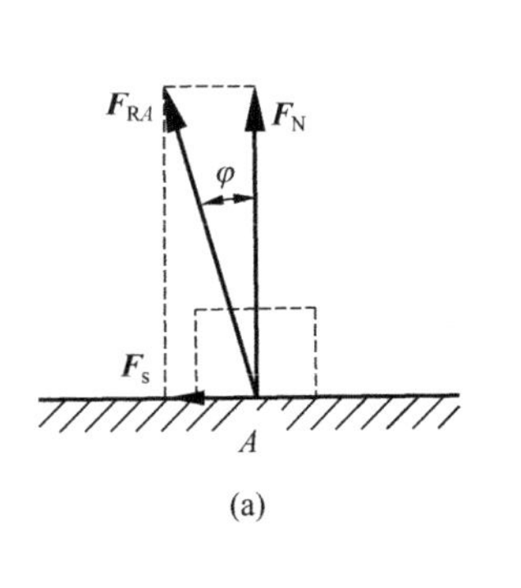

(a)

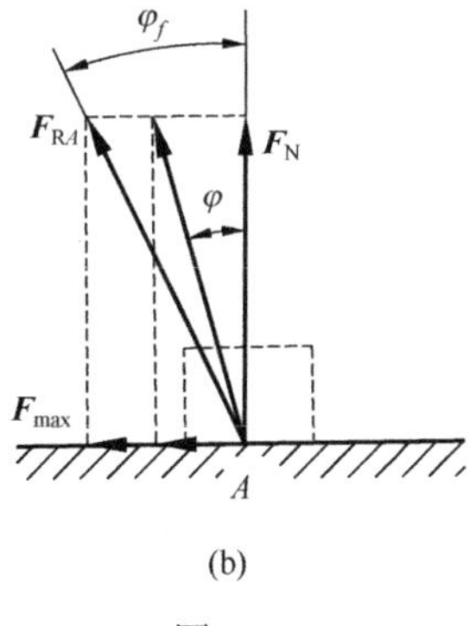

(b)

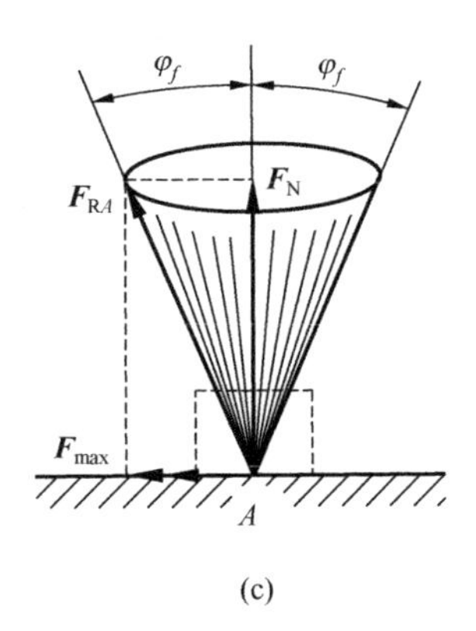

(c)

图 3-15

即摩擦角的正切等于静摩擦因数。因此，摩擦角 φ_f 与静摩擦因数 f_s 一样，都是表示材料表面性质的量。

设作用于物块 A 的主动力等于最大静摩擦力，如果将该力作用线在水平面内连续改变方向，则物块的滑动趋势随之改变，全约束反力 $\boldsymbol{F}_{RA}$ 的作用线将画出一个以接触点 A 为顶点的锥面，如图 3-15(c)所示，此锥面称为**摩擦锥**。对于沿接触面各个方向静摩擦因数都相同的情况，摩擦锥是一个顶角为 $2\varphi_f$ 的圆锥。

3.3.2　自锁现象

物块平衡时，静摩擦力与切向合外力平衡，$0 \leqslant F_s \leqslant F_{max}$，所以全约束反力与法线间的夹角 φ 也在 0 与摩擦角 φ_f 之间变化，即

$$0 \leqslant \varphi \leqslant \varphi_f \tag{3-12}$$

由于静摩擦力不可能超过最大值，全约束反力的作用线也不可能超出摩擦角。

如图 3-16(a)所示，若作用在物块上的全部主动力的合力 $\boldsymbol{F}_R$ 的作用线在摩擦角 φ_f（或摩擦锥）之内，则无论这个力有多大，物块必保持静止。这种现象称为**自锁现象**。反之，若全部主动力的合力 $\boldsymbol{F}_R$ 的作用线在摩擦角 φ_f（或摩擦锥）以外，则无论主动力有多小，物块一定不能保持平衡，这种现象称为**不自锁**(图 3-16(b))。

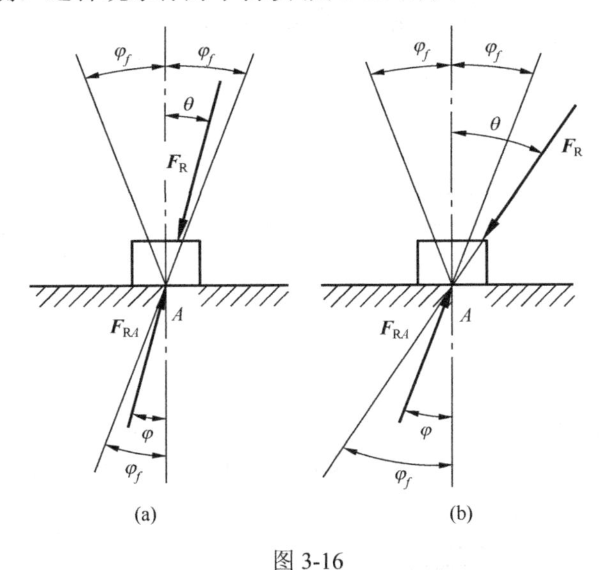

图 3-16

工程实际中常应用自锁条件设计一些机构和夹具使它自动“卡住”，如千斤顶、压榨机、圆锥销等。

螺纹(图 3-17(a))可以看成绕圆柱上的斜面(图 3-17(b))，螺纹升角 θ 就是斜面的倾角(图 3-17(c))。螺母相当于斜面上的滑块 A，加在螺母的轴向载荷 $\boldsymbol{P}$ 相当于物块 A 的重力。所以斜面的自锁条件就是螺纹的自锁条件。

要使螺纹自锁，必须使螺纹升角 θ 小于或等于摩擦角 φ_f，即螺纹的自锁条件为

$$\theta \leqslant \varphi_f$$

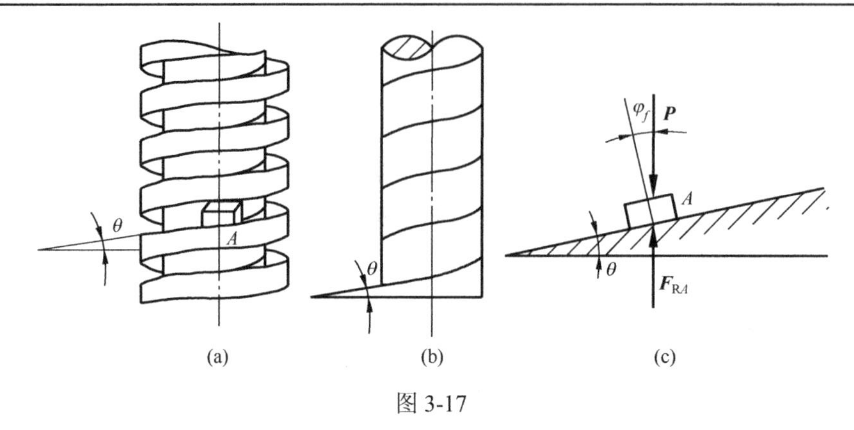

图 3-17

螺旋千斤顶的螺杆一般采用 45 钢或 50 钢，螺母一般采用青铜或铸铁，若螺杆与螺母之间的静摩擦因数 $f_s = 0.1$，则由式(3-11)得

$$\varphi_f = \arctan f_s = 5°43'$$

为保证千斤顶自锁，一般取螺纹升角 $\theta = 4° \sim 4°30'$。

利用摩擦角的概念还可以进行静摩擦因数测定。如图 3-18 所示，把要测定的两种材料分别做成斜面和物块，把物块放在斜面上，从 0° 起逐渐增大斜面的倾角 θ，直到物块刚开始下滑，此时的角 θ 就是要测定的摩擦角 φ_f。这是由于当物块处于临界状态时，$F_P = -F_{RA}$，$\theta = \varphi_f$。由式(3-11)求得静摩擦因数：

$$f_s = \tan\varphi_f = \tan\theta$$

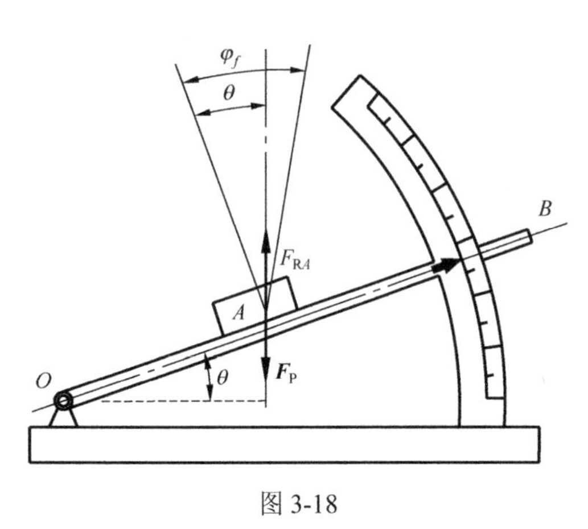

图 3-18

3.3.3　滚动摩阻

古人发明了车轮，用滚动代替滑动，以明显地节省体力。在工程实践中，人们常利用滚动来减少摩擦，例如，搬运沉重的包装箱，在其下面安放一些滚子(图 3-19)；汽车、自行车采用轮胎；火车采用钢轮。

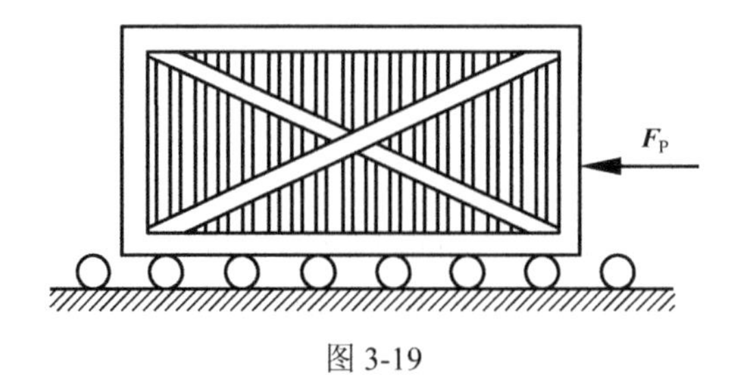

图 3-19

将一重量为 $\boldsymbol{G}$ 的车轮放在地面上，如图 3-20 所示，在车轮中心 C 加一微小的水平力 $\boldsymbol{F}_T$，此时在车轮与地面接触处 A 就会产生滑动摩擦力 $\boldsymbol{F}$，以阻止车轮的滑动。主动力 $\boldsymbol{F}_T$

与滑动摩擦力 $\boldsymbol{F}$ 组成一个力偶，其值为 F_R，它将驱动车轮转动，实际上，如果 $\boldsymbol{F}_T$ 比较小，转动并不会发生，这说明还存在一阻止转动的力偶，这就是**滚动摩阻力偶**。

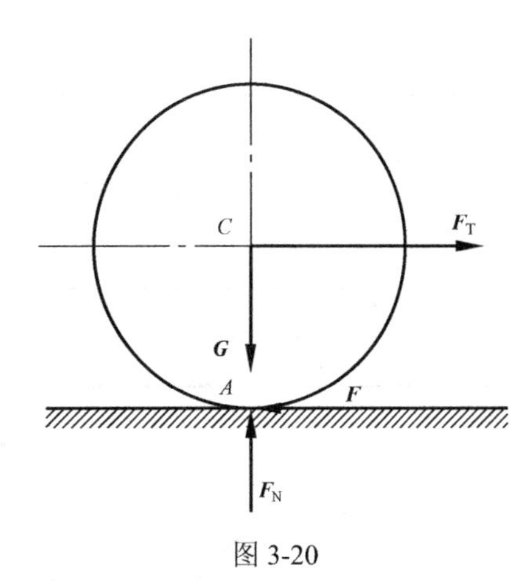

图 3-20

为了解释滚动摩阻力偶的产生，采用刚化原理，仍将轮子视为刚体，而将路轨视为具有接触变形的柔性约束，如图 3-21(a)所示。当车轮受到较小的水平力 $\boldsymbol{F}_T$ 作用后，车轮与路轨在接触面上约束反力将非均匀地分布(图 3-21(b))，将分布力系合成为 $\boldsymbol{F}_N$ 和 $\boldsymbol{F}$ 两个力，或进一步合成为一个力 $\boldsymbol{F}_R$，如图 3-21(c)所示，这时 $\boldsymbol{F}_N$ 偏离 AC 一微小距离 δ_1。当主动力 $\boldsymbol{F}_T$ 不断增大时，$\boldsymbol{F}_N$ 偏离 AC 的距离 δ_1 也随之增加，滚动摩阻力偶矩 $F_N\delta_1$ 平衡产生滚动趋势的力偶($\boldsymbol{F}_T$,$\boldsymbol{F}$)。当主动力 $\boldsymbol{F}_T$ 增加到某个值时，轮子处于将滚未滚的临界平衡状态，δ_1 达到最大值 δ，滚动摩阻力偶矩达到最大值，称为**最大滚动摩阻力偶矩**，用 M_{max} 表示。若力 $\boldsymbol{F}_T$ 再增加，轮子就会滚动。若将力 $\boldsymbol{F}_N$、$\boldsymbol{F}$ 平移到 A 点，如图 3-21(d)所示，$\boldsymbol{F}_N$ 的平移产生附加力偶矩 $F_N\delta_1$，即滚动摩阻力偶矩 M_f。

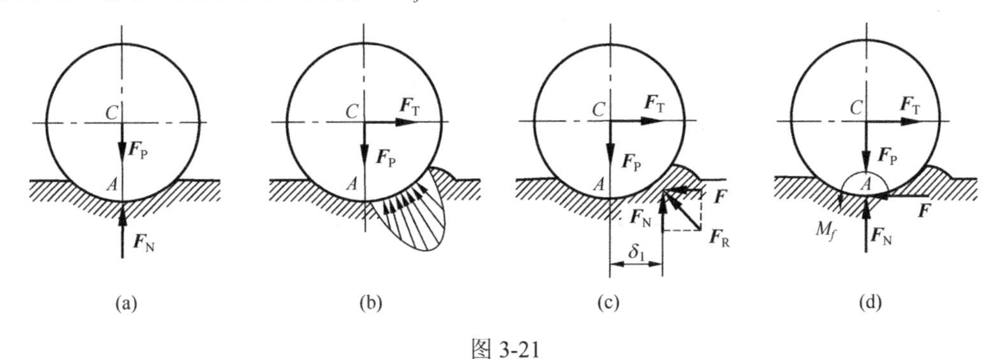

图 3-21

在滚动过程中，滚动摩阻力偶矩近似等于 M_{max}。

综上所述，滚动摩阻力偶矩是由于轮与支承面接触变形而形成的摩阻力偶矩 M_f，其大小介于零与最大值 M_{max} 之间，即

$$0 \leqslant M_f \leqslant M_{max} \tag{3-13}$$

式中，最大滚动摩阻力偶矩 M_{max} 与滚子半径无关，与支承面的正压力 $\boldsymbol{F}_N$ 成正比，即

$$M_{max} = \delta F_N \tag{3-14}$$

式(3-14)称为**滚动摩阻定律**，其中比例常数 δ 称为**滚动摩阻系数**，简称**滚阻系数**，单位为 mm。

滚阻系数与轮子和支承面的材料硬度与湿度有关，与滚子半径无关。以骑自行车为例，减小滚阻系数 δ 的方法是轮胎充气足、路面坚硬。对于同样重量的车厢，采用钢制车轮与铁轨接触方式，其滚阻系数 δ 就小于橡胶轮胎与马路接触时的滚阻系数。滚阻系数 δ 由实验测定，表 3-1 列出了一些材料的滚阻系数。

表 3-1　滚阻系数 δ

材料名称	δ/mm	材料名称	δ/mm
铸铁-铸铁	0.5	木-钢	0.3～0.4
钢质车轮-钢轨	0.05	钢质车轮-木面	1.5～2.5
软钢-钢	0.5	木-木	0.5～0.8
淬火钢珠-钢	0.01	软木-软木	1.5
轮胎-路面	2～10		

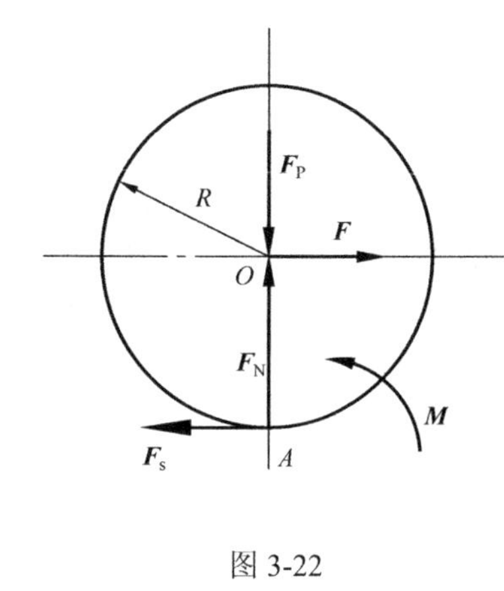

图 3-22

【例 3-5】 试分析重力为 $\boldsymbol{F}_P$ 的车轮(图 3-22)，在轮心受水平推力 $\boldsymbol{F}$ 作用下的滑动条件、滚动条件。

解： 车轮共受到重力 $\boldsymbol{F}_P$、水平推力 $\boldsymbol{F}$、地面法向支承力 $\boldsymbol{F}_N$、摩擦力 $\boldsymbol{F}_s$ 以及滚动摩阻力偶矩 $\boldsymbol{M}$，如图 3-22 所示。

车轮的滑动条件为 $F_{滑} \geqslant f_s F_N = f_s F_P$，$f_s$ 为静摩擦因数。

车轮的滚动条件为 $F_{滚} R \geqslant M_{max} = \delta F_P$，即

$$F_{滚} \geqslant \frac{\delta}{R} F_P$$

δ 为滚阻系数。

一般情况下，$\frac{\delta}{R} \ll f_s$，所以使车轮滚动比滑动省力得多。

3.4　考虑摩擦时物体的平衡问题

考虑摩擦时，求解物体的平衡问题的方法和步骤与前面所述基本相同，但是在画受力图及分析计算时必须考虑摩擦力，摩擦力的方向与相对滑动趋势的方向相反，大小有一个范围，即 $0 \leqslant F \leqslant F_{max}$。当物体处于临界的平衡状态时，摩擦力达到最大值，即 $F_{max} = f_s F_N$。

静摩擦力的值 F 可以在 0 与 F_{max} 之间变化，因此在考虑摩擦的平衡问题时，主动力也允许在一定范围内变化，所以关于这类问题的解答往往具有一个变化范围。

【例 3-6】 斜面上放一重为 $\boldsymbol{G}$ 的重物，如图 3-23(a)所示，斜面倾角为 α，物体与斜面间的摩擦角为 φ_m，且知 $\alpha > \varphi_m$，试求维持物体在斜面上静止时水平推力 $\boldsymbol{F}_P$ 所容许的范围。

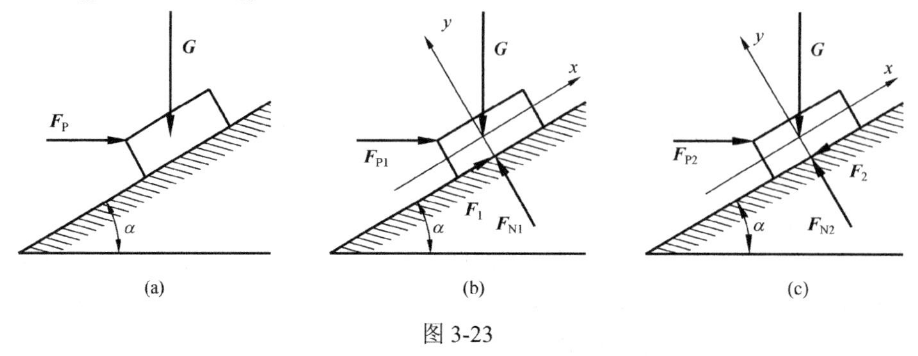

图 3-23

解：取物体为研究对象，已知$\alpha > \varphi_m$，所以如果不加水平推力 $\boldsymbol{F}_P$，物体将下滑，为维持物体在斜面上静止，需要加上水平推力 $\boldsymbol{F}_P$。

当水平推力 $\boldsymbol{F}_P$ 比较小时，物体有下滑趋势；当水平推力 $\boldsymbol{F}_P$ 比较大时，物体有上滑趋势。下面确定水平推力 $\boldsymbol{F}_P$ 的上下限，即物体的两个临界状态。

(1) 求 $\boldsymbol{F}_P$ 的下限 F_{P1}。

画物体受力图，如图 3-23(b) 所示，这时静摩擦力 $\boldsymbol{F}_1$ 的方向沿斜面向上，列平衡方程：

$$\sum F_{ix} = 0,\quad F_{P1}\cos\alpha - G\sin\alpha + F_1 = 0 \tag{3-15}$$

$$\sum F_{iy} = 0,\quad -F_{P1}\sin\alpha - G\cos\alpha + F_{N1} = 0 \tag{3-16}$$

以及摩擦力的补充方程：

$$F_1 = f_s F_{N1} = F_{N1}\tan\varphi_m \tag{3-17}$$

联立式(3-15)～式(3-17)解得

$$F_{P1} = G\frac{\tan\alpha - f_s}{1 + f_s\tan\alpha} = G\tan(\alpha - \varphi_m)$$

(2) 求 $\boldsymbol{F}_P$ 的上限 F_{P2}。

画物体受力图，如图 3-23(c) 所示，这时静摩擦力 $\boldsymbol{F}_2$ 的方向沿斜面向下，列平衡方程：

$$\sum F_{ix} = 0,\quad F_{P2}\cos\alpha - G\sin\alpha - F_2 = 0 \tag{3-18}$$

$$\sum F_{iy} = 0,\quad -F_{P2}\sin\alpha - G\cos\alpha + F_{N2} = 0 \tag{3-19}$$

以及摩擦力的补充方程：

$$F_2 = f_s F_{N2} = F_{N2}\tan\varphi_m \tag{3-20}$$

联立式(3-18)～式(3-20)解得

$$F_{P2} = G\frac{\tan\alpha + f_s}{1 - f_s\tan\alpha} = G\tan(\alpha + \varphi_m)$$

由以上分析可知，欲使物体在斜面上保持静止，水平推力 $\boldsymbol{F}_P$ 的大小应在 $F_{P1} \leqslant F_P \leqslant F_{P2}$ 内变化，即

$$G\tan(\alpha - \varphi_m) \leqslant F_P \leqslant G\tan(\alpha + \varphi_m)$$

【例 3-7】 凸轮机构如图 3-24 所示，已知推杆与滑道间的静摩擦因数为 f_s，滑道宽为 b。推杆自重及推杆与凸轮接触处的摩擦均忽略不计。为保证推杆不被卡住，求 a 的取值范围。

解：取推杆为研究对象，受力图如图 3-24(b) 所示。推杆受到 5 个力的作用：凸轮推力 $\boldsymbol{F}$，滑道 A、B 处的法向约束反力 $\boldsymbol{F}_{NA}$、$\boldsymbol{F}_{NB}$，阻止推杆向上运动的摩擦力 $\boldsymbol{F}_A$、$\boldsymbol{F}_B$。列平衡方程：

$$\sum F_{ix} = 0,\quad F_{NA} - F_{NB} = 0 \tag{3-21}$$

$$\sum F_{iy} = 0,\quad -F_A - F_B + F = 0 \tag{3-22}$$

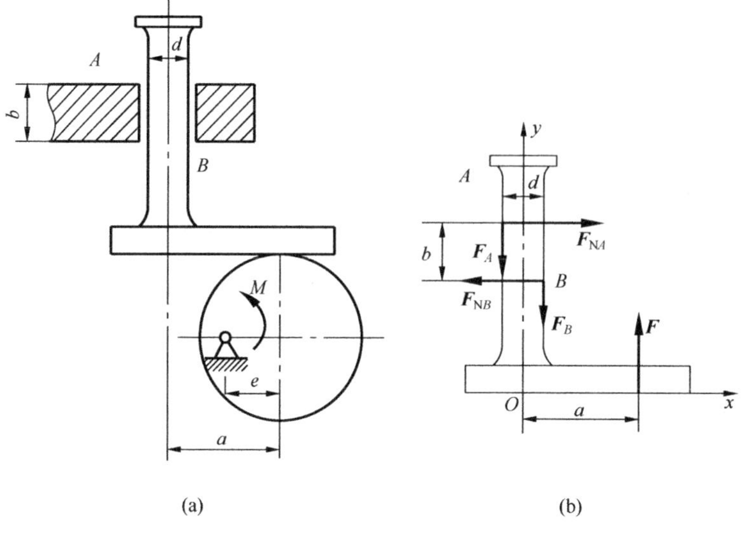

(a)　　(b)

图 3-24

$$\sum M_D(\boldsymbol{F}_i)=0,\quad Fa-F_{NB}b-F_B\frac{d}{2}+F_A\frac{d}{2}=0 \tag{3-23}$$

考虑推杆将动而未动的情况，即平衡的临界状态，摩擦力 $\boldsymbol{F}_A$、$\boldsymbol{F}_B$ 都到达最大值，有补充方程

$$\begin{cases}F_A=f_sF_{NA}\\F_B=f_sF_{NB}\end{cases} \tag{3-24}$$

将 $F_{NA}=F_{NB}=F_N$ 代入方程组(3-24)，得

$$F_A=F_B=F_{max}=f_sF_N$$

将上式代入方程(3-22)、方程(3-23)，分别得

$$F=2F_{max}=2f_sF_N \tag{3-25}$$

$$Fa-F_Nb=0 \tag{3-26}$$

联立式(3-25)、式(3-26)解得

$$a_{临界}=\frac{b}{2f_s}$$

将式(3-26)改写为 $F_N=\dfrac{F}{b}a$，当 $\boldsymbol{F}$ 和 b 保持不变时，a 减小，滑道 A、B 处的法向约束反力 $\boldsymbol{F}_{NA}$、$\boldsymbol{F}_{NB}$ 也随之减小，最大静摩擦力 $F_{max}=f_sF_N$ 同样减小。因而当 $a<a_{临界}=\dfrac{b}{2f_s}$ 时，推杆不会因为摩擦力而被卡住。

【例 3-8】 制动器的构造和主要尺寸如图 3-25(a)所示，已知制动块与鼓轮表面间的动摩擦因数为 f，物块重为 $\boldsymbol{G}$，求制动鼓轮转动所必需的最小力 $\boldsymbol{F}_P$。

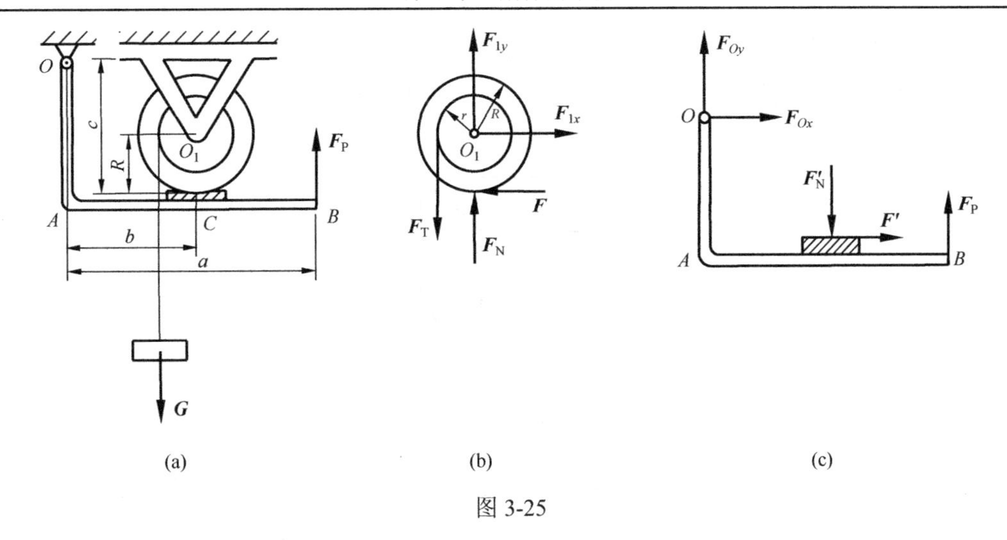

图 3-25

解：(1) 取鼓轮为研究对象，受力图如图 3-25(b) 所示。其中 $\boldsymbol{F}_{\mathrm{T}}=\boldsymbol{G}$，由平衡方程：$\sum M_{O1}(\boldsymbol{F}_i)=0, F_{\mathrm{T}}r-FR=0$，解得

$$F=\frac{F_{\mathrm{T}}r}{R}=\frac{Gr}{R} \tag{3-27}$$

当 $\boldsymbol{F}_{\mathrm{P}}$ 为最小值时，鼓轮与制动块间处于临界平衡状态，$F_{\max}=fF_{\mathrm{N}}$，所以：

$$F_{\mathrm{N}}=\frac{F_{\max}}{f}=\frac{r}{Rf}G \tag{3-28}$$

(2) 取杠杆 OAB 为研究对象，受力图如图 3-25(c) 所示，列平衡方程：

$$\sum M_O(\boldsymbol{F}_i)=0,\quad F_{\mathrm{P}}a-F'c-F'_{\mathrm{N}}b=0 \tag{3-29}$$

由作用与反作用公理得 $F'_{\mathrm{N}}=F_{\mathrm{N}},F'=F$，将式 (3-27) 和式 (3-28) 代入式 (3-29)，解得 $F_{\mathrm{P}}=\dfrac{Gr}{aR}\left(\dfrac{b}{f}-c\right)$。由于按临界状态求得的 $\boldsymbol{F}_{\mathrm{P}}$ 是最小值，所以制动鼓轮的力必须满足下列条件：

$$F_{\mathrm{P}}\geqslant\frac{Gr}{aR}\left(\frac{b}{f}-c\right)$$

思　考　题

3.1　某平面力系向 A、B 两点简化的主矩皆为零，此力系最终的简化结果可能是一个力吗？可能是一个力偶吗？可能平衡吗？

3.2　某平面力系向平面内任意一点简化的结果都相同，此力系简化的最终结果可能是什么？

3.3　图 3-26 所示正方体上 A 点作用一个力 $\boldsymbol{F}$，沿棱方向，问：

(1) 能否在 B 点加一个不为零的力，使力系向 A 点简化的主矩为零？

(2) 能否在 B 点加一个不为零的力，使力系向 B 点简化的主矩为零？

(3) 能否在 B、C 两点处各加一个不为零的力，使力系平衡？

(4) 能否在 B 点处加一个力螺旋，使力系平衡？

(5) 能否在 B、C 两点处各加一个力偶，使力系平衡？

(6) 能否在 B 点处加一个力，在 C 点处加一个力偶，使力系平衡？

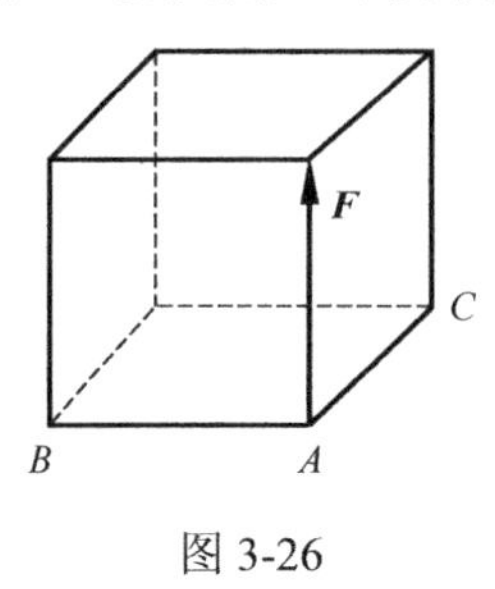

图 3-26

3.4　①空间力系中各力的作用线平行于某一固定平面；②空间力系中各力的作用线分别汇交于两个固定点。试分析这两种力系最多能有几个独立的平衡方程。

3.5　空间任意力系总可以由两个力来平衡，为什么？

3.6　某一空间力系对不共线的三点主矩都为零，问此力系是否一定平衡？

3.7　为什么传动螺纹多用方牙螺纹(如丝杠)？而锁紧螺纹多用三角螺纹(如螺钉)？

3.8　汽车匀速水平行驶时，地面对车轮有滑动摩擦也有滚动摩阻，而车轮只滚不滑。汽车前轮受车身施加的一个向前推力 $\boldsymbol{F}$，而后轮受一驱动力偶 $\boldsymbol{M}$，并受车身向后的反力 $\boldsymbol{F}'$。试画出前、后轮的受力图。在同样摩擦情况下，试画出自行车前、后轮的受力图。又如何求其滑动摩擦力？是否等于其动滑动摩擦力 $f\boldsymbol{F}_N$？是否等于其最大静摩擦力？

3.9　重为 $\boldsymbol{P}$、半径为 R 的球放在水平面上，球对平面的静摩擦因数为 f_s，滚阻系数为 δ。问：在什么情况下，作用于球心的水平力 $\boldsymbol{F}$ 能使球匀速转动？

3.10　图 3-27 所示匀质等粗直角弯杆，已知其 $AB = l$，$BD = 2l$，试求平衡时 φ 为多少？

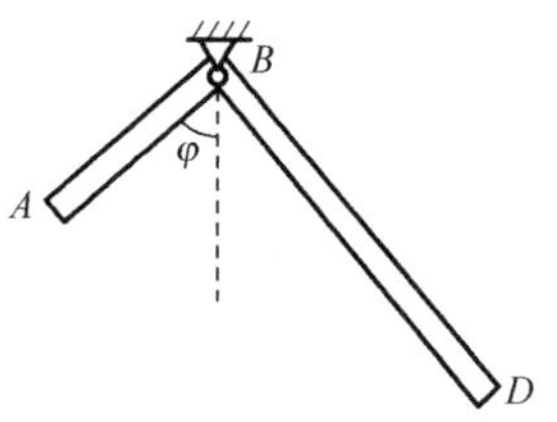

图 3-27

习　　题

3-1　图示锻锤在工作时，若锻件给锻锤的反作用力有偏心，已知打击力 $F = 1000\text{kN}$，偏心距 $e = 20\text{mm}$，锤体高 $h = 200\text{mm}$，求锤头给两侧导轨的压力。

3-2　一均质杆重 1kN，将其竖起，如图所示。在图示位置平衡时，求绳子的拉力和 A 处的支座反力。

3-3　图示水塔总重量 $G = 160\text{kN}$，固定在支架 A、B、C、D 上，A 为固定铰链支座，B 为活动铰支，水箱左侧受风压为 $q = 16\text{kN/m}$。为保证水塔平衡，试求 A、B 间最小距离。

3-4　图示汽车起重机的车重 $W_Q = 26\text{kN}$，臂重 $G = 4.5\text{kN}$，起重机旋转及固定部分的重量 $W = 31\text{kN}$。设伸臂在起重机对称面内。试求图示位置汽车不致翻倒的最大起重载荷 $\boldsymbol{G}_P$。

3-5　在图示构架中，已知 $\boldsymbol{F}$、a，试求 A、B 两支座反力。

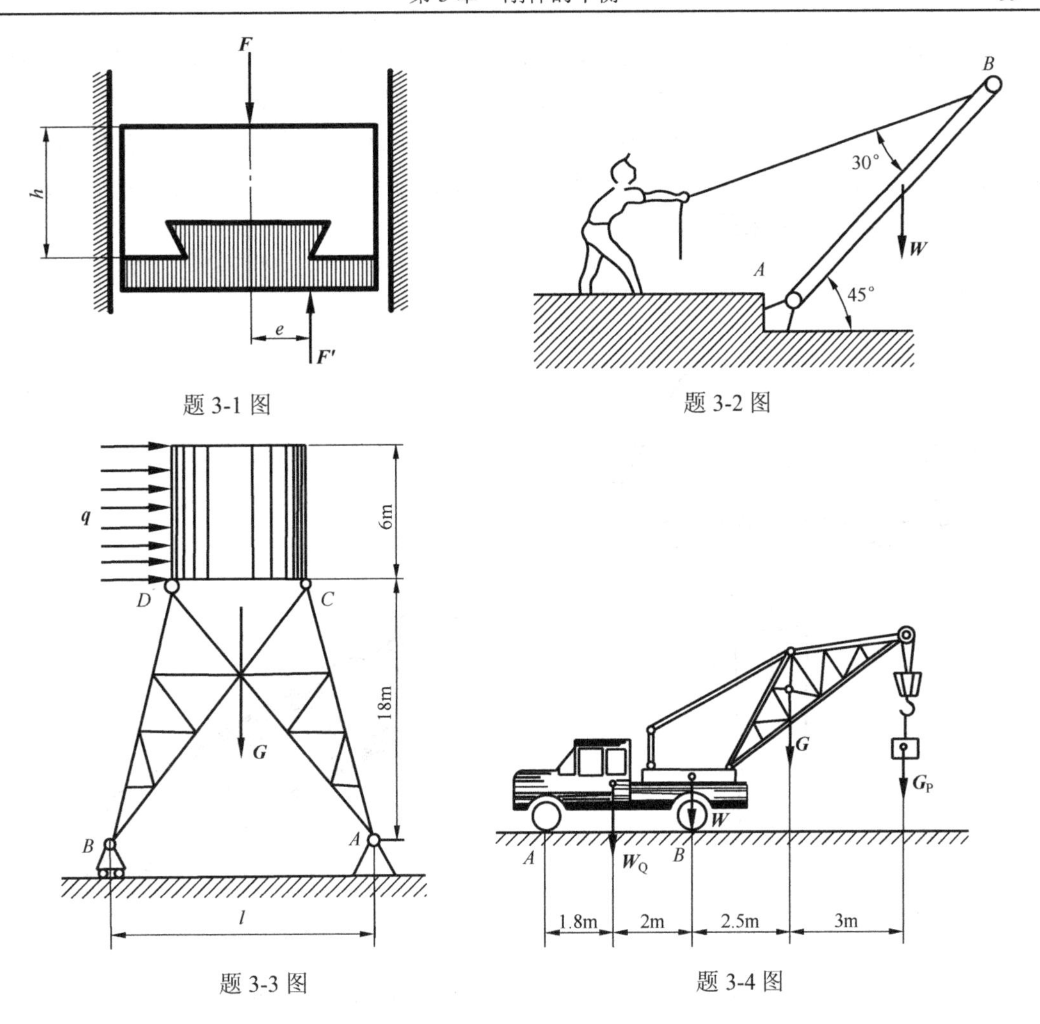

题 3-1 图　　题 3-2 图

题 3-3 图　　题 3-4 图

3-6　图示为汽车台秤简图，*BCF* 为整体台面，杠杆 *AB* 可绕轴 *O* 转动，*B*、*C*、*D* 三处均为铰链，杆 *DC* 处于水平位置。试求平衡时砝码重 $\boldsymbol{W}_1$ 与汽车重 $\boldsymbol{W}_2$ 的关系。

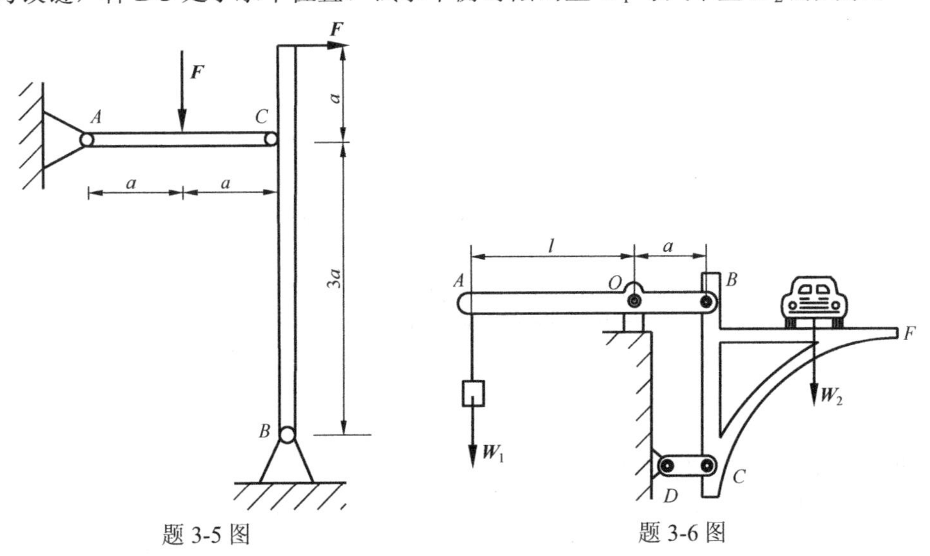

题 3-5 图　　题 3-6 图

3-7 体重为 $\boldsymbol{W}$ 的体操运动员在吊环上做十字支撑，如图所示。已知 l、θ、d(两肩关节间距离)、W(两臂总重)。假设手臂为均质杆，试求肩关节受力。

3-8 如图所示，已知镗刀杆刀头上受切削力 $F_z = 500\text{N}$，径向力 $F_x = 150\text{N}$，轴向力 $F_y = 75\text{N}$，刀尖位于 Oxy 平面内，其坐标 $x = 75\text{mm}$，$y = 200\text{mm}$。工件重量不计，试求被切削工件左端 O 处的约束反力。

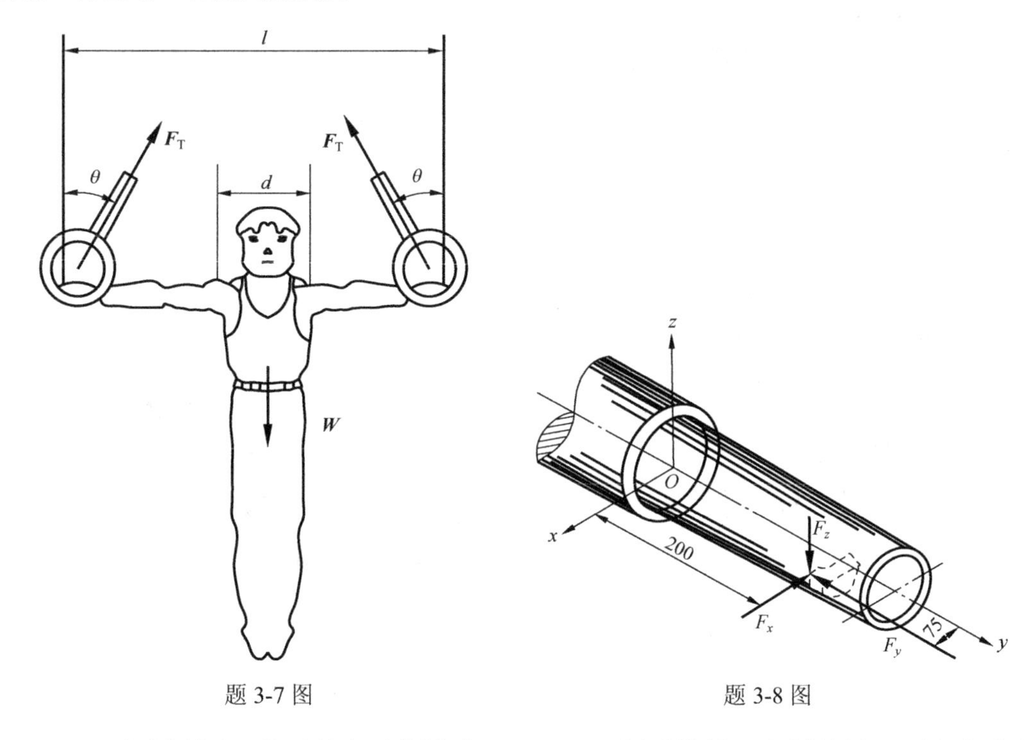

题 3-7 图　　　　题 3-8 图

3-9 如图所示，均质长方形薄板重 $W = 200\text{N}$，用球铰链 A 和蝶铰链 B 固定在墙上，并用绳子 CE 维持在水平位置。求绳子的拉力和支座反力。

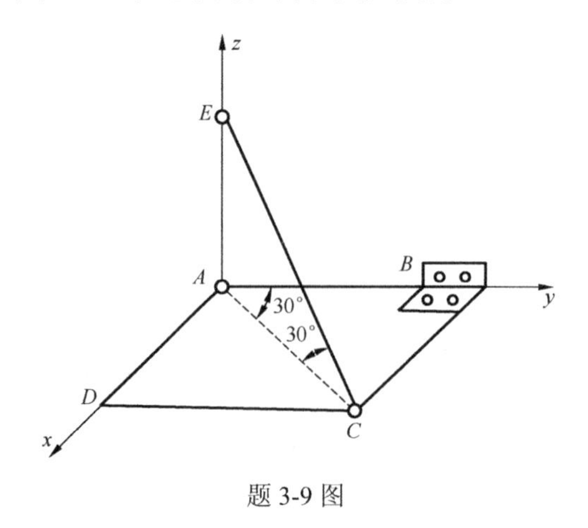

题 3-9 图

3-10 无重曲杆 $ABCD$ 有两个直角，且平面 ABC 与平面 BCD 垂直。杆的 D 端为球铰支座，A 端受轴承支持，如图所示。在曲杆的 AB、BC 和 CD 上作用三个力偶，力偶所在

平面分别垂直于 AB、BC 和 CD 三线段。已知力偶矩 $\boldsymbol{M}_2$ 和 $\boldsymbol{M}_3$，求使曲杆处于平衡的力偶矩和支座反力。

3-11　杆系由球铰连接，位于正方体的边和对角线上，如图所示。在节点 D 沿对角线 LD 方向作用力 $\boldsymbol{F}_D$。在节点 C 沿 CH 边铅垂向下作用 $\boldsymbol{F}$。若球铰 B、L 和 H 是固定的，杆重不计，求各杆的内力。

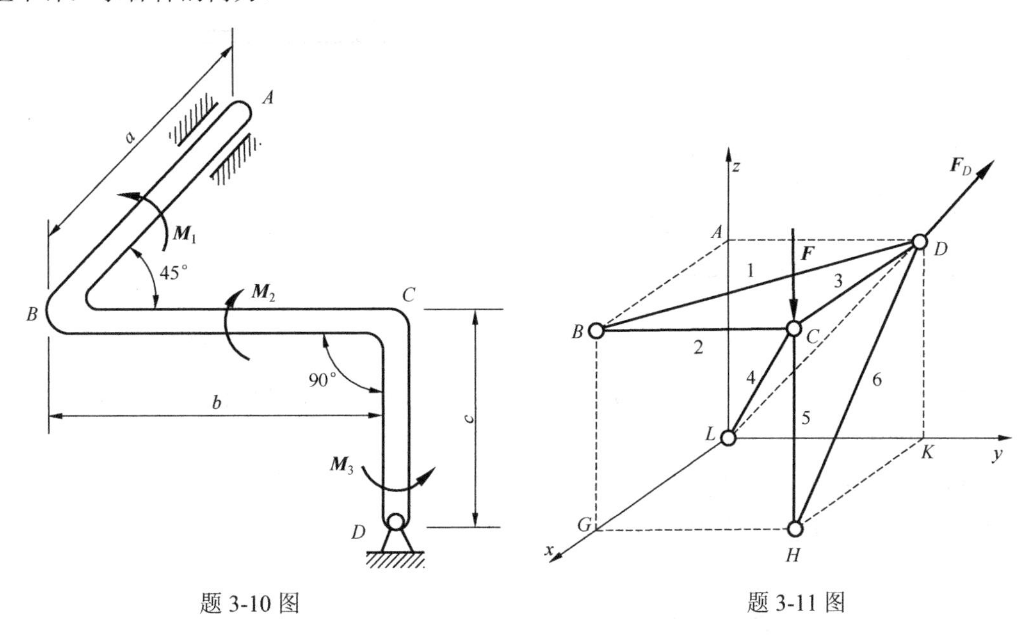

题 3-10 图　　题 3-11 图

3-12　如图所示，矩形板固定在一柱子上，柱子下端固定。板上作用两集中力 $\boldsymbol{F}_1$、$\boldsymbol{F}_2$ 和集度为 $\boldsymbol{q}$ 的分布力。已知 $F_1 = 2\text{kN}$，$F_2 = 4\text{kN}$，$q = 400\text{N/m}$。求固定端 O 的约束力。

3-13　如图所示，置于 V 形槽中的棒料上作用一力偶，当力偶矩 $M = 15\text{N}\cdot\text{m}$ 时，刚好能转动此棒料。已知棒料重 $P = 400\text{N}$，直径 $D = 0.25\text{m}$，不计滚动摩阻，求棒料与 V 形槽间的静摩擦因数 f_s。

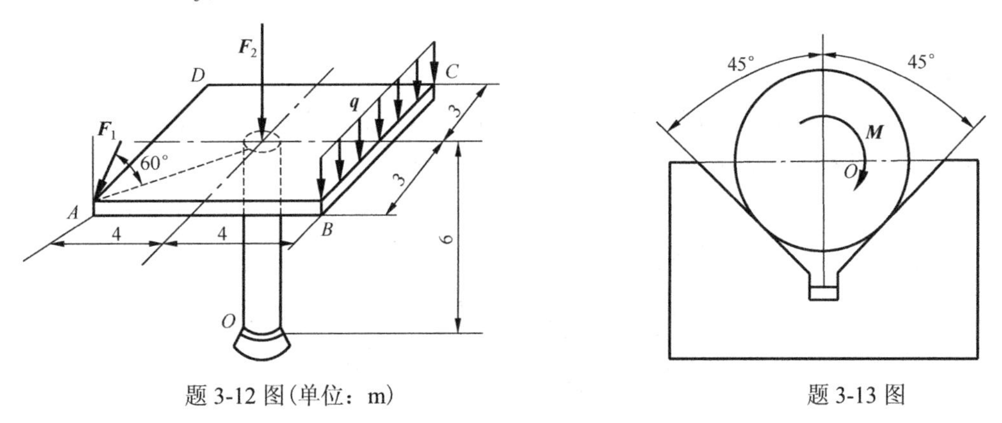

题 3-12 图(单位：m)　　题 3-13 图

3-14　如图所示，铁板重 2kN，其上压一重 5kN 的重物，拉住重物的绳索与水平面成 30° 角，今欲将铁板抽出。已知铁板和水平面间的摩擦因数 $f_1 = 0.20$，重物和铁板间的摩擦因数 $f_2 = 0.25$，求抽出铁板所需力 $\boldsymbol{F}$ 的最小值。

3-15　起重绞车的制动器由有制动块的手柄和制动轮组成，如图所示。已知制动轮半径 $R = 0.5\text{m}$，鼓轮半径 $r = 0.3\text{m}$，制动轮与制动块间的摩擦因数 $f = 0.4$，提升的重量 $G = 1\text{kN}$，手柄长 $l = 3\text{m}$，$a = 0.6\text{m}$，$b = 0.1\text{m}$，不计手柄和制动轮的重量，求能够制动所需力 $\boldsymbol{F}$ 的最小值。

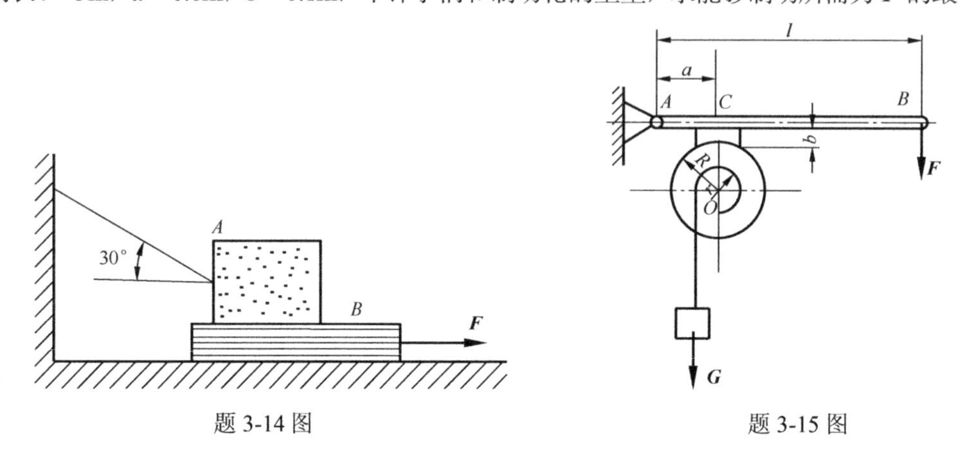

题 3-14 图　　　　题 3-15 图

3-16　如图所示，斧头的劈尖角为 16°，问木头与斧面之间的摩擦因数至少为多少时斧尖自锁在木头中。

3-17　如图所示，一直径为 150mm 的圆柱体，由于自重沿斜面匀速地向下滚动，斜面的斜率 $\tan\alpha = 0.018$。试求圆柱体与斜面间的滚阻系数 δ。

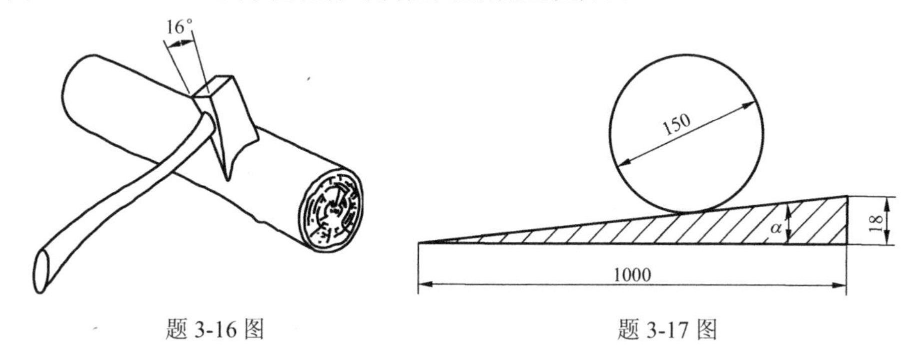

题 3-16 图　　　　题 3-17 图

3-18　图示偏心夹紧装置，转动偏心手柄，就可使杠杆一端 O_1 点升高，从而压紧工件。已知偏心轮半径为 r，与台面间摩擦因数为 f。不计偏心轮和杠杆的自重，要求在图示位置夹紧工件后不致自动松开，问偏心距 e 应为多少？

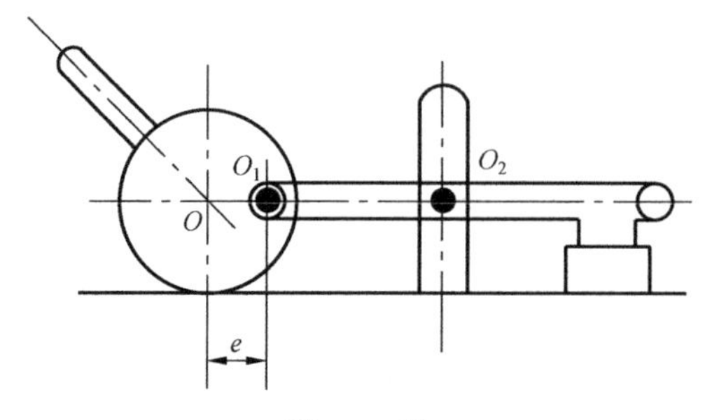

题 3-18 图

第二部分　动　力　学

第 4 章　质点运动学

运动学是研究物体运动的几何性质的科学，即研究物体在空间的位置随时间的变化规律，而撇开运动状态发生变化的原因。点是运动物体在一定条件下的力学抽象。点的运动是研究点的运动方程、轨迹、位移、速度、加速度等运动特征。而物体的运动特征本质上是通过物体上一个点来表征的。

研究一个物体的机械运动，应相对于某一物体作参考。这个给定的物体称为参考体。固连在参考体上的坐标系称为参考坐标系，简称参考系。在不同的参考系上观察同一物体的运动，其结果可以完全不同，所以运动具有相对性。在研究大多数的工程实际问题时，总是将固连于地面上的坐标系作为参考系，称为静参考系或定参考系。

在描述物体在空间的位置和运动时，常需明确瞬时和时间间隔两个概念。瞬时是指物体运动经过某一位置所对应的时刻，用 t 表示；时间间隔则是两瞬时之间的一段时间，记为 $\Delta t = t_2 - t_1$。

学习运动学除了为学习动力学及后续课程打基础外，运动学还在工程技术中得到直接应用。例如，设计或改装机器，总是要求它实现某种运动，以满足生产的需要。为此，必须对物体的运动进行分析和综合。

本章用分析法讨论点的运动和刚体的基本运动，即用矢量法来分析点的位置、速度与加速度，再用直角坐标法与自然法来建立它的工程应用形式，最后将此法扩展到刚体的基本运动的分析上。

4.1　矢量法与直角坐标法

4.1.1　矢量法

1. 点的运动方程

设有动点 M 相对某参考系 $Oxyz$ 运动（图 4-1），若由坐标系原点 O 向动点 M 作一矢量，即 $\boldsymbol{r} = \overrightarrow{OM}$ ，矢量 $\boldsymbol{r}$ 就称为动点 M 的矢径（或位矢）。动点 M 在坐标系中的位置由矢径 $\boldsymbol{r}$ 唯一地确定。动点运动时，矢径 $\boldsymbol{r}$ 的大小、方向随时间 t 而改变，故矢径 $\boldsymbol{r}$ 可写为时间 t 的单值连续函数，即

$$\boldsymbol{r} = \boldsymbol{r}(t) \tag{4-1}$$

式(4-1)称为动点 M 的矢径形式的运动方程，其矢端曲线称为动点的运动轨迹。

2. 点的速度

速度是表示动点的位置随时间变化的物理量，它表示动点运动的快慢和方向。设在某

瞬时 t，动点位于 M 点处，其矢径为 $\boldsymbol{r}(t)$，经过 Δt 时间后，动点运动到 M'点处，其矢径为 $\boldsymbol{r}(t+\Delta t)$（图 4-2）。动点在 Δt 时间内的位移为

$$\overrightarrow{MM'}=\Delta\boldsymbol{r}=\boldsymbol{r}(t+\Delta t)-\boldsymbol{r}(t)$$

由此可得动点在 Δt 时间内的平均速度为

$$\boldsymbol{v}^*=\frac{\overrightarrow{MM'}}{\Delta t}=\frac{\Delta\boldsymbol{r}}{\Delta t}$$

当 Δt 趋于零时，可得动点在瞬时 t 的瞬时速度(简称速度)为

$$\boldsymbol{v}=\lim_{\Delta t\to 0}\frac{\Delta\boldsymbol{r}}{\Delta t}=\frac{\mathrm{d}\boldsymbol{r}}{\mathrm{d}t} \tag{4-2}$$

即动点的速度等于动点的矢径对时间的一阶导数。

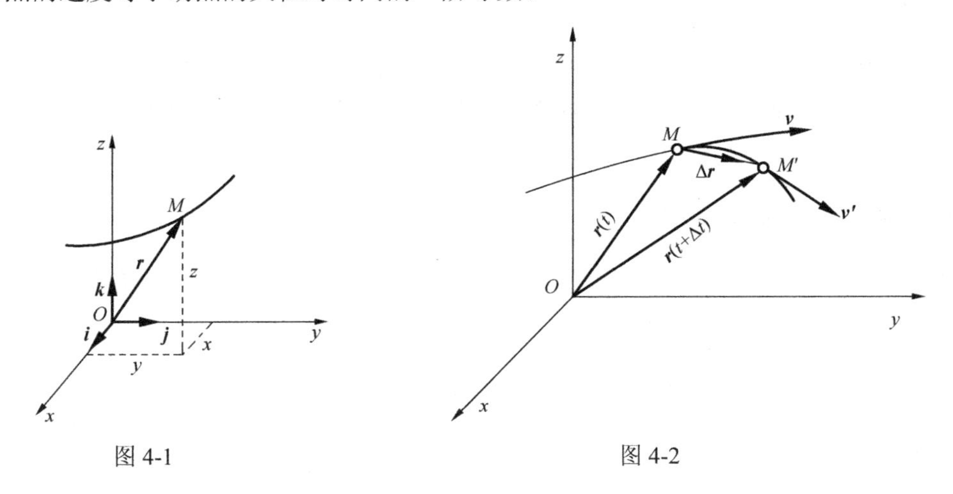

图 4-1 图 4-2

动点的速度是矢量，动点速度方向为其轨迹曲线在 M 点的切线方向并指向运动的一方。速度的单位为 m/s。

3. 点的加速度

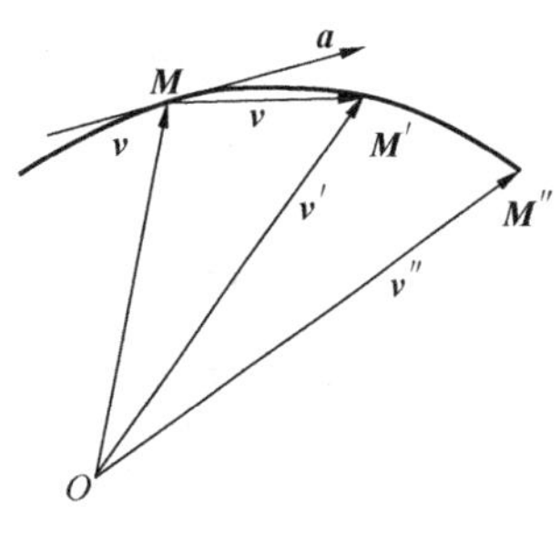

图 4-3

加速度是表示点的运动速度对时间变化率的物理量。设在某瞬时 t，动点位于 M'点处，速度为 $\boldsymbol{v}$，经过时间间隔 Δt，点运动到 M'点处，速度为 $\boldsymbol{v}'$，如图 4-1 所示。如在空间任意取一点 O，把动点 M 在不同瞬时的速度矢 $\boldsymbol{v},\boldsymbol{v}',\cdots\cdots$ 都平行地移到 O 点，连接各矢量的端点 $\boldsymbol{M},\boldsymbol{M}',\boldsymbol{M}''$，…，就构成了矢量 $\boldsymbol{v}$ 端点的连续曲线，成为速度矢端曲线，如图 4-3 所示。

在 Δt 内，动点速度的改变量为

$$\Delta\boldsymbol{v}=\boldsymbol{v}'-\boldsymbol{v}$$

$\Delta\boldsymbol{v}$ 与对应时间间隔 Δt 的比值 $\Delta\boldsymbol{v}/\Delta t$ 表示点在 Δt 内速度的平均变化率，称为平均加速度，即

$$\boldsymbol{a}^*=\frac{\Delta\boldsymbol{v}}{\Delta t}$$

当时间间隔 $\Delta t \to 0$ 时，平均加速度 $\boldsymbol{a}^*$ 趋向一极限矢量 $\boldsymbol{a}$，称为点在瞬时 t 的瞬时加速度，简称点的加速度。它表示点运动的速度在瞬时 t 对时间的变化率，即

$$\boldsymbol{a} = \lim_{\Delta t \to 0} \frac{\Delta \boldsymbol{v}}{\Delta t} = \frac{\mathrm{d}\boldsymbol{v}}{\mathrm{d}t}$$

由于 $\boldsymbol{v} = \mathrm{d}\boldsymbol{r}/\mathrm{d}t$，上式写成

$$\boldsymbol{a} = \frac{\mathrm{d}\boldsymbol{v}}{\mathrm{d}t} = \frac{\mathrm{d}^2\boldsymbol{r}}{\mathrm{d}t^2} \tag{4-3}$$

式(4-3)表明，点的加速度等于它的速度对时间的一阶导数，或等于它的矢径对时间的二阶导数。加速度的单位为 $\mathrm{m/s^2}$。

以上应用矢量法给出了点的位置、速度和加速度的定义和它们之间的关系。

4.1.2 直角坐标法

当点的运动轨迹未知时，常用直角坐标法描述点的运动，即根据投影原理，通过动点的位置、速度、加速度矢量在直角坐标轴上的投影，将其矢量形式变为代数量形式。这种方法便于运算，在工程实际中得到了广泛的应用。

1. 点的直角坐标运动方程

由矢量法可如，动点 M 的位置可由其矢径 $\boldsymbol{r}$ 确定。若在原点 O 另建一直角坐标系 $Oxyz$，如图 4-3 所示，$\boldsymbol{i}$、$\boldsymbol{j}$、$\boldsymbol{k}$ 分别为沿 x、y、z 三个坐标轴正向的单位矢量，则矢径 $\boldsymbol{r}$ 可表示为

$$\boldsymbol{r} = x\boldsymbol{i} + y\boldsymbol{j} + z\boldsymbol{k} \tag{4-4}$$

式中，x、y、z 为 $\boldsymbol{r}$ 在三个坐标轴上的投影，它们也可视为 M 点的三个位置坐标。

当点运动时，坐标 x、y、z 都是时间 t 的单值函数，即

$$\begin{cases} x = f_1(t) \\ y = f_2(t) \\ z = f_3(t) \end{cases} \tag{4-5}$$

式(4-5)称为动点 M 的直角坐标运动方程。式(4-5)亦可视为动点 M 轨迹的参数方程，若从式(4-5)中消去时间 t，即可得动点 M 的轨迹方程。

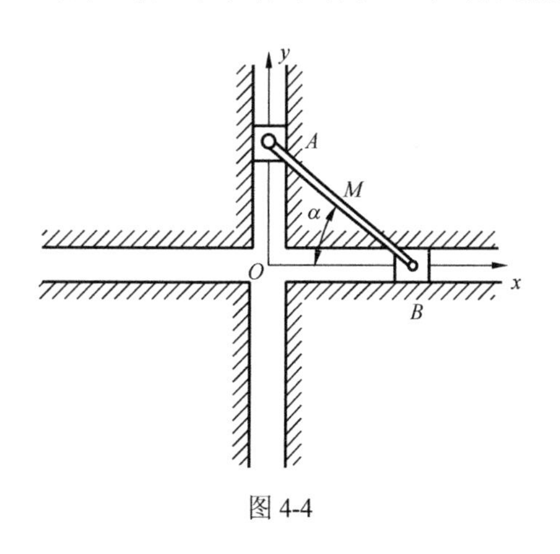

图 4-4

【例 4-1】 在图 4-4 所示的椭圆轨中，已知连杆 AB 长为 l，连杆两端分别与滑块铰接，滑块可在两个互相垂直的导轨内滑动，$\alpha = \omega t$，$AM = 2l/3$。求连杆上点 M 的运动方程和轨迹方程。

解： 以垂直导轨的交点为原点，建直角坐标系 Oxy，如图 4-4 所示，得

$$x = \frac{2}{3} l \cos\alpha, \quad y = \frac{1}{3} l \sin\alpha$$

将 $\alpha = \omega t$ 代入上式，得点 M 的运动方程为

$$x = \frac{2}{3} l \cos(\omega t), \quad y = \frac{1}{3} l \sin(\omega t)$$

从运动方程中消去时间 t，得点 M 的轨迹方程为

$$\frac{x^2}{4}+y^2=\frac{l^2}{9}$$

上式表明，点 M 的运动轨迹为一椭圆。

2. 点的速度在直角坐标轴上的投影

将式(4-4)代入式(4-2)，由于 $\boldsymbol{i}$、$\boldsymbol{j}$、$\boldsymbol{k}$ 是方向不变的单位矢量，得

$$\boldsymbol{v}=\frac{\mathrm{d}\boldsymbol{r}}{\mathrm{d}t}=\frac{\mathrm{d}}{\mathrm{d}t}(x\boldsymbol{i}+y\boldsymbol{j}+z\boldsymbol{k})=\frac{\mathrm{d}x}{\mathrm{d}t}\boldsymbol{i}+\frac{\mathrm{d}y}{\mathrm{d}t}\boldsymbol{j}+\frac{\mathrm{d}z}{\mathrm{d}t}\boldsymbol{k} \tag{4-6}$$

即速度在坐标轴上投影的表示式可写成

$$\boldsymbol{v}=v_x\boldsymbol{i}+v_y\boldsymbol{j}+v_z\boldsymbol{k} \tag{4-7}$$

比较式(4-6)和式(4-7)，得

$$v_x=\frac{\mathrm{d}x}{\mathrm{d}t},\quad v_y=\frac{\mathrm{d}y}{\mathrm{d}t},\quad v_z=\frac{\mathrm{d}z}{\mathrm{d}t} \tag{4-8}$$

式(4-8)表明，动点速度在各坐标轴上的投影分别等于对应的位置坐标对时间的一阶导数。

速度的大小及方向余弦为

$$\begin{cases} v=\sqrt{v_x^2+v_y^2+v_z^2}=\sqrt{\left(\dfrac{\mathrm{d}x}{\mathrm{d}t}\right)^2+\left(\dfrac{\mathrm{d}y}{\mathrm{d}t}\right)^2+\left(\dfrac{\mathrm{d}z}{\mathrm{d}t}\right)^2} \\ \cos(\boldsymbol{v},\boldsymbol{i})=\dfrac{v_x}{v},\ \cos(\boldsymbol{v},\boldsymbol{j})=\dfrac{v_y}{v},\ \cos(\boldsymbol{v},\boldsymbol{k})=\dfrac{v_z}{v} \end{cases} \tag{4-9}$$

将式(4-7)代入式(4-3)，得

$$\boldsymbol{a}=\frac{\mathrm{d}\boldsymbol{v}}{\mathrm{d}t}=\frac{\mathrm{d}}{\mathrm{d}t}(v_x\boldsymbol{i}+v_y\boldsymbol{j}+v_z\boldsymbol{k})=\frac{\mathrm{d}v_x}{\mathrm{d}t}\boldsymbol{i}+\frac{\mathrm{d}v_y}{\mathrm{d}t}\boldsymbol{j}+\frac{\mathrm{d}v_z}{\mathrm{d}t}\boldsymbol{k}=\frac{\mathrm{d}^2x}{\mathrm{d}t^2}\boldsymbol{i}+\frac{\mathrm{d}^2y}{\mathrm{d}t^2}\boldsymbol{j}+\frac{\mathrm{d}^2z}{\mathrm{d}t^2}\boldsymbol{k} \tag{4-10}$$

加速度矢量可表示为

$$a=a_x\boldsymbol{i}+a_y\boldsymbol{j}+a_z\boldsymbol{k}$$

由此可得

$$a_x=\frac{\mathrm{d}v_x}{\mathrm{d}t}=\frac{\mathrm{d}^2x}{\mathrm{d}t^2},\quad a_y=\frac{\mathrm{d}v_y}{\mathrm{d}t^2}=\frac{\mathrm{d}^2y}{\mathrm{d}t^2},\quad a_z=\frac{\mathrm{d}v_z}{\mathrm{d}t^2}=\frac{\mathrm{d}^2z}{\mathrm{d}t^2} \tag{4-11}$$

式(4-11)表明，动点的加速度在各坐标轴上的投影分别等于对应的速度投影对时间的一阶导数，或等于对应的位置坐标对时间的二阶导数。

加速度的大小及方向余弦为

$$\begin{cases} a=\sqrt{a_x^2+a_y^2+a_z^2}=\sqrt{\left(\dfrac{\mathrm{d}^2x}{\mathrm{d}t^2}\right)^2+\left(\dfrac{\mathrm{d}^2y}{\mathrm{d}t^2}\right)^2+\left(\dfrac{\mathrm{d}^2z}{\mathrm{d}t^2}\right)^2} \\ \cos(\boldsymbol{a},\boldsymbol{i})=\dfrac{a_x}{a},\cos(\boldsymbol{a},\boldsymbol{j})=\dfrac{a_y}{a},\cos(\boldsymbol{a},\boldsymbol{k})=\dfrac{a_z}{a} \end{cases} \tag{4-12}$$

【例 4-2】 摆动导轨如图 4-5 所示，已知 $\varphi=\omega t$（ω 为常量），O 点到滑杆 CD 间的距离为 l。求滑杆上销 A 的运动方程、速度方程和加速度方程。

解：取直角坐标系如图 4-5 所示，销 A 与滑杆一起沿水平轨道运动，其运动方程为

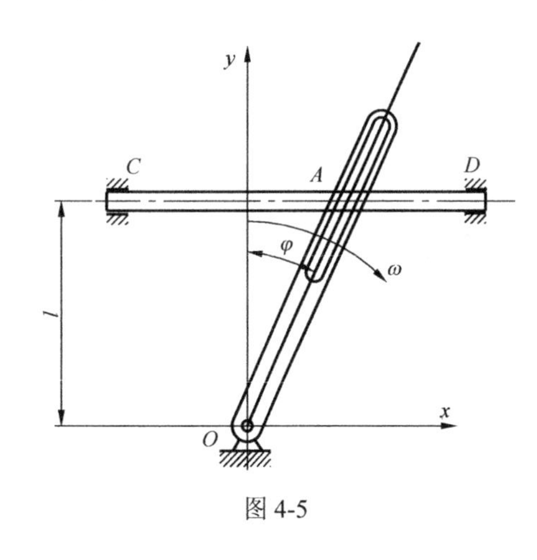

图 4-5

$$x=l\tan\varphi=l\tan(\omega t)$$
$$y=l$$

将运动方程对时间 t 求导，得销 A 的速度方程为

$$v_{Ax}=\frac{\mathrm{d}x}{\mathrm{d}t}=\frac{\omega l}{\cos^2(\omega t)}$$
$$v_{Ay}=\frac{\mathrm{d}y}{\mathrm{d}t}=0$$

将速度方程对时间 t 求导，得销 A 的加速度方程为

$$a_A=\frac{\mathrm{d}v_A}{\mathrm{d}t}=\frac{2\omega^2 l\sin(\omega t)}{\cos^3(\omega t)}$$

4.2 自　然　法

1. 弧坐标

当点的运动轨迹 AB 为已知时，工程上常以轨迹为坐标轴，并用动点到设定原点的距离 s（弧坐标）来确定点的位置（图 4-6(a)）。

当点 M 沿已知轨迹运动时，弧坐标 s 是时间 t 的单值连续函数，记为

$$s=f(t) \tag{4-13}$$

式(4-13)称为以弧坐标表示的点的运动方程。

2. 自然轴系

如图 4-6(a)所示，动点 M 沿已知轨迹 AB 运动。以动点 M 为坐标原点，以轨迹上过 M 点的切线和法线为坐标轴，此正交坐标系称为自然坐标轴系，简称自然轴系，矢量在自然轴系上的投影为其自然坐标。切向轴和法向轴的单位矢量分别用 $\boldsymbol{\tau}$ 和 $\boldsymbol{n}$ 表示。

单位矢量 $\boldsymbol{\tau}$ 和 $\boldsymbol{n}$ 的大小为 1，但方向随点在轨迹上的位置变化而变化。因此，在曲线运动中，它为变矢量。

顺便指出，当动点 M 的轨迹为空间曲线时，自然轴系还有一与 $\boldsymbol{\tau}$、$\boldsymbol{n}$ 相垂直的副法线轴，轴上单位矢量用 $\boldsymbol{b}$ 表示，其方向按右手法则由 $\boldsymbol{b}=\boldsymbol{\tau}\times\boldsymbol{n}$ 决定（图 4-6(b)）。

用弧坐标表示点的位置，用自然坐标表示点的速度、加速度，这种研究点的运动的方法称为自然法。

3．点的速度

如图 4-7 所示，在瞬时 t，动点 M 的矢径为 $\boldsymbol{r}(t)$，经时间间隔 Δt，动点 M 沿已知轨迹运动至点 M'处，其矢径为 $\boldsymbol{r}(t+\Delta t)$。位矢的增量称位移，点 M 的位移 $\Delta\boldsymbol{r}$ 与弧坐标增量 Δs 相对应。

由式(4-2)知，点的速度 $\boldsymbol{v}=\lim\limits_{\Delta t\to 0}\Delta\boldsymbol{r}/\Delta t$，分子、分母同时乘以 Δs，可得

$$\boldsymbol{V}=\lim_{\Delta t\to 0}\frac{\Delta\boldsymbol{r}\cdot\Delta s}{\Delta s\cdot\Delta t}$$

当时，$\Delta\boldsymbol{r}/\Delta s$ 的大小趋于 1，方向趋近于轨迹的切向，并指向弧坐标的正向，故

$$\boldsymbol{v}=v\boldsymbol{\tau}=\frac{\mathrm{d}s}{\mathrm{d}t}\boldsymbol{\tau} \tag{4-14}$$

式(4-14)表明，速度在法向轴上的投影为零；在切向轴上的投影等于点的弧坐标对时间的一阶导数，即

$$v=\frac{\mathrm{d}s}{\mathrm{d}t} \tag{4-15}$$

当 $\dfrac{\mathrm{d}s}{\mathrm{d}t}>0$ 时，速度 $\boldsymbol{v}$ 与 s 同向，当 $\dfrac{\mathrm{d}s}{\mathrm{d}t}<0$ 时，速度 $\boldsymbol{v}$ 与 s 反向。当弧坐标表示的点的运动方程(式(4-13))为已知时，利用式(4-14)可直接求出点的速度大小并判断其方向。

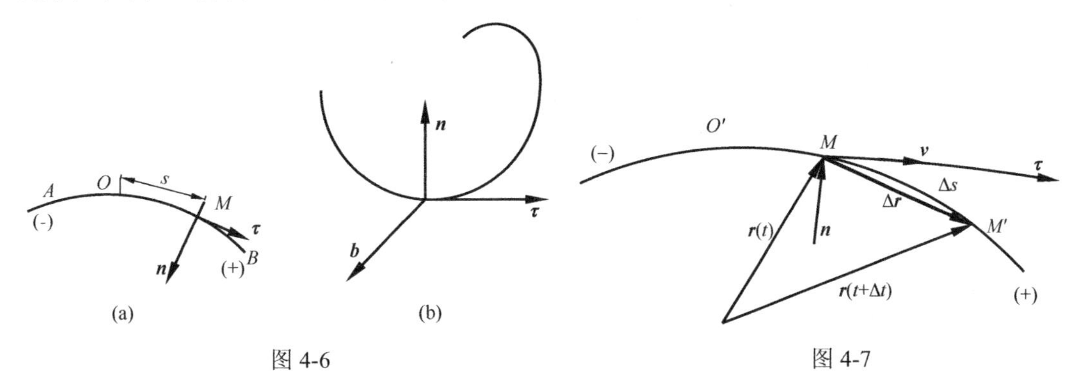

图 4-6　　图 4-7

4．点的加速度

将点的速度 $\boldsymbol{v}=v\boldsymbol{\tau}$ 代入式(4-3)，得

$$\boldsymbol{a}=\frac{\mathrm{d}\boldsymbol{v}}{\mathrm{d}t}=\frac{\mathrm{d}}{\mathrm{d}t}(v\boldsymbol{\tau})=\frac{\mathrm{d}v}{\mathrm{d}t}\boldsymbol{\tau}+v\frac{\mathrm{d}\boldsymbol{\tau}}{\mathrm{d}t} \tag{4-16}$$

在自然轴系中，加速度 $\boldsymbol{a}$ 可表示为

$$\boldsymbol{a}=\boldsymbol{a}_\tau+\boldsymbol{a}_n=a_\tau\boldsymbol{\tau}+a_n\boldsymbol{n} \tag{4-17}$$

式中，$\boldsymbol{a}_\tau$ 和 $\boldsymbol{a}_n$ 分别称为点的**切向加速度**和**法向加速度**；a_τ 和 a_n 分别为点的加速度在切向轴和法向轴上的投影。

下面分别讨论点的切向加速和法向加速度。

1）切向加速度

由式(4-16)和式(4-17)可知，

$$\boldsymbol{a}_\tau = a_\tau \boldsymbol{\tau} = \frac{\mathrm{d}v}{\mathrm{d}t}\boldsymbol{\tau} = \frac{\mathrm{d}^2 s}{\mathrm{d}t^2}\boldsymbol{\tau}$$

故

$$a_\tau = \frac{\mathrm{d}v}{\mathrm{d}t} = \frac{\mathrm{d}^2 s}{\mathrm{d}t^2} \tag{4-18}$$

式(4-18)表明，**点的切向加速度的大小等于点的速度大小对时间的一阶导数，它反映了动点速度大小的瞬时变化率**。当 $\frac{\mathrm{d}v}{\mathrm{d}t} > 0$ 时，切向加速度方向与 $\boldsymbol{\tau}$ 相同，反之则相反。当点的运动方程(式(4-13))已知时，**点的切向加速度**可利用式(4-18)直接求出。

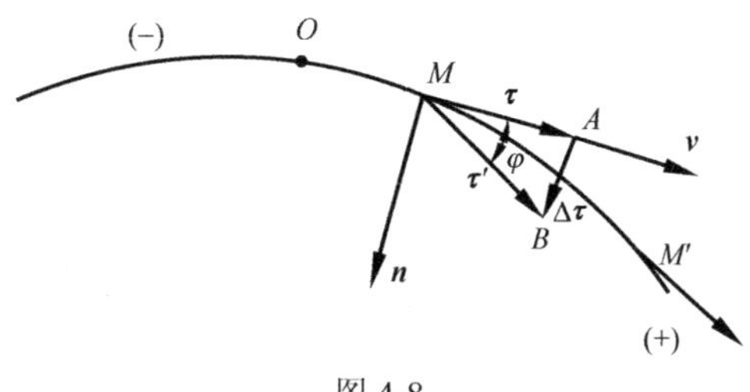

图 4-8

2）法向加速度

由式(4-16)和式(4-17)可知，

$$a_n = a_n \boldsymbol{n} = v\frac{\mathrm{d}\boldsymbol{\tau}}{\mathrm{d}t}$$

先分析式中的 $\frac{\mathrm{d}\boldsymbol{\tau}}{\mathrm{d}t}$ 矢量。

如图 4-8 所示，在瞬时 t，动点 M 上的自然轴系的单位矢量为 $\boldsymbol{\tau}$ 和 $\boldsymbol{n}$。经过时间间隔 Δt，自然轴系随动点 M 移至 M'。此时的切向单位矢量为 $\boldsymbol{\tau}'$，其增量 $\Delta\boldsymbol{\tau}$ 等于等腰△MAB 中的 $\overrightarrow{AB}$。

由图 4-8 中的几何关系可知，

$$|\Delta\tau| = |\overrightarrow{AB}| = 2|\tau|\sin\frac{\Delta\varphi}{2} \approx 2\times 1\times\frac{\Delta\varphi}{2} = \Delta\varphi$$

$$\left|\frac{\mathrm{d}\tau}{\mathrm{d}t}\right| = \lim_{\Delta t\to 0}\frac{|\Delta\tau|}{\Delta t} = \lim_{\Delta t\to 0}\frac{\Delta\varphi}{\Delta s}\frac{\Delta s}{\Delta t} = \lim_{\Delta t\to 0}\frac{\Delta\varphi}{\Delta s}\lim_{\Delta t\to 0}\frac{\Delta s}{\Delta t}$$

式中，$\lim\limits_{\Delta t\to 0}\frac{\Delta s}{\Delta t} = \frac{\mathrm{d}s}{\mathrm{d}t} = v$；由微积分知识可知，$\lim\limits_{\Delta t\to 0}\frac{\Delta\varphi}{\Delta s} = \frac{1}{\rho}$（$\rho$ 为曲线在点 M 处的曲率半径）。因此得

$$\lim_{\Delta t\to 0}\frac{|\Delta\tau|}{\Delta t} = \frac{v}{\rho}$$

由图 4-8 可见，$\Delta\boldsymbol{\tau}$ 与 $\boldsymbol{\tau}$ 的夹角为 $\left(\frac{\pi}{2} - \frac{\Delta\varphi}{2}\right)$，且指向轨迹内侧。当 $\Delta t\to 0$ 时，$\Delta\varphi\to 0$，故 $\Delta\boldsymbol{\tau}$ 的极限方向$\left(即\frac{\mathrm{d}\boldsymbol{\tau}}{\mathrm{d}t}的方向\right)$与 τ 垂直，且指向曲线的点 M 处的曲率中心，即自然轴系法向轴单位矢量 $\boldsymbol{n}$ 的方向。

综上所述，矢量 $\frac{\mathrm{d}\boldsymbol{\tau}}{\mathrm{d}t}$ 的大小为 $\frac{v}{\rho}$，方向为 $\boldsymbol{n}$，故可以 $\frac{\mathrm{d}\boldsymbol{\tau}}{\mathrm{d}t} = \frac{v}{\rho}\boldsymbol{n}$ 代入法向加速度公式，得

$$\boldsymbol{a}_n = a_n\boldsymbol{n} = \frac{v^2}{\rho}\boldsymbol{n},\quad a_n = \frac{v^2}{\rho} \tag{4-19}$$

式(4-19)表明，点的法向加速度的大小 a_n 等于点的速度 $\boldsymbol{v}$ 大小的平方与对应点轨迹曲率半径 ρ 之比；由于 $\dfrac{v^2}{\rho}$ 恒为正值，故法向加速度的方向始终指向该点轨迹的曲率中心。

在自然轴系中，点的速度为切向矢量，而点的法向加速度为法向矢量，故其反映的是速度方向的瞬时变化率。法向加速度越大，速度方向变化得越快；反之亦然。当点做直线运动时，点的法向加速度恒为零，点的速度方向将保持不变。

3) 全加速度

为便于区分点的加速度、切向加速度和法向加速度，在自然轴系中，称点的加速度为全加速度，记为 $\boldsymbol{a}$。全加速度 $\boldsymbol{a}=\boldsymbol{a}_\tau+\boldsymbol{a}_n$，它反映的是速度矢量 $\boldsymbol{v}$(包括大小和方向)的瞬时变化率。全加速度 $\boldsymbol{a}$ 的大小和方向如下：

$$
\begin{cases}
a=\sqrt{a_\tau^2+a_n^2}=\sqrt{\left(\dfrac{\mathrm{d}v}{\mathrm{d}t}\right)^2+\left(\dfrac{v^2}{\rho}\right)^2} \\
\tan\beta=\dfrac{|a_\tau|}{a_n}
\end{cases}
\tag{4-20}
$$

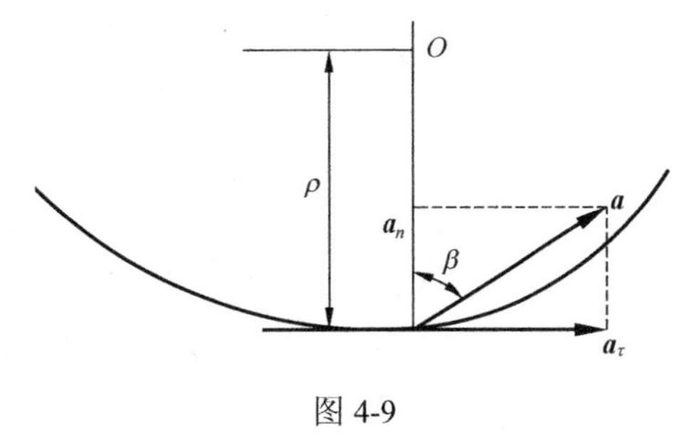

图 4-9

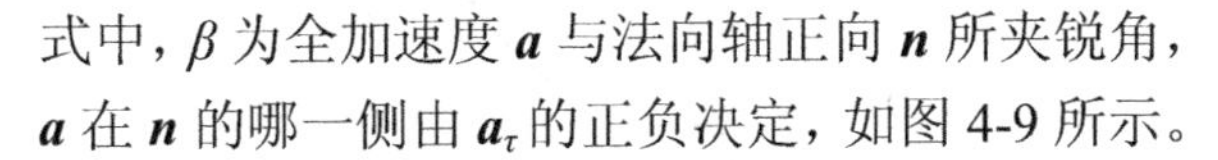
式中，β 为全加速度 $\boldsymbol{a}$ 与法向轴正向 $\boldsymbol{n}$ 所夹锐角，$\boldsymbol{a}$ 在 $\boldsymbol{n}$ 的哪一侧由 $\boldsymbol{a}_\tau$ 的正负决定，如图 4-9 所示。

5. 点运动的几种特殊情况

1) 匀速直线运动

当点做匀速直线运动时，由于 v 为常量，$\rho\to\infty$，故 $a_\tau=0$，$a_n=0$。此时 $a=0$。

2) 匀速曲线运动

当点做匀速曲线运动时，由于 v 为常量，故 $a_\tau=0$，$a_n\neq0$。此时 $a=a_n$。

3) 匀变速直线运动

当点做匀变速直线运动时，a_τ 为常量，a_n 为零。若已知运动的初始条件，即当 $t=0$ 时，$v=v_0$、$s=s_0$。由 $\mathrm{d}v=a\mathrm{d}t$、$\mathrm{d}s=v\mathrm{d}t$，积分可得其速度与运动方程为

$$v=v_0+at \tag{4-21}$$

$$s=s_0+v_0t+\frac{1}{2}at^2 \tag{4-22}$$

由式(4-21)和式(4-22)消去 t，得 $v^2=v_0^2+2a(s-s_0)$　　　　(4-23)

4) 匀变速曲线运动

当点做变速曲线运动时，a_τ 为常量，$a_n=\dfrac{v^2}{\rho}$。若已知运动的初始条件，即当 $t=0$ 时，$v=v_0$、$s=s_0$。由 $\mathrm{d}v=a_\tau\mathrm{d}t$、$\mathrm{d}s=v\mathrm{d}t$，积分可得其速度与运动方程为

$$v=v_0+a_\tau t \tag{4-24}$$

$$s=s_0+v_0t+\frac{1}{2}a_\tau t^2 \tag{4-25}$$

由式(4-24)和式(4-25)消去 t，得

$$v^2 = v_0^2 + 2a_\tau(s - s_0) \tag{4-26}$$

式(4-21)～式(4-26)说明在研究点的运动时，已知运动方程，可应用求导的方法求点的速度和加速度；反之，已知点的速度和加速度及运动的初始条件，应用积分方法也可得到点的运动方程。

【例 4-3】 杆 AB 的 A 端铰接固定，环 M 将杆 AB 与半径为 R 的固定圆环套在一起，AB 与垂线的夹角为 $\varphi = \omega t$，如图 4-10(a)所示，求套环 M 的运动方程、速度和加速度。

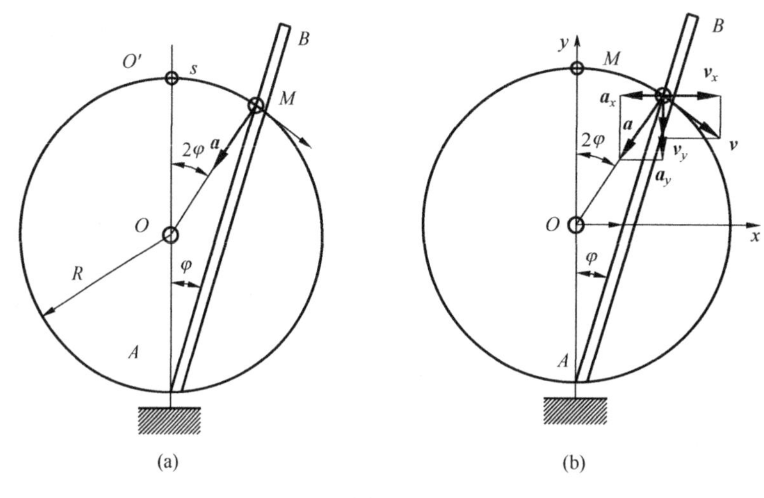

图 4-10

解：(1)解法一。以环 M 为研究对象，由于环 M 的运动轨迹已知，故采用自然法求解。

①以圆环上点 O'为弧坐标原点，顺时针为弧坐标正向，建立弧坐标轴。建立点的运动方程。由图中几何关系，建立运动方程为

$$s = R(2\varphi) = 2Rt\omega$$

②求点 M 的速度。由式(4-15)知点 M 的速度为

$$v = \frac{\mathrm{d}s}{\mathrm{d}t} = 2R\omega$$

③求点 M 的加速度。由式(4-18)知点 M 的切向加速度为

$$a_\tau = \frac{\mathrm{d}v}{\mathrm{d}t} = \frac{\mathrm{d}}{\mathrm{d}t}(2R\omega) = 0$$

由式(4-19)知点 M 的法向加速度为

$$a_n = \frac{v^2}{\rho} = \frac{(2R\omega)^2}{R} = 4R\omega^2$$

由式(4-20)知点 M 的全加速度为

$$a = \sqrt{a_\tau^2 + a_n^2} = 4R\omega^2$$

其方向沿 MO 且指向 O，可知环沿固定圆环做匀速圆周运动。

(2) 解法二。用直角坐标法求解，建立图 4-10 (b) 所示的直角坐标系。

①建立点 M 的运动方程。由图中几何关系，建立运动方程为

$$\begin{cases} x = R\cos(90^\circ - 2\varphi) = R\sin(2\omega t) \\ y = R\cos(2\varphi) = R\cos(2\omega t) \end{cases} \tag{4-27}$$

②求点 M 的速度。由式 (4-27) 求导，得速度在 x、y 轴上的投影为

$$\begin{cases} v_x = \dfrac{\mathrm{d}x}{\mathrm{d}t} = 2R\omega\cos(2\omega t) \\ v_y = \dfrac{\mathrm{d}y}{\mathrm{d}t} = -2R\omega\sin(2\omega t) \end{cases} \tag{4-28}$$

由式 (4-9) 知点 M 的加速度大小和方向余弦为

$$\begin{cases} v = \sqrt{v_x^2 + v_y^2} = 2R\omega \\ \cos(\boldsymbol{v},\boldsymbol{i}) = \dfrac{v_x}{v} = \cos^2(\omega t) \end{cases} \tag{4-29}$$

③求点 M 的加速度。由式 (4-28) 求导，得加速度在 x、y 轴上的投影为

$$\begin{cases} a_x = \dfrac{\mathrm{d}v_x}{\mathrm{d}t} = -4R\omega^2\sin(2\omega t) \\ a_y = \dfrac{\mathrm{d}v_y}{\mathrm{d}t} = -4R\omega^2\cos(2\omega t) \end{cases}$$

由式 (4-12) 知点 M 的加速度大小和方向余弦为

$$\begin{cases} a = \sqrt{a_x^2 + a_y^2} = 4R\omega^2 \\ \cos(\boldsymbol{a},\boldsymbol{i}) = \dfrac{a_x}{a} = -\sin(2\omega t) \end{cases}$$

或
$$\boldsymbol{a} = a_x\boldsymbol{i} + a_y\boldsymbol{j} = -4R\omega^2\left[\sin(2\omega t\boldsymbol{i}) + \cos(2\omega t\boldsymbol{j})\right] = -4R\omega^2\boldsymbol{r}_{\mathrm{M}}$$

此结果也说明 $\boldsymbol{a}$ 与点 M 的位矢 $\boldsymbol{r}_M$ 反向。

经比较不难看出，两种解法计算的结果是一致的；也可看出，用自然法解题简便，结果清晰，但只适用于点的运动轨迹已知的情况。在机械工程中，多数物体处于被约束状态，其运动轨迹是确定的，故自然法得到广泛应用。用直角坐标法解题较繁，但它既适用于点的运动轨迹已知时，也适用于点的轨迹未知时，故应用范围也较广。

4.3　点的合成运动

在点的运动学中，我们研究了动点对于一个参考系的运动；但是在工程中，常常需要同时用两个参考系去描述同一个点的运动情况。同一个点对于不同的参考系所表现的运动特征显然是不同但又是有关联的。例如，无风下雨时雨滴的运动(图 4-11)，对于地面上的观察者来说，雨滴是垂直向下的；但是对于正在行驶的车上的观察者来说，雨滴便是倾斜向后的。

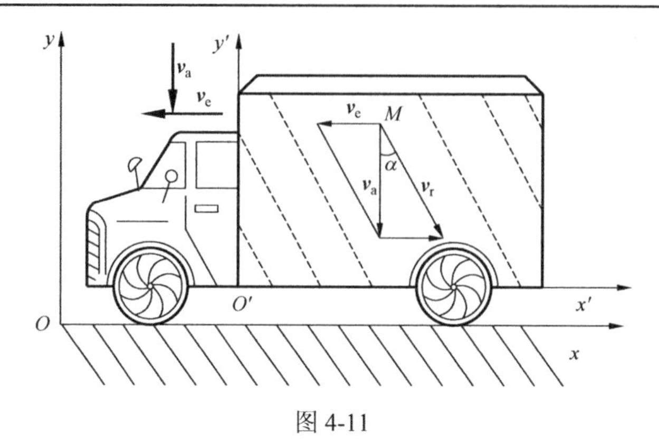

图 4-11

产生这种差别是由于观察者所在的参考系不一样。但是，两者得出的结论都是正确的，都反映了雨滴 M 的运动这一客观存在。

为了便于研究，将所研究的点 M 称为**动点**；将固结在地球表面上的参考系称为**定参考系，简称定系**，并以 $Oxyz$ 表示；把相对于地球运动的参考系(如固结在行驶的车上的参考系)称为**动参考系，简称动系**，并以 $O'x'y'z'$表示。

为了区别动点对于不同参考系的运动，规定**动点相对于定参考系的运动为绝对运动，动点相对于动参考系的运动为相对运动，而动参考系相对于定参考系的运动为牵连运动**。如图 4-11 所示，如果把行驶的车取为动参考系，则雨滴相对于车沿着与铅垂线成 α 角的直线运动是相对运动，相对于地面的铅垂线运动是绝对运动，而车对地面的直线平动则是牵连运动。

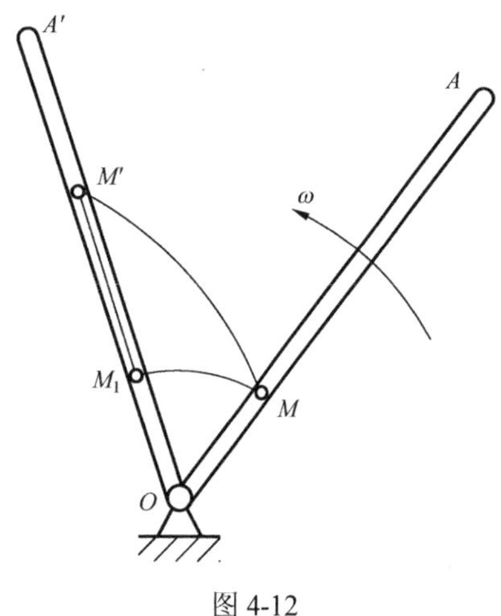

图 4-12

又如图 4-12 所示，管 AO 绕 O 轴做逆时针转动，管内一动点 M 同时沿管向外运动。若选取与地面相固结的参考系为定参考系，与管 AO 相固结的参考系为动参考系，则动点 M 相对于地面所做的平面曲线运动(沿 $\overrightarrow{MM'}$)为绝对运动，动点 M 相对于管所做的直线运动(沿 $\overrightarrow{M_1M'}$)为相对运动，管 AO 相对于地面的定轴转动为牵连运动。

显然，如果没有牵连运动，则动点的相对运动就是它的绝对运动；如果没有相对运动，则动点随动参考系所做的牵连运动就是它的绝对运动。由此可见，**动点的绝对运动可看作动点的相对运动与动点随动参考系的牵连运动的合成**。因此，这类运动就称为**点的合成运动或复合运动**。

研究点的合成运动，就是要研究绝对、相对、牵连这三种运动之间的关系。也就是如何由已知动点的相对运动和牵连运动求出其绝对运动；或者由已知的绝对运动分解为相对运动与牵连运动。

动点的绝对运动、相对运动是点的运动，它可以是直线运动或者曲线运动；而泛指的牵连运动是动参考系的运动，也就是设想的与动参考系相固结的刚体的运动，它可能是平动、转动或其他运动。

应指出，不论是定参考系还是动参考系都应理解为固连于该参考系的整个空间，而不局限于所观察到的参考体的有限实体。

特指的动点牵连速度则是动点随动参考系一起运动的速度。由于动参考系的运动是刚体的运动而不是点的运动，所以必须进一步指出，在某瞬时，特指的动点的牵连运动是动参考系上与动点相重合的那一点才“牵连”着动点的运动。因此，**把某一瞬时动参考系上与动点相重合的那一点，即动参考系上发生牵连的地点，称为牵连点，牵连点对定参考系的运动才是计算中具体的牵连运动。**

动点和动参考系的选择必须遵循的原则如下。

(1)**动点和动参考系不能选在同一物体上**，即动点和动参考系必须有相对运动。

(2)**动点、动参考系的选择应以相对运动轨迹易于辨认为准。**机械中两构件在传递运动时，常以点相接触，其中有的点始终处于接触位置，称为**常接触点**，有的点则为瞬时接触点，一般以瞬时接触点所在的物体固连动参考系，常接触点则为动点(**常接触原则**)。

4.3.1　点的速度合成定理

动点对于动参考系的速度称为动点的**相对速度**，用 $\boldsymbol{v}_{\mathrm{r}}$ 表示。动点对于定参考系的速度称为动点的**绝对速度**，用 $\boldsymbol{v}_{\mathrm{a}}$ 表示。牵连点相对于定参考系的速度称为动点的**牵连速度**，用 $\boldsymbol{v}_{\mathrm{e}}$ 表示。

下面讨论动点的绝对速度、相对速度和牵连速度之间的关系。

设动点 M 按某一规律沿已知曲线 K 运动，而曲线 K 又随动参考系 $O'x'y'z'$ 运动(图 4-13)。曲线 K 称为动点的**相对轨迹**。

设在瞬时 t，动点位于相对轨迹上的 M 点，经过时间间隔 Δt 之后，相对轨迹随同动参考系一起运动到一新位置 K'。若动点不做相对运动，则动点随动参考系运动到 M' 点，曲线 MM' 称为动点的**牵连轨迹**。但由于有相对运动，在时间间隔 Δt 内，动点沿曲线 K 做相对运动，最后到达 M'' 点。曲线 MM'' 称为动点的**绝对轨迹**。显然，矢量 $\overrightarrow{MM''}$、$\overrightarrow{M'M''}$ 分别代表了动点在时间间隔 Δt 内的**绝对位移和相对位移**，而矢量 $\overrightarrow{MM'}$ 为动参考系牵连点在时间间隔 Δt 内的位移，称为动点的**牵连位移。**由矢量△$MM'M''$ 可以得到这三个位移的关系为

$$\overrightarrow{MM''} = \overrightarrow{MM'} + \overrightarrow{M'M''}$$

将上式除以 Δt，并取 Δt 趋近于零的极限，则得

$$\lim_{\Delta t \to 0} \frac{\overrightarrow{MM''}}{\Delta t} = \lim_{\Delta t \to 0} \frac{\overrightarrow{MM'}}{\Delta t} + \lim_{\Delta t \to 0} \frac{\overrightarrow{M'M''}}{\Delta t}$$

矢量 $\lim\limits_{\Delta t \to 0} \dfrac{\overrightarrow{MM''}}{\Delta t}$ 就是动点 M 在瞬时 t 的绝对速度 $\boldsymbol{v}_{\mathrm{a}}$，方向沿着绝对轨迹 MM'' 上 M 点的切线方向。

矢量 $\lim\limits_{\Delta t \to 0} \dfrac{\overrightarrow{M'M''}}{\Delta t}$ 就是动点 M 在瞬时 t 的相

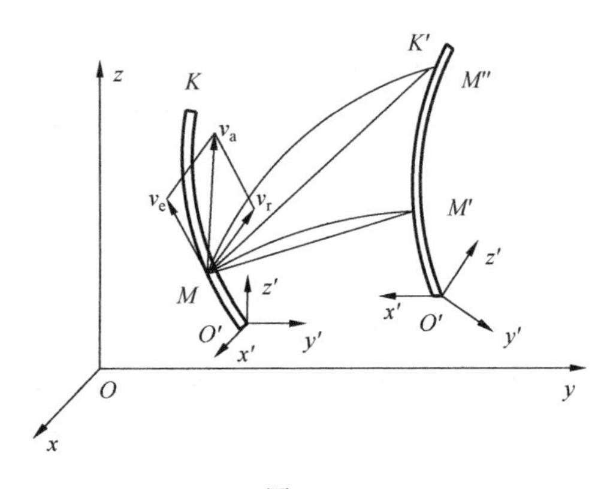

图 4-13

对速度 $\boldsymbol{v}_r$，方向沿着相对轨迹 K 上 M 点的切线方向。

矢量 $\lim\limits_{\Delta t\to 0}\dfrac{\overrightarrow{MM'}}{\Delta t}$ 就是动点 M 在瞬时 t 的牵连速度 $\boldsymbol{v}_e$，即瞬时 t 动参考系上与动点 M 重合点(牵连点)的速度，其方向沿着牵连轨迹 MM' 上 M 点的切线方向。

上式可写成

$$\boldsymbol{v}_a=\boldsymbol{v}_e+\boldsymbol{v}_r \tag{4-30}$$

式(4-30)称为点的速度合成定理。它表明：动点的绝对速度等于它的牵连速度和相对速度的矢量和。

在应用点的速度合成定理解决具体问题时，应注意：①动点及动参考系的正确选取；②分析三种运动及三种速度；③根据点的速度合成定理并结合各速度的已知条件作出速度矢量图，然后用几何法或解析法来求解未知量。

【例 4-4】 半圆形凸轮(图 4-14)的半径为 R。若已知凸轮的移动速度为 $\boldsymbol{v}$，从动杆 AB 被凸轮推起。试求图示位置时从动杆 AB 的移动速度。

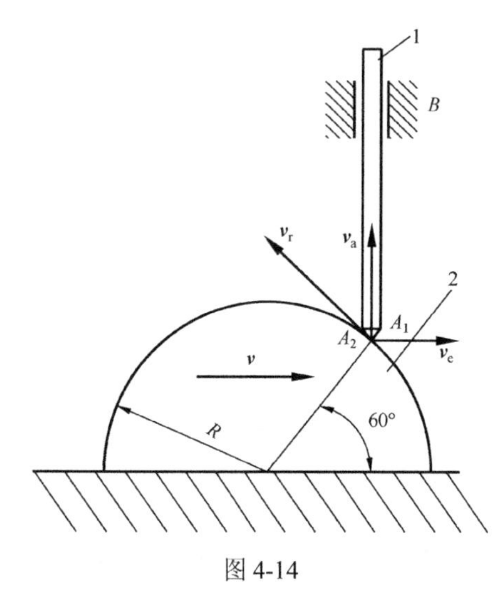

图 4-14

解： (1)选取动点和动参考系。设凸轮为构件 2，从动杆为构件 1，两者在点 A 处相接触，显见 A_1 为常接触点，A_2 为瞬时接触点。因此，可选取杆 1 上的点 A_1 为动点；动参考系固结于点 A_2 所在的凸轮 2 上，这样做易于观察相对运动。动点 A_1 相对于动参考系凸轮的相对运动轨迹即凸轮的轮廓曲线。

(2)分析运动和速度。可以看出，动点 A_1 相对于地面铅垂向上的运动为绝对运动。点 A_1 绝对速度 $\boldsymbol{v}_a$ 的方向铅垂向上，大小待求。点 A_1 相对于凸轮的运动为相对运动，它是动点 A_1 沿着凸轮轮廓曲线的运动，故点 A_1 相对速度 $\boldsymbol{v}_r$ 的方向将沿着凸轮半圆轮廓在点 A_2 的切线方向，大小未知。动参考系随凸轮一起向右的平动为牵连运动，凸轮上牵连点 A_2 的速度就是动点 A_1 的牵连速度 $\boldsymbol{v}_e$。凸轮做平行移动，其上各点的速度都相同，因此牵连速度的方向向右，大小为 $v_e=v$。

(3)由点的速度合成定理，作出速度平行四边形。由几何关系求得点 A_1 在图示位置时的速度。

$$v_{A1}=v_a=v_e\cot 60^\circ=\frac{\sqrt{3}}{3}v$$

由于 AB 杆做平行移动，故点 A_1 的速度即从动杆 AB 的速度。

【例 4-5】 图 4-15 为滑道机构，曲柄 O_1A 绕 O_1 以角速度 ω 转动，通过滑块 C 带动竖杆 CD 做上下往复运动。已知 $O_1A=O_2B=r$，求图示瞬时竖杆 CD 的速度。

解： (1)选取动点和动参考系。根据常接触原则，以 C_2 为动点，动坐标固结在构件

1 即杆 AB 上，定参考系固结于地面。

(2) 分析运动和速度。由于杆 CD 受滑道限制，只能做竖向往复运动，所以动点 C_2 的绝对运动为竖向的直线运动，绝对运动 $\boldsymbol{v}_a$ 沿竖向，大小未知。动点 C_2 对杆 AB 的相对速度 $\boldsymbol{v}_r$ 的方向沿杆 AB，其大小为未知。牵连运动为杆 AB 的曲线运动，由于平动刚体上各点速度相同，所以牵连点 C_1 的牵连速度 $v_e = v_A = r\omega$，方向与水平线成 30° 斜向上。

(3) 完成速度平行四边形，由几何关系得

$$v_a = v_e \sin 30° = \frac{1}{2} r\omega = v_{C2}。$$

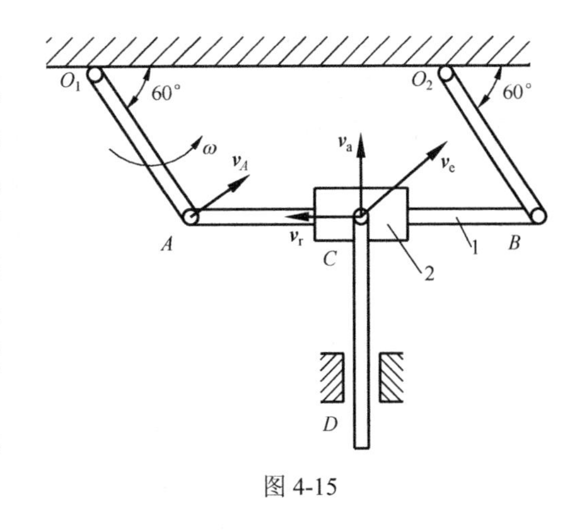

图 4-15

此即杆 CD 的速度。

【例 4-6】　图 4-16 所示的曲柄摇杆机构中，曲柄 $O_1A = r$，以角速度 $\boldsymbol{\omega}_1$ 绕 O_1 转动，通过滑块 A 带动摇杆 O_2B 绕 O_2 往复摆动。当曲柄水平时，摇杆与垂线 O_1O_2 的夹角为 θ，求图示瞬时摆杆 O_2B 的角速度 $\boldsymbol{\omega}_2$。

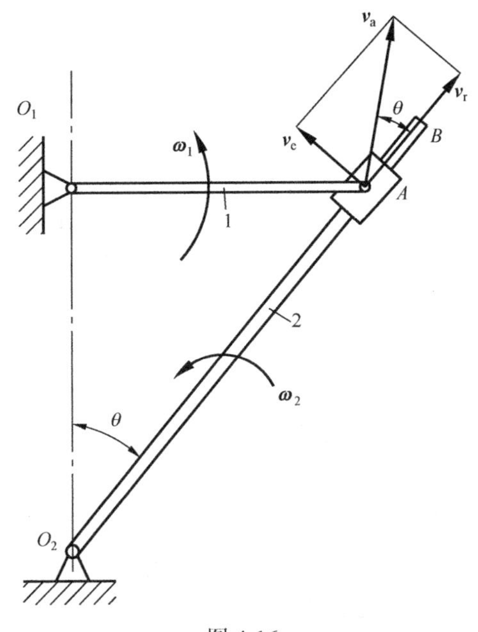

图 4-16

解：(1) 选取动点和动参考系。定 A_1 为动点，动坐标固结在摇杆 O_2B 上。

(2) 分析运动和速度。A_1 的绝对运动为绕 O_1 的圆周运动，绝对速度 $v_a = r\omega$，方向垂直于 O_1A 向上。点 A_1 的相对运动为沿 O_2B 的直线运动，相对速度沿直线 O_2B，大小未知。牵连运动为 O_2B 的定轴转动，牵连点为该瞬时 O_2B 上的 A_2，牵连速度 $v_e = O_2A\omega_2$，但由于 ω_2 未知，故 $\boldsymbol{v}_e$ 大小未知，方向垂直于 O_2B。

(3) 完成速度平行四边形，由几何关系得

$$v_e = v_a \sin\theta = r\omega_1 \sin\theta$$

$$\omega_2 = \frac{v_e}{O_2A} = \frac{r\omega_1 \sin\theta}{\dfrac{r}{\sin\theta}} = \omega_1 \sin^2\theta$$

$\boldsymbol{\omega}_2$ 的转向为逆时针方向。

4.3.2　点的加速度合成定理

点的速度合成定理所得出的简单结论，对于任何形式的牵连运动都是适用的。但是，点的加速度合成的问题则比较复杂，对于牵连运动为平动或定轴转动两种形式，所得结论在形式上不同而本质上却又是统一的。下面先就牵连运动为一般运动时的情况进行研究。

设动点沿曲线 AB 运动，而 AB 又随动参考系做平动，如图 4-17 所示。在瞬时 t，动点

位于曲线 AB 上的 M 点，其绝对速度为 $\boldsymbol{v}_{\mathrm{a}}$，牵连速度为 $\boldsymbol{v}_{\mathrm{e}}$，相对速度为 $\boldsymbol{v}_{\mathrm{r}}$。经过时间间隔 Δt 之后，曲线 AB 运动到 A_1B_1 位置，动点运动至点 M'，它的绝对速度为 $\boldsymbol{v}'_{\mathrm{a}}$，牵连速度为 $\boldsymbol{v}'_{\mathrm{e}}$，相对速度为 $\boldsymbol{v}'_{\mathrm{r}}$。在 $\Delta t\to 0$ 的时间段内，可以将动点 M 到 M'的连续过程看成两个阶段，即由 M 先到 M_1，再由 M_1 到 M'，则由点的速度合成定理，可得

$$\begin{cases}\boldsymbol{v}_{\mathrm{a}}=\boldsymbol{v}_{\mathrm{e}}+\boldsymbol{v}_{\mathrm{r}}\\ \boldsymbol{v}'_{\mathrm{a}}=\boldsymbol{v}'_{\mathrm{e}}+\boldsymbol{v}'_{\mathrm{r}}\\ \boldsymbol{v}_{\mathrm{a1}}=\boldsymbol{v}_{\mathrm{e1}}+\boldsymbol{v}_{\mathrm{r1}}\end{cases} \tag{4-31}$$

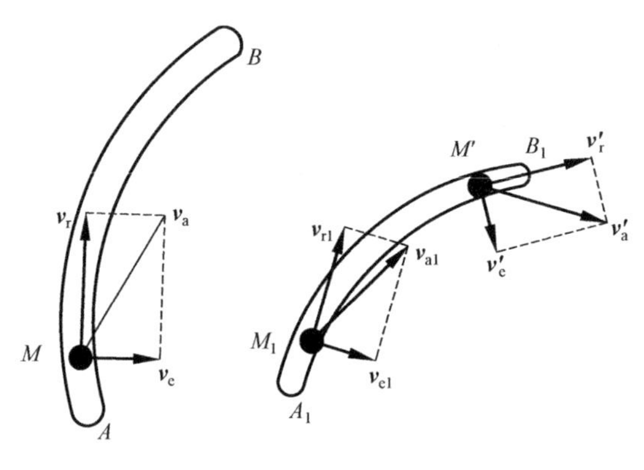

图 4-17

动点的绝对加速度反映了绝对速度对时间的变化率，即

$$\boldsymbol{a}_{\mathrm{a}}=\lim_{\Delta t\to 0}\frac{\boldsymbol{v}'_{\mathrm{a}}-\boldsymbol{v}_{\mathrm{a}}}{\Delta t}=\lim_{\Delta t\to 0}\frac{\boldsymbol{v}'_{\mathrm{a}}-\boldsymbol{v}_{\mathrm{a1}}+\boldsymbol{v}_{\mathrm{a1}}-\boldsymbol{v}_{\mathrm{a}}}{\Delta t} \tag{4-32}$$

再以式(4-31)代入式(4-32)可得

$$\begin{aligned}\boldsymbol{a}_{\mathrm{a}}&=\lim_{\Delta t\to 0}\frac{(\boldsymbol{v}'_{\mathrm{e}}+\boldsymbol{v}'_{\mathrm{r}})-(\boldsymbol{v}_{\mathrm{e1}}+\boldsymbol{v}_{\mathrm{r1}})+(\boldsymbol{v}_{\mathrm{e1}}+\boldsymbol{v}_{\mathrm{r1}})-(\boldsymbol{v}_{\mathrm{e}}+\boldsymbol{v}_{\mathrm{r}})}{\Delta t}\\&=\lim_{\Delta t\to 0}\frac{\boldsymbol{v}'_{\mathrm{e}}-\boldsymbol{v}_{\mathrm{e1}}}{\Delta t}+\lim_{\Delta t\to 0}\frac{\boldsymbol{v}'_{\mathrm{r}}-\boldsymbol{v}_{\mathrm{r1}}}{\Delta t}+\lim_{\Delta t\to 0}\frac{\boldsymbol{v}_{\mathrm{e1}}-\boldsymbol{v}_{\mathrm{e}}}{\Delta t}+\lim_{\Delta t\to 0}\frac{\boldsymbol{v}_{\mathrm{r1}}-\boldsymbol{v}_{\mathrm{r}}}{\Delta t}\end{aligned} \tag{4-33}$$

根据定义，动点的牵连加速度应该是牵连点对定参考系运动的加速度，即 AB 上 M 点运动的加速度。可设想动点在轨道上没有相对运动而固结在 AB 上，经过时间间隔 Δt，动点由 M 位置运动到 M_1 位置，牵连速度由 $\boldsymbol{v}_{\mathrm{e}}$ 变为 $\boldsymbol{v}_{\mathrm{e1}}$，则牵连加速度为

$$\boldsymbol{a}_{\mathrm{e}}=\lim_{\Delta t\to 0}\frac{\boldsymbol{v}_{\mathrm{e1}}-\boldsymbol{v}_{\mathrm{e}}}{\Delta t} \tag{4-34}$$

动点对于动参考系运动的加速度是相对加速度。动参考系上的观察者观察到 AB 是静止的，因此在时间间隔 Δt 内观察到动点由 M_1 位置运动到 M'位置，相对速度由 $\boldsymbol{v}_{\mathrm{r1}}$ 变为 $\boldsymbol{v}'_{\mathrm{r}}$，则相对加速度为

$$\boldsymbol{a}_{\mathrm{r}}=\lim_{\Delta t\to 0}\frac{\boldsymbol{v}'_{\mathrm{r}}-\boldsymbol{v}_{\mathrm{r1}}}{\Delta t} \tag{4-35}$$

将式(4-33)中除 $\boldsymbol{a}_e$、$\boldsymbol{a}_r$ 外的两项合并为 $\boldsymbol{a}_k$，则

$$\boldsymbol{a}_k = \lim_{\Delta t \to 0} \frac{\boldsymbol{v}_e' - \boldsymbol{v}_{e1}}{\Delta t} + \lim_{\Delta t \to 0} \frac{\boldsymbol{v}_{r1} - \boldsymbol{v}_r}{\Delta t} \tag{4-36}$$

式中，$\boldsymbol{a}_k$ 称为**科氏加速度**。从式(4-36)中可以看出，它反映了因动点的相对运动改变了它在动系中牵连点的位置，从而导致牵连速度的变化，又因牵连运动的转动而改变了相对运动的方向，它是牵连、相对两种运动相互影响的结果。将式(4-34)～式(4-36)代入式(4-33)，得

$$\boldsymbol{a}_a = \boldsymbol{a}_e + \boldsymbol{a}_r + \boldsymbol{a}_k \tag{4-37}$$

式(4-37)表明：**牵连运动为一般运动时，动点的绝对加速度等于牵连加速度、相对加速度与科氏加速度的矢量和。这就是科氏加速度合成定理。**

经进一步演算可得

$$\boldsymbol{a}_k = 2\boldsymbol{\omega} \times \boldsymbol{v}_r \tag{4-38}$$

式中，$\boldsymbol{\omega}$ 是动参考系转动的角速度矢量。

根据矢积运算规则，**科氏加速度** $\boldsymbol{a}_k$ 的大小为

$$a_k = 2\omega v_r \sin\theta \tag{4-39}$$

式中，θ 为 $\boldsymbol{\omega}$ 与 $\boldsymbol{v}_r$ 间的最小夹角。**科氏加速度** $\boldsymbol{a}_k$ 的方向垂直于 $\boldsymbol{\omega}$ 与 $\boldsymbol{v}_r$ 所在的平面，指向由右手法则决定。四指旋转方向为 $\boldsymbol{\omega} \to \boldsymbol{v}_r$，则拇指指向就是 $\boldsymbol{a}_k$ 的方向，如图 4-18(a)所示。

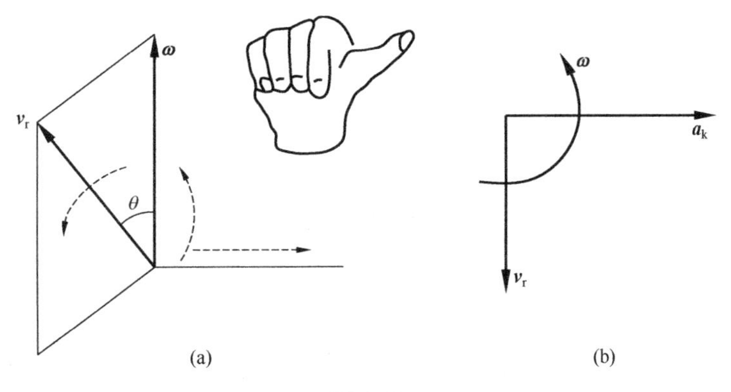

图 4-18

当研究平面问题时，因 $\boldsymbol{\omega}$ 与 $\boldsymbol{v}_r$ 两矢互相垂直，故其大小 $a_k = 2\omega v_r$；将 $\boldsymbol{v}_r$ 矢按照 $\boldsymbol{\omega}$ 旋转 90°，即 $\boldsymbol{a}_k$ 的矢向(图 4-18(b))。

只有当牵连运动为平动时，由于 $\omega = 0$，**科氏加速度**的值为零，动点的绝对加速度才等于其牵连加速度与相对加速度的矢量和。

【例 4-7】 小车沿水平方向右做加速运动，其加速度为 $\boldsymbol{a}$，如图 4-19 所示。小车上有一半径为 R 的轮子，以匀角速度 $\boldsymbol{\omega}$ 绕 O 轴转动。求轮缘上 1、2、3、4 各点的绝对加速度。

解： 取轮缘上 1、2、3、4 各点为动点，与小车固结的坐标系为动参考系，则牵连

运动为平动，故各点的牵连加速度都等于 $\boldsymbol{a}$，各点的相对运动为以点 O 为中心的圆周运动，相对加速度分别如图 4-19 所示，它们的大小都等 $R\omega^2$。因此，各点绝对加速度的大小分别为

$$a_1 = a - R\omega^2,\quad a_2 = \sqrt{a^2 + R^2\omega^4},\quad a_3 = a + R\omega^2,\quad a_4 = \sqrt{a^2 + R^2\omega^4}$$

它们的方向如图 4-20 所示。

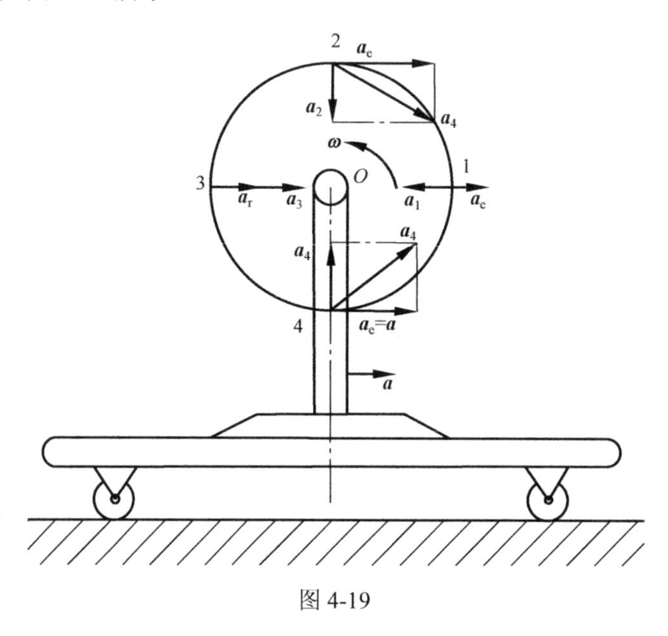

图 4-19

【例 4-8】 图 4-20 所示的机构中，曲柄 O_1A 以角速度 $\boldsymbol{\omega}$、角加速度 $\boldsymbol{\alpha}$ 绕 O 轴转动。求图示瞬时杆 CD 的加速度。

解：(1)动点和动坐标的选择同例 4-5。

(2)运动分析和加速度分析。运动分析同例 4-5。动点 C_2 的绝对加速度 $\boldsymbol{a}_{\mathrm{a}}$ 沿竖直方向，大小未知。C 处的相对加速度 $\boldsymbol{a}_{\mathrm{r}}$ 方向沿直线 AB，大小未知。C_2 点的牵连加速度为该瞬时杆 AB 上与 C_2 点重合 C_1 点的加速度。由于 AB 做平动，其上各点的加速度相同。C_1 点的牵连加速度与 A 点加速度相同，故有 $a_{\mathrm{e}}^n = a_A^n = r\omega^2$，方向与水平夹角为 60° 斜向上。$a_{\mathrm{e}}^\tau = a_A^\tau = r\alpha$，方向与水平夹角为 60° 斜向上。各加速度方向如图 4-20 所示。

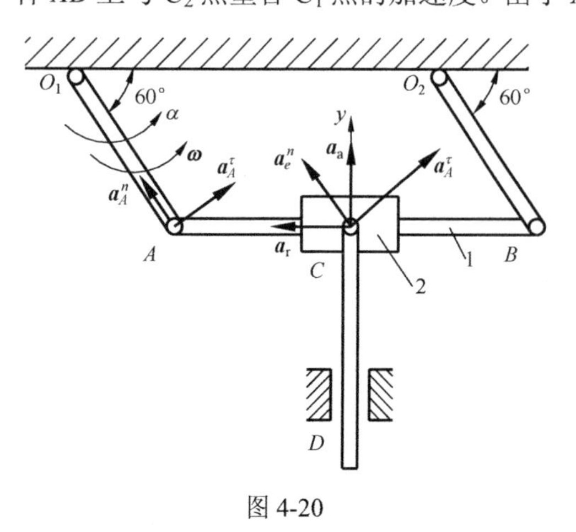

图 4-20

(3)计算 C 点的加速度。加速度合成定理变为

$$\boldsymbol{a}_{\mathrm{a}} = \boldsymbol{a}_{\mathrm{e}}^n + \boldsymbol{a}_{\mathrm{e}}^\tau + \boldsymbol{a}_{\mathrm{r}}$$

由于在方程中加速度矢多于三个，用几何法有所不便，故用矢量投影法求解，将上面的矢量式向 y 方向投影得

$$a_{\mathrm{a}} = a_{\mathrm{e}}^{n} \sin 60^{\circ} + a_{\mathrm{e}}^{\tau} \sin 30^{\circ} = r\omega^{2} \sin 60^{\circ} + r\alpha \sin 30^{\circ}$$
$$= \frac{r}{2}(\sqrt{3}\omega^{2} + \alpha)$$

此即杆 CD 的平动加速度。

【例 4-9】 对例 4-6，继续求摆杆 O_2B 的角加速度。

解：(1) 选动点。定 A_1 为动点，动系固定于 O_2B 上。

(2) 速度分析(见例 4-6)。

$$v_{\mathrm{a}} = r\omega_1$$
$$v_{\mathrm{e}} = r\omega_1 \sin\theta$$
$$v_{\mathrm{r}} = r\omega_1 \cos\theta$$

(3) 加速度分析。画出 A_1 点的加速度矢量图，见图 4-21。

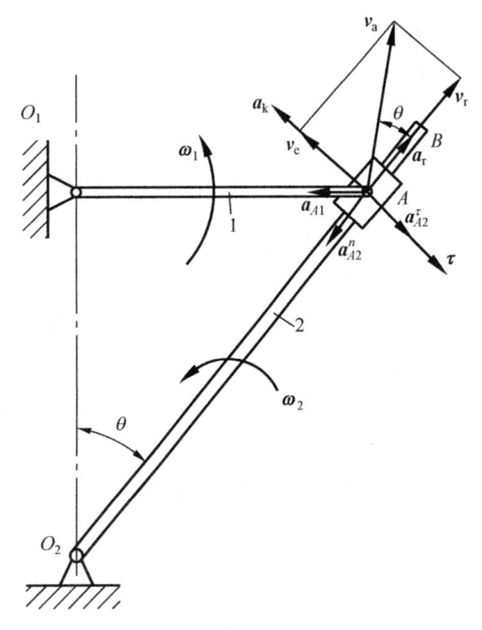

图 4-21

点 A_1 的绝对运动为匀速圆周运动，故

$$a_{\mathrm{a}} = a_{A1} = \omega_1^2 r$$

点 A_1 的牵连点为点 A_2，牵连点 A_2 为变速圆周运动，故点 A_1 的牵连加速度为

$$a_{\mathrm{e}}^{n} = a_{A2}^{n} = \omega_2^2 g O_2 A_2$$

$a_{\mathrm{e}}^{\tau} = a_{A2}^{\tau} = \alpha_2 g O_2 A_2 = \alpha_2 r / \sin\theta$ (方向与 O_2A 垂直，并设向右)

点 A_1、A_2 间的相对运动为直线运动，设方向沿摆杆向上，其大小为未知。又因本例中牵连运动为转动，存在科氏加速度，按式(4-36)，应有

$$a_{\mathrm{k}} = 2\omega_2 \times v_{\mathrm{r}} = 2\omega_1 \sin^2\theta r\omega_1 \cos\theta = 2\omega_1^2 r \sin^2\theta \cos\theta$$

按式(4-37)可得

$$\boldsymbol{a}_{\mathrm{a}} = \boldsymbol{a}_{A} = \boldsymbol{a}_{\mathrm{e}}^{n} + \boldsymbol{a}_{\mathrm{e}}^{\tau} + \boldsymbol{a}_{\mathrm{r}} + \boldsymbol{a}_{\mathrm{k}}$$

因本例不需求 $\boldsymbol{a}_{\mathrm{r}}$，故选垂直于 $\boldsymbol{a}_{\mathrm{r}}$ 的 τ 轴为投影轴，将上式对 τ 轴投影，可得

$$-a_{A1}^{\tau} = a_{\mathrm{e}}^{\tau} - a_{\mathrm{k}}$$

即

$$-\omega_1^2 r \cos\theta = \alpha_2 r / \sin\theta - 2\omega_1^2 r \sin^2\theta \cos\theta$$

解之即得

$$\alpha_2 = \omega_1{}^2 (2\sin^3\theta\cos\theta - \sin\theta\cos\theta) = \omega_1{}^2 \sin\theta\cos\theta(2\sin^2\theta - 1)$$

$\boldsymbol{\alpha}_2$ 的实际方向由所得结果的正负决定。若为正，则与所设方向一致；反之则相反。

思　考　题

4.1 点在运动时，若某瞬时速度为零，该瞬时加速度是否为零？

4.2　点在下列各种情况下，各做何种运动？

(1) $a_\tau = 0, a_n = 0$；

(2) $a_\tau \neq 0, a_n = 0$；

(3) $a_\tau = 0, a_n \neq 0$；

(4) $a_\tau \neq 0, a_n \neq 0$。

4.3　自行车直线行驶时，脚蹬板做什么运动？汽车在水平圆弧弯道上行驶时，车身做什么运动？

4.4　飞轮匀速转动时，若半径增大一倍，轮缘上点的速度、加速度是否都增加一倍？若轮速增大一倍呢？

4.5　什么是牵连速度、牵连加速度？是否动参考系中任何一点的速度(或加速度)就是牵连速度(或牵连加速度)？

4.6　某瞬时动点的绝对速度 $v_a = 0$，是否动点的相对速度及牵连速度均为零？为什么？

4.7　科氏加速度反映了哪两种运动相互影响的结果？为什么当牵连运动为平动时，这种运动就不存在了呢？

4.8　按点的合成运动理论导出速度合成定理及加速度合成定理时，定参考系是固定不动的。如果定参考系本身也在运动(平移或转动)，对这类问题该如何求解？

4.9　若质点的速度矢量的方向不变仅大小改变，质点做何种运动？若质点的速度矢量的大小不变而方向改变，质点做何种运动？

4.10　“瞬时速度就是很短时间内的平均速度”这一说法是否正确？如何正确表述瞬时速度的定义？是否能按照瞬时速度的定义通过实验测量瞬时速度？

习　题

4-1　如图所示，已知曲柄 OM 长尾 r，绕 O 轴匀速转动，它与水平线间的夹角 $\varphi = \omega t + \theta$，其中 θ 为 $t = 0$ 时的夹角，ω 为常数。动杆上 A、B 两点间距离为 b。求 A、B 两点间的运动方程及点 B 的速度和加速度。

4-2　图示的曲柄 OA 以 $\varphi = 2t$ 绕 O 轴转动，OA 与 MB 在 A 处铰接。$OA = AB = 30\text{cm}$，$AM = 10\text{cm}$。初始时 OA 处于水平位置。求连杆上点 M 的运动方程和轨迹方程。

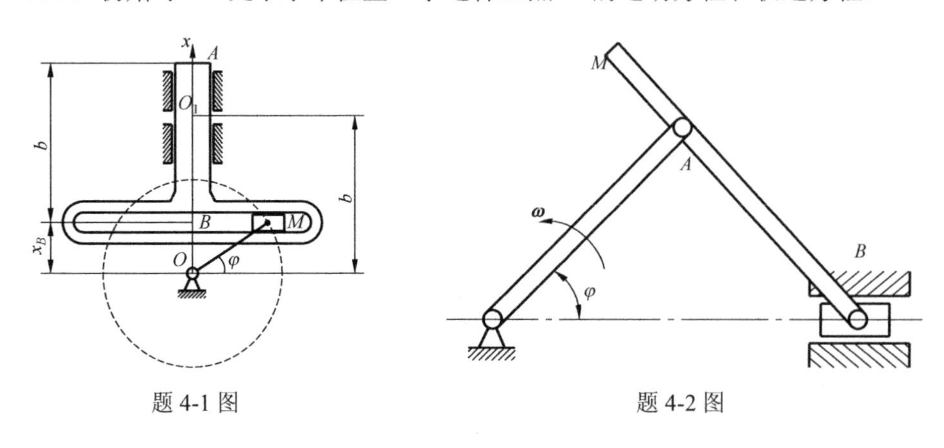

题 4-1 图　　题 4-2 图

4-3　如图所示，半圆形凸轮以匀速 $v_0 = 1\text{cm/s}$ 水平向左运动，使活塞杆 AB 沿铅垂方向运动。已知开始时，活塞杆 A 端在凸轮的最高点。凸轮半径 $R = 8\text{cm}$。求杆端 A 点的运动方程和 $t = 4\text{s}$ 时的速度及加速度。

4-4　如图所示，杆 AB 以 $\varphi = \omega t$ 绕 A 轴转动，并带动套在水平杆 OC 上的小环 M 运动。开始时杆 AB 在铅垂位置，且 $OA = l$。求小环 M 沿杆 OC 滑动的速度和相对于杆 AB 的运动速度。

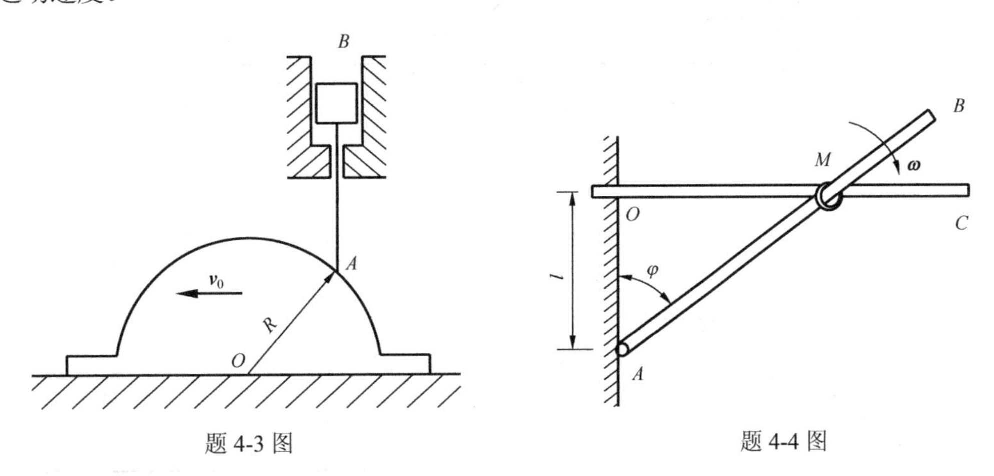

题 4-3 图　　题 4-4 图

4-5　试在图示机构中，选取动点、动系，并指出动点的绝对运动、动点相对动系的相对运动、动系的牵连运动(刚体运动)与动点的牵连运动(牵连点的运动)。

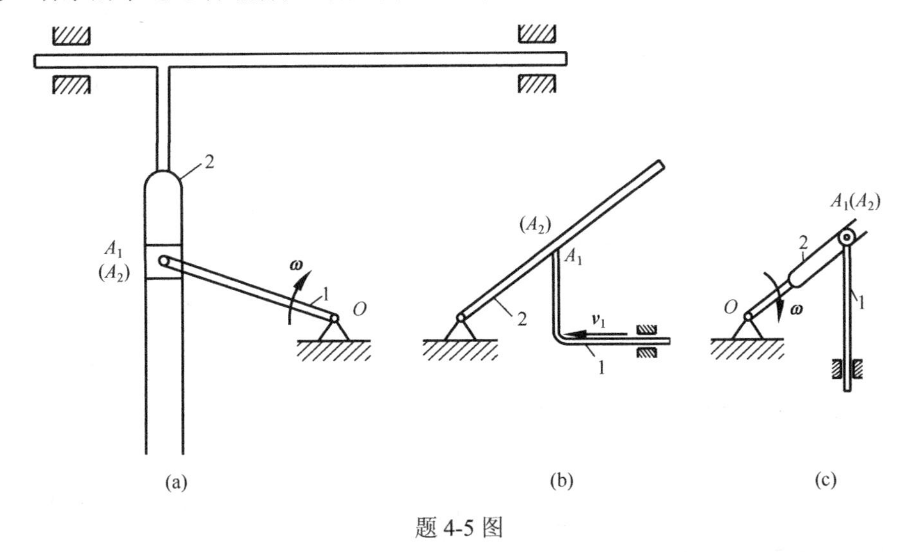

题 4-5 图

4-6　图示为裁纸机示意图。纸由传送带以速度 $\boldsymbol{v}_1$ 输送，裁纸刀 K 沿固定杆 AB 移动，其速度为 $\boldsymbol{v}_2$。若 $v_1 = 0.5\text{m/s}$，$v_2 = 1\text{m/s}$，裁出矩形纸板，求杆 AB 的安装角 θ 应为何值？

4-7　一人在岸上自 O 点出发以匀速 $\boldsymbol{v}_0$ 拉着在静水中的船向前行走，如图所示。设 $OM_0 = l$，人、绳子、船均在同一铅垂面内运动，且水平段绳子距水面高度为 h，试列出小船的运动方程，并求出小船的速度与加速度。

4-8 如图所示，两平行摆杆 $O_1B = O_2C = 5\text{cm}$ 且 $BC = O_1O_2$。若在某一瞬时，摆杆的角速度 $\omega = 2\text{rad/s}$，角加速度 $\alpha = 3\text{rad/s}^2$，试求吊钩尖端 A 点的速度和加速度。

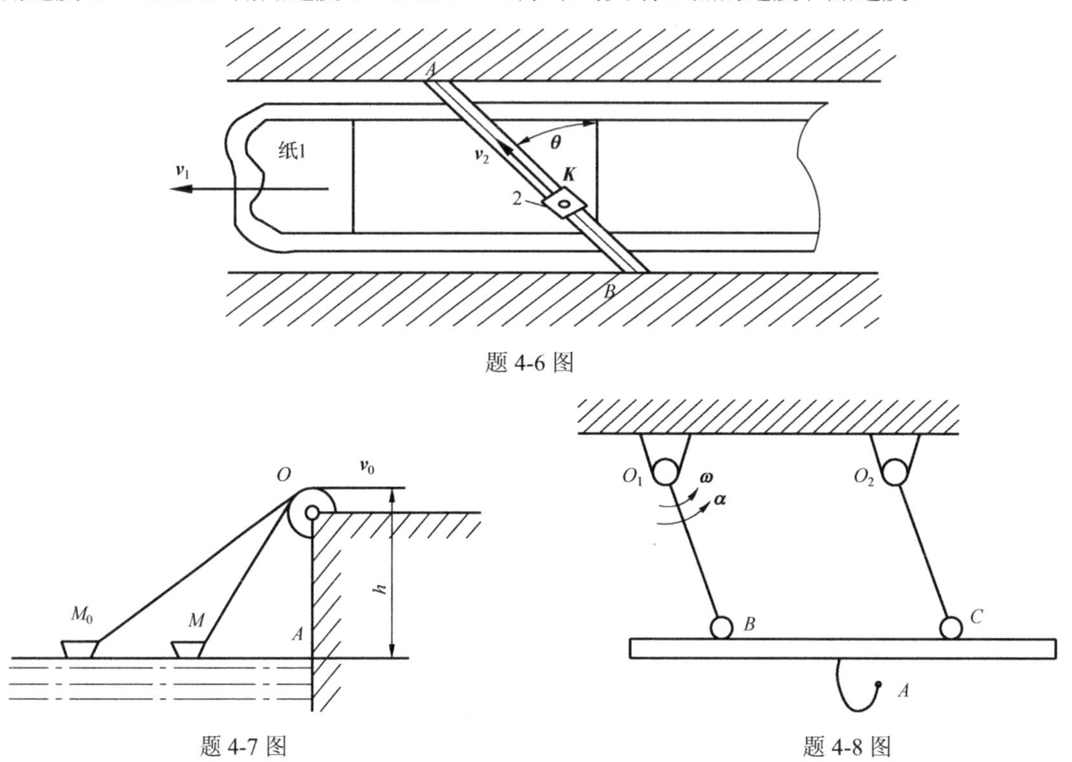

题 4-6 图

题 4-7 图

题 4-8 图

4-9 滚子传送带如图所示。已知滚轮直径 $d = 200\text{mm}$，转速 $n = 50\text{r/min}$。求钢板运动的速度、加速度，并求滚轮上与钢板相接触点的加速度。

4-10 图示为固连在一起的两滑轮，其半径分别为 $r = 5\text{cm}$，$R = 10\text{cm}$，A、B 两物体与滑轮以绳相连，设物体 B 以运动方程 $s = 80t^2$ 向下运动（s 以厘米计，t 以秒计）。试求：(1)滑轮的转动方程及第 2s 末大滑轮轮缘上一点的速度、加速度；(2)物体 A 的运动方程。

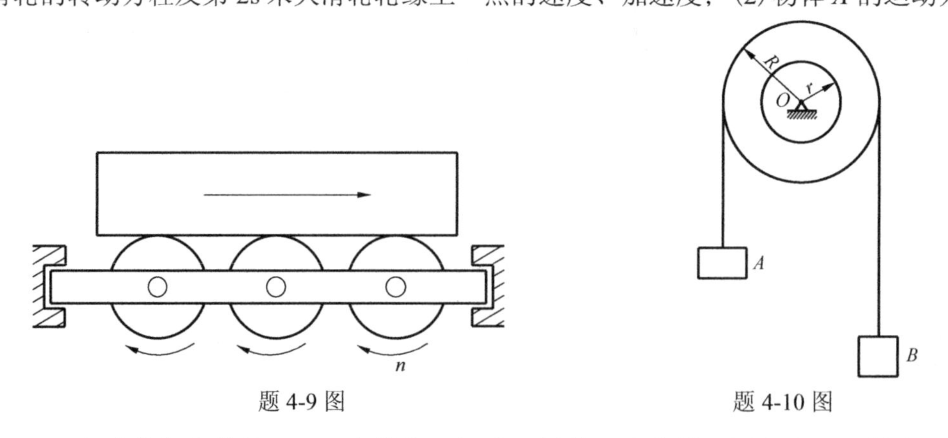

题 4-9 图

题 4-10 图

4-11 电动绞车由带轮Ⅰ、Ⅱ和鼓轮Ⅲ组成，鼓轮Ⅲ和带轮Ⅱ固定在同一轴上，如图所示。各轮的半径分别为 $R_1 = 20\text{cm}$，$R_2 = 65\text{cm}$，$R_3 = 45\text{cm}$，轮Ⅰ的转速 $n_1 = 90\text{r/min}$。设带轮与胶带间无相对滑动，求重物 P 上升的速度和胶带上各段点的加速度。

4-12 在图所示的曲柄滑槽机构中，曲柄绕轴 O 转动。在某瞬时，$\angle AOB = 30^\circ$，角速度 $\omega = 1\text{rad/s}$，角加速度 $\alpha = 1\text{rad/s}^2$，方向如图所示。求此时导杆上点 M 的加速度和滑块 A 在滑槽中相对加速度的大小。

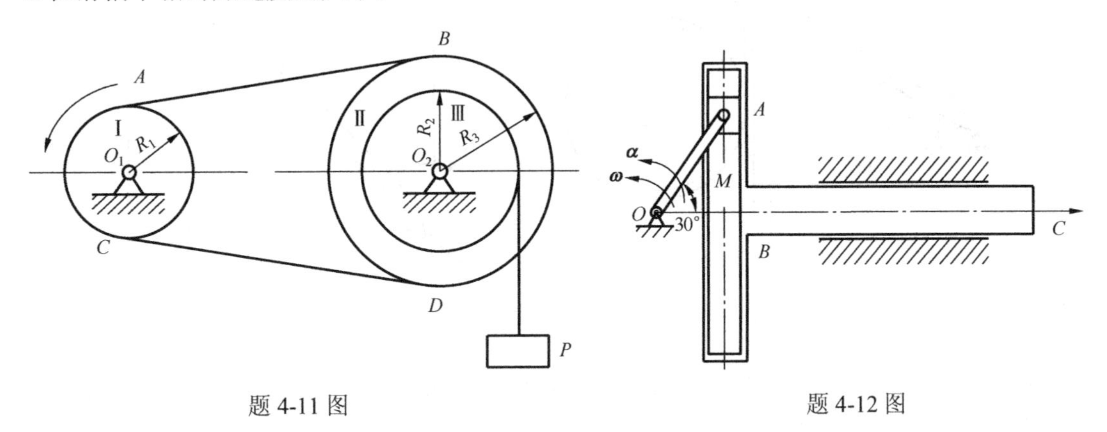

题 4-11 图　　　　题 4-12 图

4-13 带槽圆板以 $\boldsymbol{\omega}$ 匀速转动，小球 M 以速度 $\boldsymbol{v}$ 相对于圆板绕 O 转动，方向如图所示。已知 $\boldsymbol{\omega}$、$\boldsymbol{v}$、R，试求小球 M 的绝对加速度。

4-14 在图示盘状凸轮机构中，凸轮的半径 $R = 80\text{mm}$，偏心距 $OO_1 = e = 25\text{mm}$。若凸轮的角速度 $\omega = 20\text{rad/s}$，角加速度 $\alpha = 0$，试求在图示位置时推杆 AB 上升的速度和加速度。

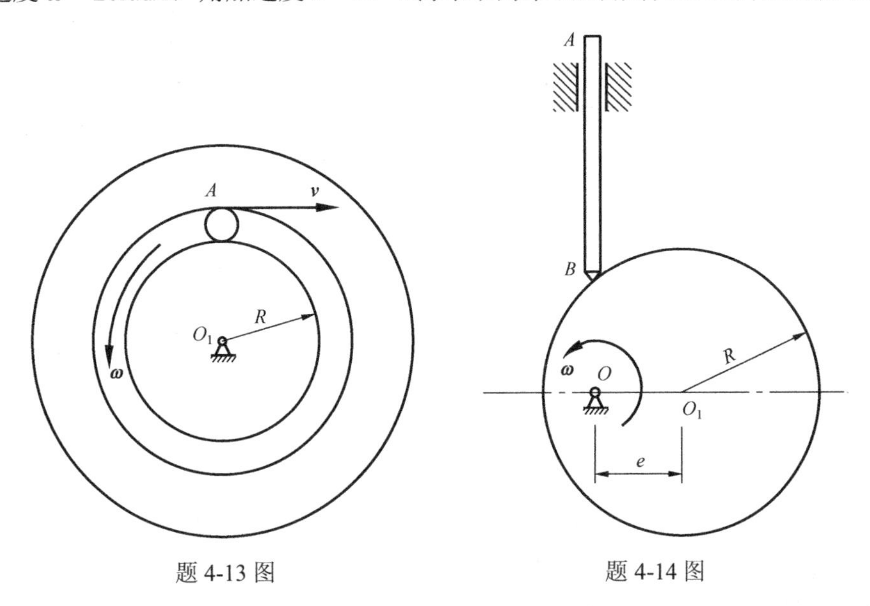

题 4-13 图　　　　题 4-14 图

4-15 如图所示，摇杆 OC 带动齿条 AB 上下移动，齿条又带动直径为 10cm 的齿轮绕轴 O_1 转动。在图示瞬时，杆 OC 的角速度 $\omega = 0.5\text{rad/s}$，角加速度 $\alpha = 0$。求此时齿轮的角速度和角加速度。

4-16 刻有直槽 OB 的正方形板 $OABC$ 如图所示，在图示平面内绕 O 轴转动，点 M 以 $r = OM = 5t_2$（r 以厘米计）的规律在槽内运动，若 $\omega = \sqrt{2}t$（ω 以弧度/秒计），则当 $t = 1\text{s}$ 时，求点 M 的科氏加速度。

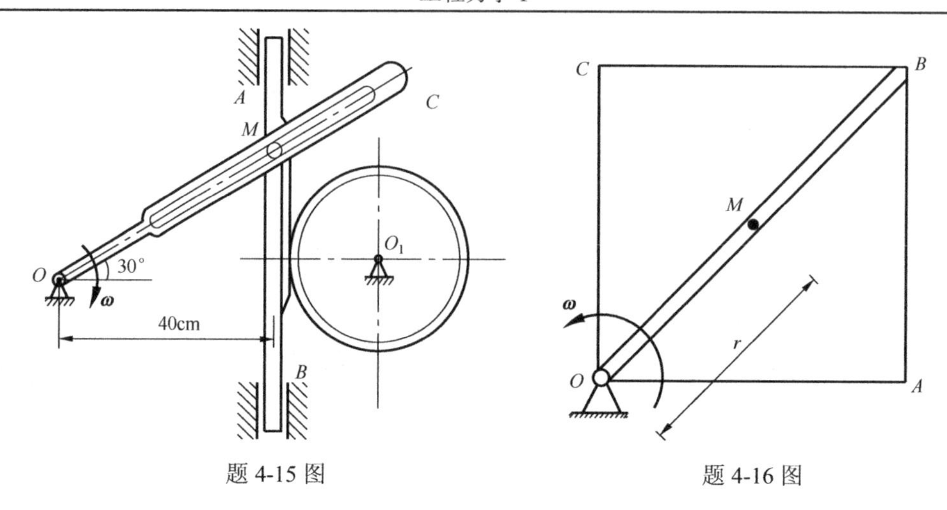

题 4-15 图　　　　题 4-16 图

4-17　曲杆 *ABC* 在图示平面内可绕 *A* 轴转动，如图所示。已知某瞬时 *B* 点的加速度为 $a_B = 5$ m/s，则求该瞬时曲杆的角速度 $\boldsymbol{\omega}$、角加速度 $\boldsymbol{\alpha}$ 的大小。

4-18　如图所示系统，曲柄 *OA* 以匀角速度 $\boldsymbol{\omega}$ 绕 *O* 轴转动，通过滑块 *A* 带动半圆形滑道 *BC* 做铅垂平动。已知 $OA = r = 10$cm，$\omega = 1$rad/s，$R = 20$cm。试求$\varphi = 60°$ 时杆 *BC* 的加速度。

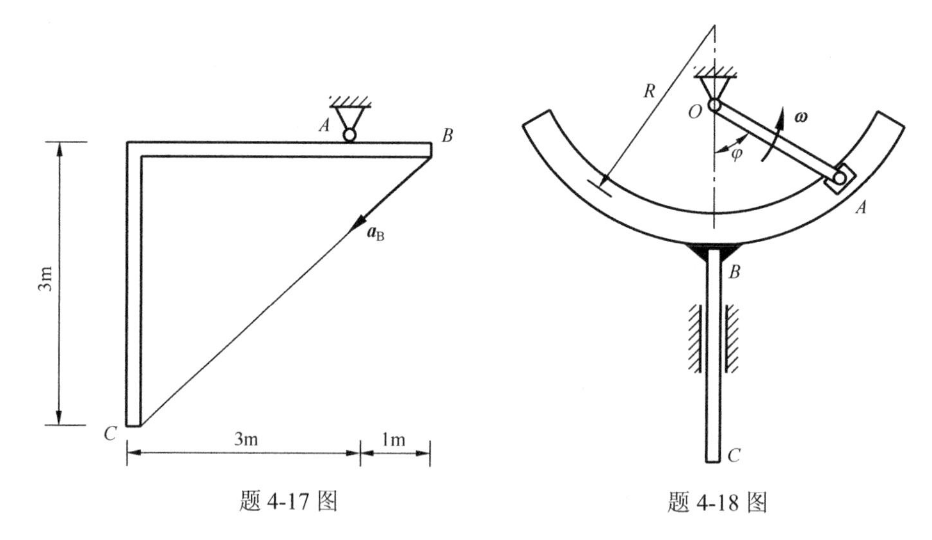

题 4-17 图　　　　题 4-18 图

4-19　如图所示，公路上行驶的两车速度都恒为 72km/h。图示瞬时，在车 *B* 中的观察者看来，车 *A* 的速度、加速度应为多大？

4-20　如图所示，小环 *M* 沿杆 *OA* 运动，杆 *OA* 绕轴 *O* 转动，从而使小环在 *Oxy* 平面内具有如下运动方程：$x = 10\sqrt{3}t$ mm，$y = 10\sqrt{3}t^2$ mm 。求 $t = 1$s 时小环 *M* 相对于杆 *OA* 的速度和加速度，以及杆 *OA* 转动的角速度及角加速度。

4-21　如图所示铰接四边形机构中，$O_1A = O_2B = 100$mm，又 $O_1O_2 = AB$，杆 O_1A 以等角速度 $\omega = 2$ rad/s 绕 O_1 轴转动。杆 *AB* 上有套筒 *C*，此套筒与杆 *CD* 相铰接。机构的各部件都在同一铅垂面内。求当 $\theta = 60°$ 时杆 *CD* 的速度和加速度。

4-22　在图示偏心轮摇杆机构中，摇杆 O_1A 借助弹簧压在半径为 *R* 的偏心轮 *C* 上。偏

心轮 C 绕轴 O 往复摆动，从而带动摇杆绕轴 O_1 摆动。设 $OC\perp OO_1$ 时，轮 C 的角速度为 $\boldsymbol{\omega}$，角加速度为零，$\theta=60^\circ$。求此时摇杆 O_1A 的角速度 $\boldsymbol{\omega}_1$ 和角加速度 $\boldsymbol{\alpha}_1$。

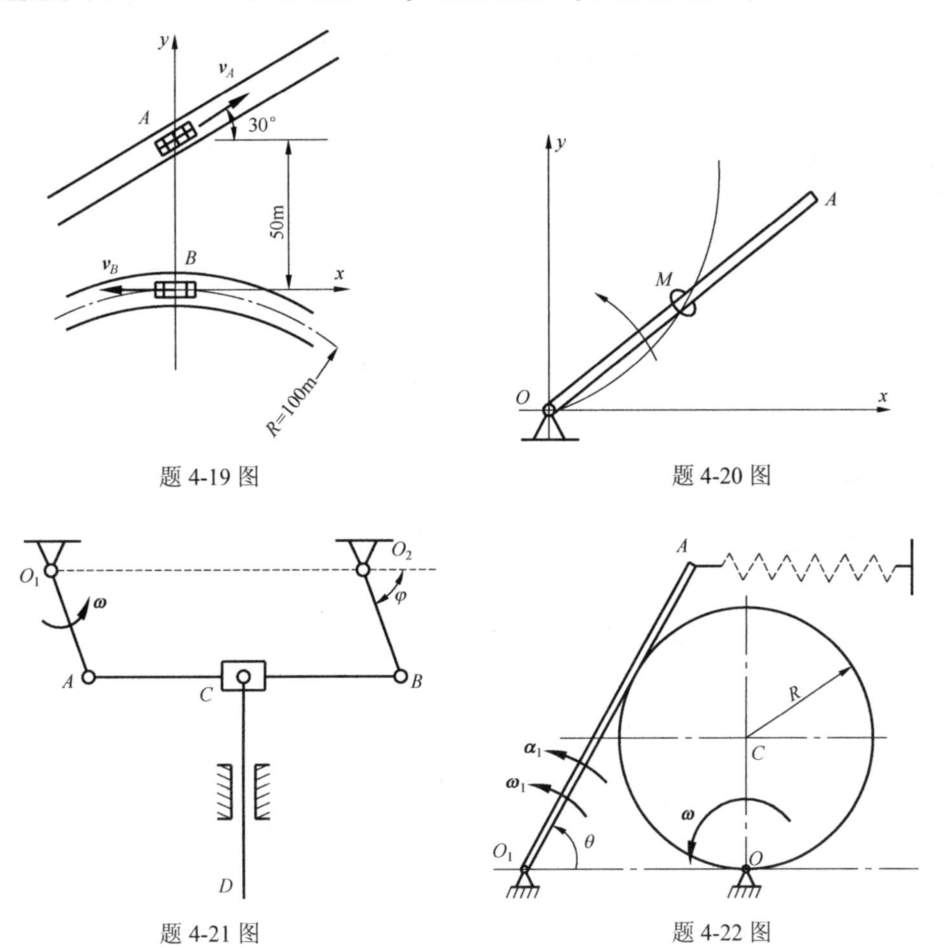

题 4-19 图

题 4-20 图

题 4-21 图

题 4-22 图

第 5 章　刚体的运动

刚体的平面运动在工程上是常见的。例如，车轮沿直线轨道滚动、曲柄连杆机构中连杆的运动等，都是刚体的平面运动。刚体的运动形式除平面运动外，还有两种简单的运动：刚体的平行移动(平动)和刚体绕定轴转动。刚体不同运动形式，都有其共同的运动特征。

5.1　刚体的基本运动

5.1.1　刚体的平行移动

刚体在运动过程中，若其上任一直线始终平行它的初始位置，则这种运动称为刚体的平行移动，简称平动。如图 5-1 所示，$A_1B_1//AB$。例如，直线垂直轨道上车厢的运动、摆式输送机送料槽的运动。

图 5-1

刚体平动时，其上各点的轨迹若是直线，则称刚体做直线平动；其上各点的轨迹若是曲线，则称刚体做曲线平动。

下面研究平动刚体上各点的轨迹、速度、加速度的特征。

根据刚体不变形的性质可知，刚体平动的特征矢量 $\boldsymbol{r}_{AB}$ 的长度和方向始终不变，故 $\boldsymbol{r}_{AB}$ 是常矢量。

动点 A、B 位置的变化用矢径的变化表示。由图 5-2 得

$$\boldsymbol{r}_A = \boldsymbol{r}_B + \boldsymbol{r}_{BA}$$

对时间 t 求导得

$$\frac{\mathrm{d}\boldsymbol{r}_A}{\mathrm{d}t} = \frac{\mathrm{d}\boldsymbol{r}_B}{\mathrm{d}t} + \frac{\mathrm{d}\overrightarrow{BA}}{\mathrm{d}t}$$

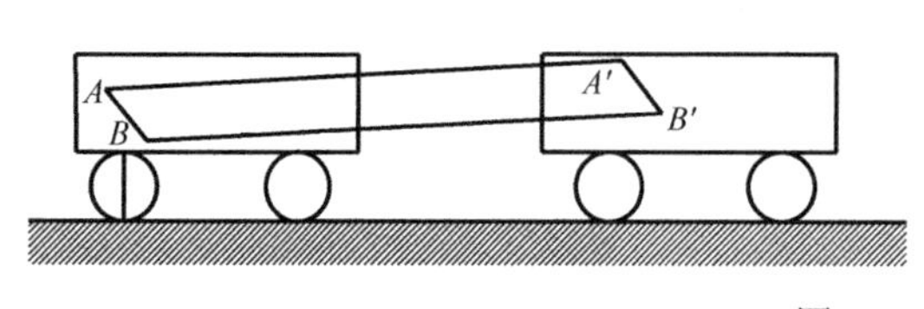

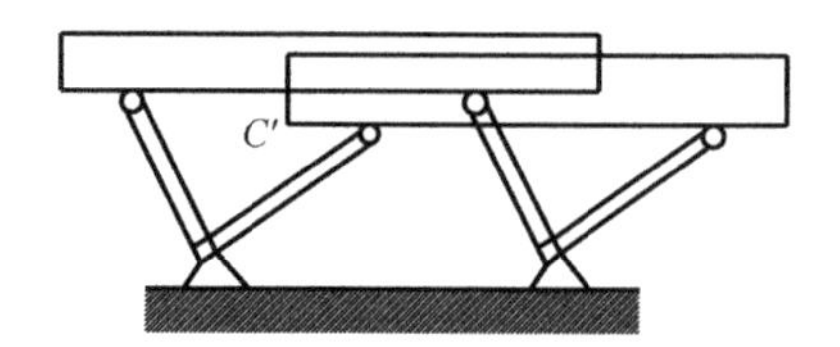

图 5-2

由于 $\boldsymbol{r}_{AB}$ 是常矢量，$\dfrac{\mathrm{d}\overrightarrow{BA}}{\mathrm{d}t}=0$，于是

$$\boldsymbol{v}_A=\boldsymbol{v}_B \tag{5-1}$$

再对时间 t 求导，可得

$$\boldsymbol{a}_A=\boldsymbol{a}_B \tag{5-2}$$

因为 A、B 是刚体上任意两点，所以上述结论对刚体上所有点都成立，**即刚体平动时，其上各点的运动轨迹形状相同且彼此平行，在每瞬时，各点的速度、加速度也都相同。**

上述结论表明，刚体的平动可以用其上任一点的运动来代替，即刚体平动的运动学问题可以归结为点的运动学问题来研究。

刚体的平动在工程实际中应用很广，图 5-3 所示仿形车床上刀架 A_0A 做平动，A_0 与靠模板接触，刀尖 A 切削工件。A_0 与 A 的运动轨迹相同，从而保证了工件形状与靠模板形状一致。

【例 5-1】　曲柄导杆机构如图 5-4 所示，曲柄 OA 绕固定轴 O 转动，通过滑块 A 带动导杆 BC 在水平导槽内做直线往复运动。已知 $OA=r$，$\varphi=\omega t$（ω 为常量），求导杆在任一瞬时的速度和加速度。

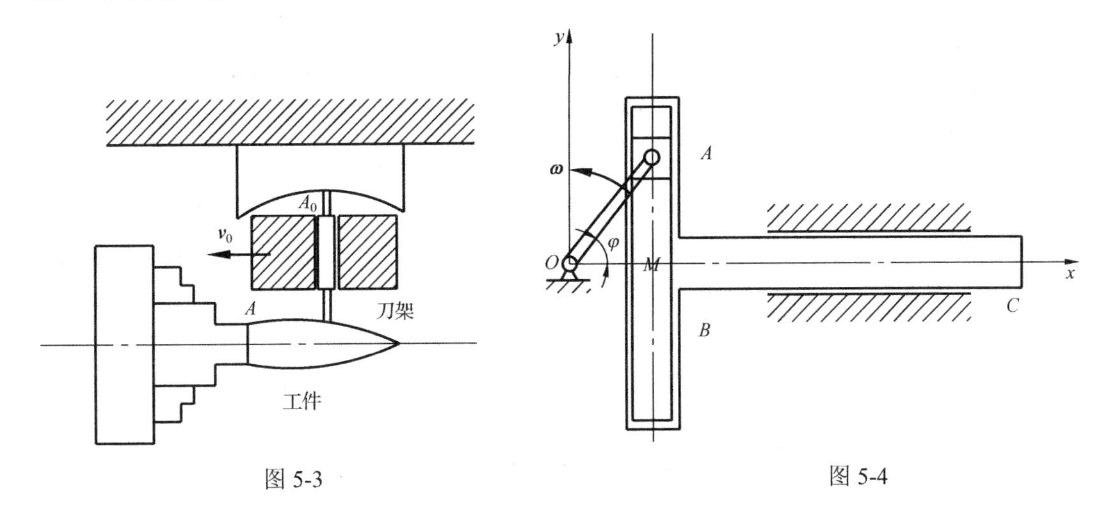

图 5-3　　　　图 5-4

解：由于导杆在水平导槽内运动，所以其上任一直线始终与它的最初位置相平行，且其上各点的轨迹均为直线，因此，导杆做直线平动。导杆的运动可以用其上任一点的运动来表示。选取导杆上 M 点研究，M 点沿 x 轴做直线运动，其运动方程为

$$x_M=OA\cos\varphi=r\cos(\omega t)$$

则 M 点的速度、加速度分别为

$$v_M=\frac{\mathrm{d}x_M}{\mathrm{d}t}=-r\omega\sin(\omega t),\quad a_M=\frac{\mathrm{d}v_M}{\mathrm{d}t}=-r\omega^2\cos(\omega t)$$

5.1.2　刚体绕定轴转动

刚体在运动过程中，其上或其扩展部分有一条直线，始终固定不动，这种运动称为刚

体绕定轴转动，简称转动。位置保持不变的直线称为转轴。机械中齿轮、带轮、飞轮、电动机转子、机床主轴、传动轴等的转动，以及教室的门、车的轴圈(光轴的转动)都是刚体绕定轴转动的实例。

1. 转动方程

为确定转动刚体在空间的位置，过转轴 z 作一固定平面 I 为参考面。在图 5-5 中，半平面 II 过转轴 z 且固连在刚体上，初始平面 I 、II 共面。在刚体绕轴 z 转动的任一瞬时，刚体在空间的位置都可以用固定的平面 I 与 II 之间的夹角 φ 来表示，φ 称为转角。刚体转动时，转角 φ 随时间 t 变化，是时间 t 的单值连续函数，即

$$\varphi = \varphi(t) \tag{5-3}$$

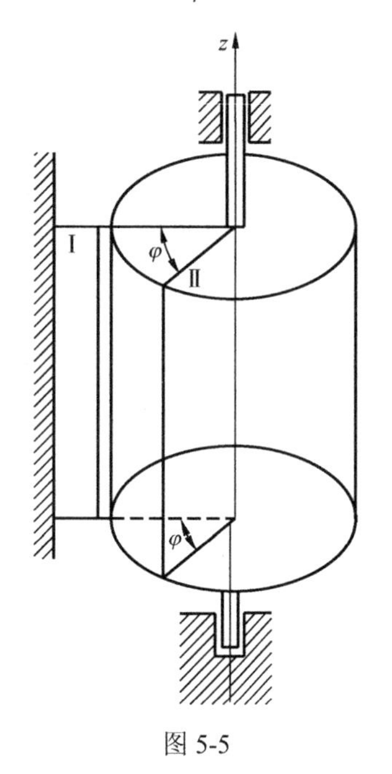

图 5-5

式(5-3)为刚体的转动方程，它反映了转动刚体任一瞬时在空间的位置，即刚体转动的规律。

转角 φ 是代数量，规定沿转轴的正向看，逆时针转向的转角为正，反之为负。转角 φ 的单位是弧度(rad)。

2. 角速度 ω

角速度是描述刚体转动快慢和转动方向的物理量。角速度常用符号 ω 来表示，它是转角 φ 对时间 t 的一阶导数，即

$$\omega = \mathrm{d}\varphi/\mathrm{d}t \tag{5-4}$$

式中，角速度可用代数量表示，其正负表示刚体的转动方向。当 $\omega>0$ 时，刚体逆时针转动：反之则顺时针转动。角速度的单位是弧度/秒(rad/s)。

工程上常用每分钟转过的圈数表示刚体转动的快慢，称为**转速**，用符号 n 表示，单位是转/分(r/min)。转速 n 与角速度 ω 的关系为

$$\omega = 2\pi n/60 = \pi n/30 \tag{5-5}$$

3. 角加速度 α

角加速度 α 是表示角速度 ω 变化的快慢和方向的物理量，是角速度 ω 对时间的一阶导数，即

$$\alpha = \frac{\mathrm{d}\omega}{\mathrm{d}t} = \frac{\mathrm{d}^2\varphi}{\mathrm{d}t^2} \tag{5-6}$$

式中，角加速度 α 可用代数量表示。α 与 ω 同号时，表示角速度的绝对值随时间增加而增大，刚体做加速转动；反之，则做减速转动。角加速度的单位是弧度/秒 ^{2}(rad/s^2)。

虽然刚体的定轴转动与点的曲线运动的运动形式不同，但它们相对应的变量之间的数学关系却是相似的。

4. 角速度、角加速度的矢量表示

角速度、角加速度也可用矢量表示，并以矢量参与运算。方法为在物体转轴上取一长度代表 $\boldsymbol{\omega}$ 与 $\boldsymbol{\alpha}$ 的大小，其矢量指向由右手法则决定。

【例 5-2】 图 5-6 所示正切机构中，杆 AB 以匀速 $\boldsymbol{u}$ 竖直向上运动，通过滑块 A 带动杆 OC 绕 O 轴转动。已知 O 到 AB 的距离为 L，运动开始时 OC 处于水平位置，$\varphi_0 = 0$。试求杆 OC 的转动方程和 $\varphi = 45°$ 时的角速度、角加速度。

解：杆 AB 做平动，杆 OC 做定轴转动，运动开始时 $\varphi_0 = 0$，杆 AB 上 A 点在 A_0 处。t 瞬时，杆 OC 位置可用转角 φ 表示，$AA_0 = ut$。由几何关系得

$$\tan\varphi = \frac{AA_0}{L} = \frac{ut}{L}$$

$$\varphi = \arctan\frac{ut}{L}$$

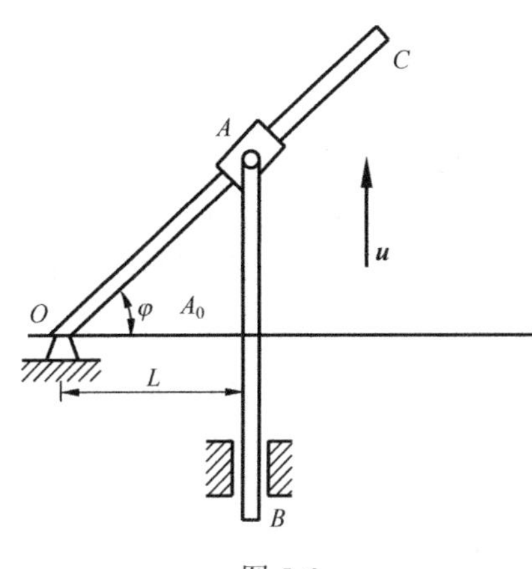

图 5-6

此即杆 OC 的转动方程。

由式(5-4)得杆 OC 的角速度为

$$\omega = \frac{\mathrm{d}\varphi}{\mathrm{d}t} = \frac{\dfrac{u}{L}}{1+\dfrac{u^2t^2}{L^2}} = \frac{Lu}{L^2+u^2t^2}$$

由式(5-6)得杆 OC 的角加速度为

$$\alpha = \frac{\mathrm{d}\omega}{\mathrm{d}t} = \frac{-2Lu^3t}{(L^2+u^2t^2)^2}$$

当 $\varphi = 45°$ 时，由杆 OC 的运动方程可得 $\frac{\pi}{4} = \arctan\frac{ut}{L}$，即 $t = L/u$。以此代入上面已求得的杆 OC 的 ω 与 α 方程，可得

$$\omega = \frac{u}{2L},\quad \alpha = -\frac{u^2}{2L^2}$$

5. 定轴转动刚体上各点的速度、加速度

前面研究了定轴转动刚体整体的运动规律。在工程实际中，往往还需要了解刚体上各点的运动情况。例如，车床切削工件时，为提高加工精度和表面质量，必须选择合适的切削速度，而切削速度就是转动工件表面上点的速度。下面将讨论转动刚体上各点的速度、加速度与整个刚体的运动之间的关系。

刚体定轴转动时，除了转轴以外的各点都在垂直于转轴的平面内做圆周运动，圆心是该平面与转轴的交点，转动半径是点到转轴的距离。

设刚体绕 z 轴转动，其角速度为 $\boldsymbol{\omega}$、角加速度为 $\boldsymbol{\alpha}$，如图 5-7 所示。

在刚体转角 $\varphi = 0$ 时，M 点位置为弧坐标原点 O'，以转角 φ 的正向为弧坐标 s 的正向，则用自然法确定的 M 点的运动方程、速度、切向加速度、法向加速度分别为

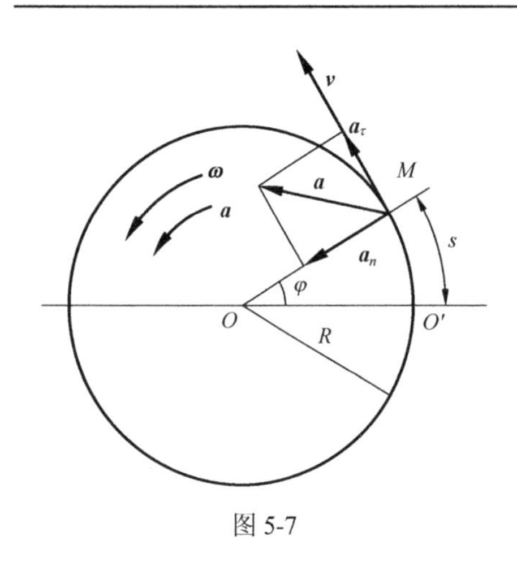

图 5-7

$$s = R\varphi$$

$$v = \frac{\mathrm{d}s}{\mathrm{d}t} = R\frac{\mathrm{d}\varphi}{\mathrm{d}t} = R\omega \tag{5-7}$$

$$a_\tau = \frac{\mathrm{d}v}{\mathrm{d}t} = R\frac{\mathrm{d}\omega}{\mathrm{d}t} = R\alpha \tag{5-8}$$

$$a_\mathrm{n} = \frac{v^2}{R} = R\omega^2 \tag{5-9}$$

全加速度的大小和方向为

$$a = \sqrt{a_\tau^2 + a_n^2} = R\sqrt{\alpha^2 + \omega^4} \tag{5-10}$$

$$\tan\theta = \frac{|a_\tau|}{a_n} = \frac{|\alpha|}{\omega^2} \tag{5-11}$$

由以上分析可得如下结论。

(1) 转动刚体上各点的速度、切向加速度、法向加速度、全加速度的大小分别与其转动半径成正比。同一瞬时转动半径上各点的速度、加速度分布规律如图 5-8 所示，呈线性分布。

(2) 转动刚体上各点的速度方向垂直于转动半径，其指向与角速度的转向一致。

(3) 转动刚体上各点的切向加速度垂直于转动半径，其指向与角加速度转向一致。

(4) 转动刚体上各点的法向加速度方向沿半径指向转轴。

(5) 任一瞬时刚体上各点的全加速度与转动半径的夹角相同。

【例 5-3】 轮 I 和轮 II 固连，半径分别为 R_1 和 R_2，在轮 I 上绕有不可伸长的细绳，绳端挂重物 A，如图 5-9 所示。若重物自静止以匀加速度 a 下降，带动轮 I 和轮 II 转动。求当重物下降高度 h 时，轮 II 边缘上 B_2 点的速度和加速度的大小。

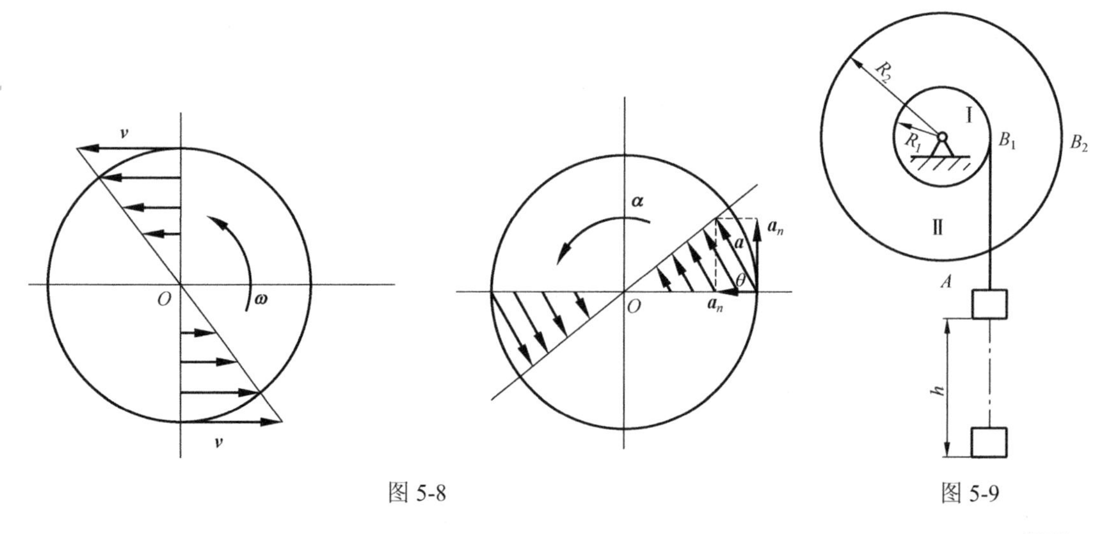

图 5-8　　图 5-9

解： 当重物自静止下降高度 h 时，其速度大小为 $v^2 = v_0^2 + 2ah$，其中 $v_0 = 0$，故 $v = \sqrt{2ah}$。轮 I 、轮 II 的角速度、角加速度分别为

$$\omega=\frac{v_1}{R_1}=\frac{v}{R_1}=\frac{\sqrt{2ah}}{R_1}$$

$$\alpha=\frac{a_\tau}{R_1}=\frac{a}{R_1}$$

轮II边缘上B_2点的速度、加速度的大小为

$$v_{B2}=R_2\omega=\frac{R_2}{R_1}\sqrt{2ah}$$

$$a_{B2}^\tau=R_2\alpha=\frac{R_2}{R_1}a$$

$$a_{B2}^n=R_2\omega^2=R_2\left(\frac{\sqrt{2ah}}{R_1}\right)^2=\frac{2R_2}{R_1^2}ah$$

$$a_{B2}=\sqrt{(a_{B2}^\tau)^2+(a_{B2}^n)^2}=\sqrt{\left(\frac{R_2}{R_1}a\right)^2+\left(\frac{2R_2}{R_1^2}ah\right)^2}=\frac{R_2a}{R_1^2}\sqrt{R_1^2+4h^2}$$

【例5-4】　图5-10为带式输送机，电动机与齿轮I同轴，转速$n=1440\text{r/min}$，逆时针转动。齿轮I的齿数$z_1=20$，齿轮II的齿数 $z_1=50$，与齿轮II同轴的小带轮III的直径$d_3=160\text{mm}$，大带轮IV的直径 $d_4=400\text{mm}$，辊轮V的直径$D=600\text{mm}$。求输送带的运送速度。

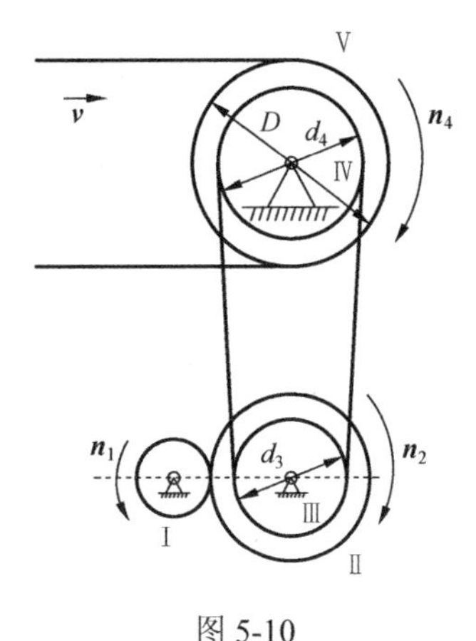

图5-10

解：在齿轮I、II的传动中，两齿轮节点A处的线速度相同，$v_{A1}=v_{A2}$，即$\frac{n_1}{n_2}=\frac{r_2}{r_1}$，又因在齿轮中$\frac{r_2}{r_1}=\frac{z_2}{z_1}$，代入可得

$$n_2=\frac{z_1}{z_2}n_1=\frac{20}{50}\times1440\text{r/min}=576\text{r/min}$$

由于轴II、III同轴，$n_3=n_2=576\text{r/min}$。在带轮III、IV的传动中，由于带速相同，有$\frac{\pi n_3}{30}\times\frac{d_3}{2}=\frac{\pi n_4}{30}\times\frac{d_4}{2}$，故可得

$$n_4=\frac{d_3}{d_4}n_3=\frac{160}{400}\times576\text{r/min}=230.4\text{r/min}$$

由式(5-5)得

$$\omega_4=\frac{\pi n_4}{30}=\frac{\pi\times230.4}{30}\text{rad/s}=24.13\text{rad/s}$$

辊轮V与带轮IV同轴，因此输送带的运动速度为

$$v=\frac{D}{2}\omega_4=\frac{0.6\text{m}}{2}\times24.13\text{rad/s}=7.24\text{m/s}$$

5.2　刚体的平面运动

5.2.1　质点系运动学

前面已经讨论了刚体的两种基本运动：平动和转动。本节将利用前面所述的概念和方法来研究刚体的一种较复杂的运动——平面运动。

前面已经讨论了刚体的两种基本运动：平动和转动。本节将利用前面所述的概念和方法来研究刚体的一种较复杂的运动——平面运动。例如，车轮沿直线轨道滚动(图 5-11(a)，曲柄连杆机构中连杆的运动(图 5-11(b))等。

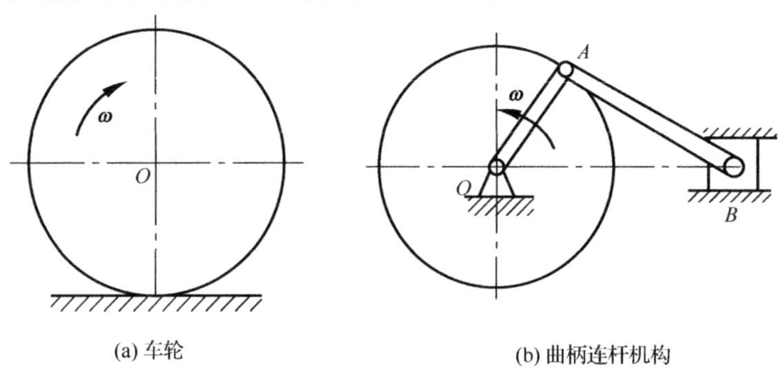

(a) 车轮　　(b) 曲柄连杆机构

图 5-11

在研究刚体平面运动时，根据平面运动的上述特点，可对问题加以简化。

设平面 I (图 5-12)为某一固定平面。作平行于平面 I 的平面 II，此平面横截该物体而得到一平面图形 S。由平面运动定义可知，刚体运动时，此平面图形必在平面 II 内运动。

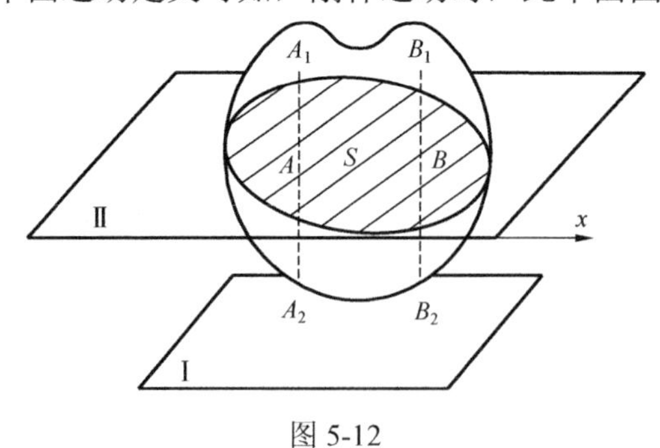

图 5-12

在刚体内取任意一垂直于截面 S 的直线 A_1A_2，它与截面 S 的交点为 A。显然，刚体运动时，直线 A_1A_2 始终垂直于平面 II，而做平行于自身的运动，即平动。由平动性质可知，直线 A_1A_2 上各点的运动完全相同。因此，点 A 的运动即可代表直线 A_1A_2 上所有各点的运动。同理，作垂直线 B_1B_2，则 B_1B_2 上各点的运动完全可由点 B(直线 B_1B_2 与平面 II 的交点)代表。由此可见，刚体的平面运动可简化为平面图形 S 在其自身平面内的运动。

设平面图形 S 在定平面 Oxy 内运动(图 5-13)，现欲确定该图形在任一瞬时的位置。在平面图形上任取一线段 $O'A$，若能确定该线段的位置，则图形 S 的位置显然也就确定了，

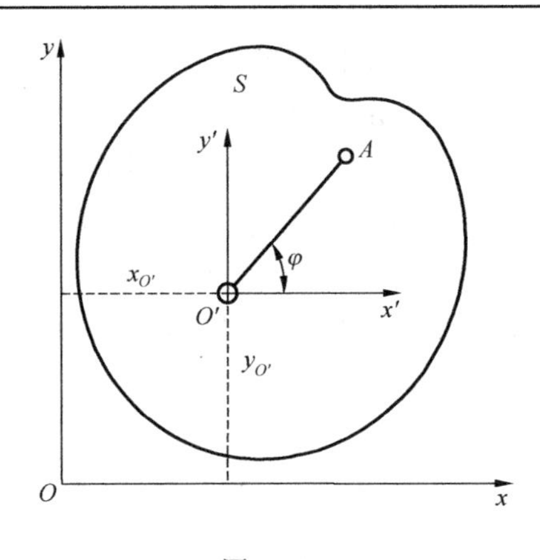

图 5-13

线段 $O'A$ 的位置可以由点 O'的两个坐标 $x_{O'}$、$y_{O'}$及该线段与 x 轴的夹角 φ 来决定。点 O'称为基点。当图形 S 运动时，$O'A$ 和角 φ 都将随时间而改变，它们可以表示为时间 t 的单值连续函数：

$$x_{O'} = f_1(t), \quad y_{O'} = f_2(t), \quad \varphi = f_3(t) \tag{5-12}$$

若这些函数是已知的，则图形 S 在每一瞬时 t 的位置都可以确定。式(5-12)称为刚体的平面运动方程。

从上述平面运动方程中可以看到两种特殊情形。

(1)若 φ 等于常数，则图形 S 上任一直线在运动过程中保持与原来的位置平行，即图形 S 只在定平面上做平动，即刚体做平动。

(2)若 $x_{O'}$和 $y_{O'}$等于常数，即基点 O'的位置不变，则图形 S 绕基点 O'在定平面内做定轴转动，即刚体只绕通过基点 O'且垂直于定平面的轴做定轴转动。

由此可见，刚体的平面运动包含刚体基本运动的两种形式：平动和转动。下面将进一步说明这个问题，刚体的平面运动确实可以由平动与转动来合成。

在平面图形 S 中，以基点 O'为原点，设动坐标系 $O'x'y'$，并假定动坐标轴 x'和 y'始终保持分别与静坐标轴 x 和 y 平行，即动坐标系随同基点 O'做平动，这是牵连运动；图形 S 相对于动坐标系 $O'x'y'$做绕点 O'的转动，这是相对运动。图形 S 相对于静坐标系 Oxy 的运动为绝对运动，这就是平面运动。这样，平面图形 S 的平面运动可以视为随基点的移动和绕基点转动的合成。

设平面图形 S(图 5-14)在 Δt 时间内从位置Ⅰ运动到位置Ⅱ。现以图形中任一直线 AB 的运动为例进行分析。若选点 A 为基点，在 A 处设一个做平动的动系，此即牵连运动，则

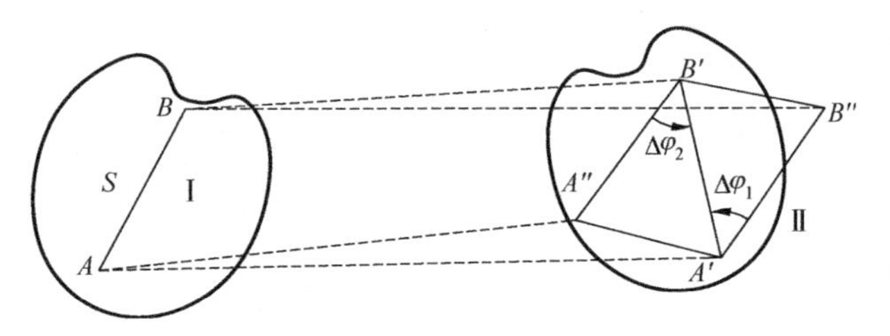

图 5-14

直线 AB 的运动可看作先随基点 A 移动到 $A'B''$ 位置，再转过 $\Delta\varphi_1$ 到达 $A'B'$，转动部分即相对运动。若另选点 B 为基点，则直线 AB 先随基点 B 移动到 $A''B'$ 位置，再绕点 B' 转动到 $A'B'$ 位置，其转过的角位移为 $\Delta\varphi_2$。直线经过平移及转动的合成，就到达它的绝对位置 $A'B'$。

当图形运动时，由于点 A 和点 B 的运动情况并不相同，而移动部分的运动是以基点为代表的，所以选择不同的基点，图形运动的移动规律显然就不相同。但因 $A''B'//AB$，$A'B''//AB$，所以 $\Delta\varphi_1=\Delta\varphi_2$，即图形相对于基点 A 或 B 转过的角度相等，且转向亦相同(均为逆时针方向)。于是

$$\lim_{\Delta\to 0}\frac{\Delta\varphi_1}{\Delta t}=\lim_{\Delta\to 0}\frac{\Delta\varphi_2}{\Delta t}$$

即 $\omega_1=\omega_2$。

又因 $\dfrac{d\omega_1}{dt}=\dfrac{d\omega_2}{dt}$，所以 $\alpha_1=\alpha_2$。

由此可知，**平面运动的平动部分的运动规律与基点的选择有关，而其转动部分的运动规律与基点的选择无关**。在同一瞬时，图形绕任一基点转动的角速度和角加速度都是相同的。因此，在平面运动中的角速度和角加速度可以直接称为图形的角速度和角加速度，而无须指明它们是对哪个基点而言的。

虽然基点可以任意选取，但是在解决实际问题时，往往选取运动情况已知的点作为基点。

5.2.2　求平面图形内各点的速度

现在讨论平面图形上各点速度的求法。

1. 基点法(速度合成法)

设已知在某一瞬时平面图形 S 内某一点的速度 $\boldsymbol{v}_A$ 和图形的角速度 $\boldsymbol{\omega}$，如图 5-15 所示。现求平面图形上任一点 B 的速度 $\boldsymbol{v}_B$。为此，取点 A 为基点。由前面的内容可知，平面图形 S 的运动可以看成随基点 A 的平动(牵连运动)和绕基点 A 的转动(相对运动)的合成。因此可用速度合成定理求点 B 的速度，即

$$\boldsymbol{v}_B=\boldsymbol{v}_e+\boldsymbol{v}_r \tag{5-13}$$

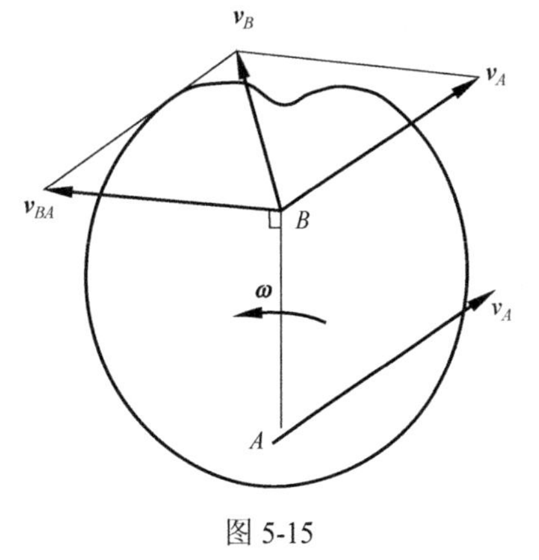

图 5-15

因为点 B 的牵连运动为随基点 A 的平动，故点 B 的牵连运动 $\boldsymbol{v}_e$ 就等于基点 A 的速度 $\boldsymbol{v}_A$，即

$$\boldsymbol{v}_e=\boldsymbol{v}_A \tag{5-14}$$

又因为点 B 的相对运动是绕基点 A 的转动，所以点 B 的相对速度 $\boldsymbol{v}_r$ 就是点 B 绕基点 A 转动的速度，用 $\boldsymbol{v}_{BA}$ 表示，即

$$\boldsymbol{v}_r=\boldsymbol{v}_{BA} \tag{5-15}$$

$\boldsymbol{v}_{BA}$ 的大小为 $v_{BA}=\omega\cdot AB$，其中 AB 为点 B 绕点 A 的转动半径。$\boldsymbol{v}_{BA}$ 的方向与 AB 垂直且指向转动的方向。

将式(5-15)和式(5-14)代入式(5-13)，得

$$\boldsymbol{v}_B = \boldsymbol{v}_A + \boldsymbol{v}_{BA} \tag{5-16}$$

这就是说：**平面图形上任一点的速度等于基点的速度与该点绕基点转动速度的矢量和，这就是基点法**，是求平面图形上任一点速度的基本方法。

【例 5-5】 发动机的曲柄连杆机构如图 5-16 所示。曲柄 OA 长为 $r = 200\text{mm}$，以等角速 $\omega = 2\text{rad/s}$ 绕点 O 转动，连杆 AB 长为 $l = 990\text{mm}$。试求当 $\angle OAB = 90°$ 时滑块 B 的速度及连杆 AB 的角速度。

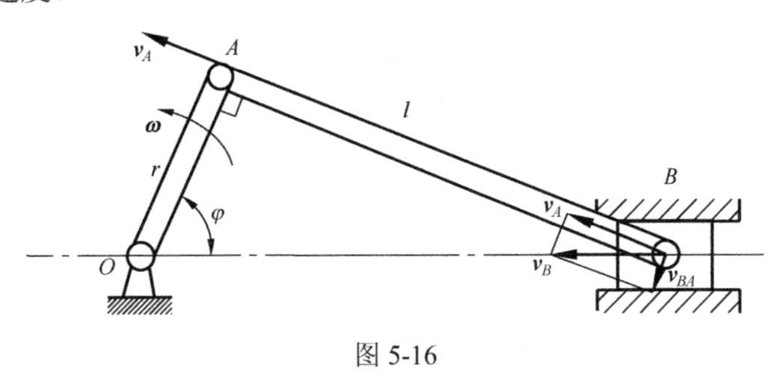

图 5-16

解： 连杆 AB 做平面运动，选杆 AB 为研究对象。由于连杆上点 A 速度已知，所以选点 A 为基点。点 B 的运动可以视为随基点 A 的平动与绕基点 A 的转动的合成运动。

由基点法，有

$$\boldsymbol{v}_B = \boldsymbol{v}_A + \boldsymbol{v}_{BA}$$

式中，$v_A = r\omega = 200 \times 2 = 400\text{mm/s}$，方向垂直 OA。点 B 相对点 A 的转动速度 $\boldsymbol{v}_{BA}$ 垂直 AB，指向和大小未知。B 点的绝对速度 $\boldsymbol{v}_B$ 沿水平方向。这样即可作出速度平行四边形。最后由几何关系得

$$v_B = \frac{v_A}{\cos\theta} = \frac{v_A\sqrt{r^2 + l^2}}{l} = 408\text{mm/s}\ (\text{其方向为水平方向})$$

$$v_{BA} = v_A \tan\theta = v_A \frac{r}{l} = 80.8\text{mm/s}\ (\text{其方向如图 5-16 所示})$$

求出 $\boldsymbol{v}_{BA}$ 后，就可求出连杆 AB 的角速度为

$$\omega_{AB} = \frac{v_{BA}}{AB} = \frac{v_{BA}}{l} = 0.082\text{rad/s}\ (\text{其方向为顺时针方向})$$

注意： 式(5-16)中包括大小与方向在内共有六个要素，必须知道四个才能求出其余两个。在作速度平行四边形时，绝对速度应为其对角线。因已知 $\boldsymbol{v}_A$ 的指向，故作出速度平行四边形后，即可确定 $\boldsymbol{v}_B$ 和 $\boldsymbol{v}_{BA}$ 的指向。

2. 速度投影法

根据基点法可知，同一平面图形上任意两点的 $\boldsymbol{v}_B$ 速度间总存在如下关系(图 5-17)：

$$\boldsymbol{v}_B = \boldsymbol{v}_A + \boldsymbol{v}_{BA}$$

按照矢量投影定理，将上式投影到直线 AB 上，得

$$(\boldsymbol{v}_B)_{AB}=(\boldsymbol{v}_A)_{AB}+(\boldsymbol{v}_{BA})_{AB}$$

因 $\boldsymbol{v}_{BA}$ 垂直于 AB，故 $(\boldsymbol{v}_{BA})_{AB}=0$，因而

$$(\boldsymbol{v}_B)_{AB}=(\boldsymbol{v}_A)_{AB} \tag{5-17}$$

这就是速度投影定理：**同一平面图形上任意两点的速度在其连线上的投影相等**。它反映了刚体上任意两点间距离保持不变的特征。应用这个定理求平面图形上任一点的速度，有时非常方便。

【例 5-6】 用速度投影法求滑块 B 的速度。

解：如图 5-18 所示，因为 A 点速度 $\boldsymbol{v}_A$ 的大小及方向已知，而 B 点速度的方向已知，沿水平方向。根据速度投影定理，即

$$(\boldsymbol{v}_B)_{AB}=(\boldsymbol{v}_A)_{AB}$$

得

$$v_B\cos\theta=v_A\cos 0^\circ$$

故

$$v_B=\frac{v_A}{\cos\theta}=\frac{v_A\sqrt{r^2+l^2}}{l}=408\text{mm/s}$$

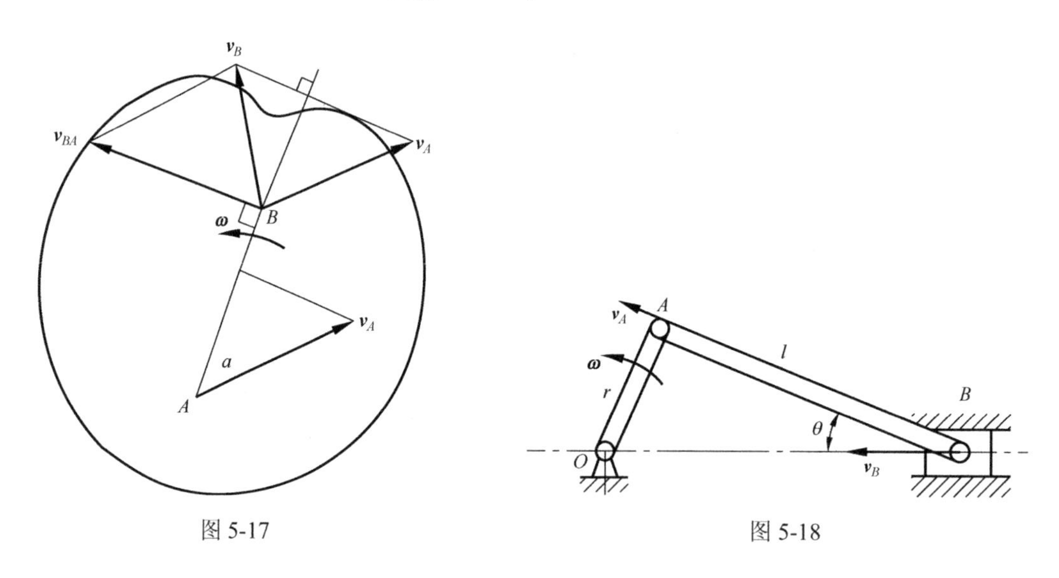

图 5-17　　　　图 5-18

3. 瞬心法

1)瞬心的定义

上节指出，平面图形在其自身平面内运动时，其中任意一点 M 的速度满足：

$$\boldsymbol{v}_M=\boldsymbol{v}_{O'}+\boldsymbol{v}_{MO'}$$

式中，$\boldsymbol{v}_{O'}$ 表示基点 O' 的速度。由于基点的选择是任意的，若在平面图形(或其延伸部分)能找到这样一点 C，使其在图示瞬时的速度恰好满足 $\boldsymbol{v}_C=0$，这时选取该点 C 作为基点，则上式可写成

$$\boldsymbol{v}_M=\boldsymbol{v}_{MC}$$

上式表明，在该瞬时平面图形内各点的运动只有绕点 C 的转动。这个速度恰好为零的

点称为**平面图形在该瞬时的速度中心，简称速度瞬心或瞬心**。可见，只要找到平面图形在某一瞬时的瞬心位置，则图形内其他各点在此瞬时的绝对速度就等于它们相对于瞬心 C 运动的速度。以上述的点 M 为例，若该点到瞬心 C 的距离为 CM，则其速度的大小为

$$v_M = \omega \cdot CM$$

其方向则是顺着 ω 的转向而与 CM 垂直。这种应用瞬心来求平面图形内各点速度的方法称为**瞬心法**。

在图 5-19 中，做纯滚动的轮子与轨道的接触点 C 的速度为零，故在该瞬时，点 C 就是轮子的瞬心。于是，应用瞬心法很快就能求出其他各点的速度。如点 A、B、D、E 的速度大小分别为

$v_A = \omega \cdot AC = \dfrac{v_0}{r}(R+r)$，其方向水平向右；

$v_B = \omega \cdot BC = \dfrac{v_0}{r}(2r) = 2v_0$，其方向水平向右；

$v_D = \omega \cdot DC = \dfrac{v_0}{r}(R-r)$，其方向水平向左；

$v_E = \omega \cdot CE = \dfrac{v_0}{r}\sqrt{2}r = \sqrt{2}v_0$，其方向垂直于 CE。

2）瞬心位置的确定

上面介绍了应用瞬心法求平面图形内各点速度的方法，现在进一步讨论如何确定瞬心的位置。设某一平面图形在某一瞬时的位置如图 5-20 所示，已知其中一点 O' 的速度为 $\boldsymbol{v}_{O'}$，图形绕该点的角速度为 $\boldsymbol{\omega}$。若自 $\boldsymbol{v}_{O'}$ 矢顺着 $\boldsymbol{\omega}$ 的转向绕点 O' 转过 90°，这一位置上通过点 O' 作一条半直线，并在其上截取一点 C，使其与点 O' 的距离满足：

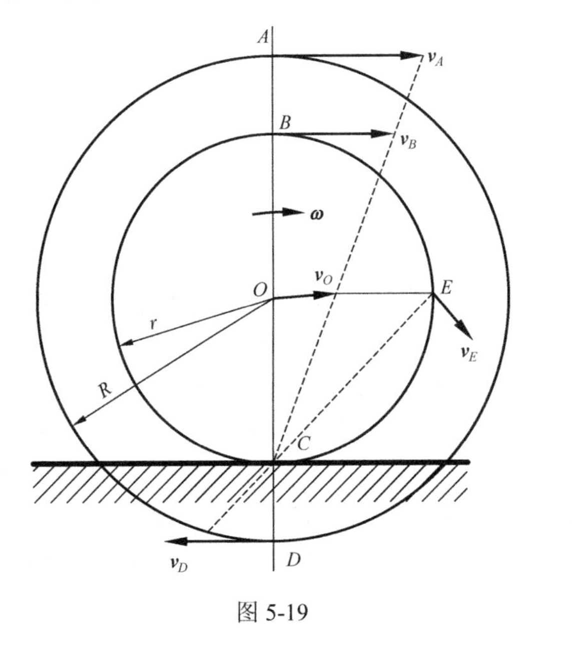

图 5-19

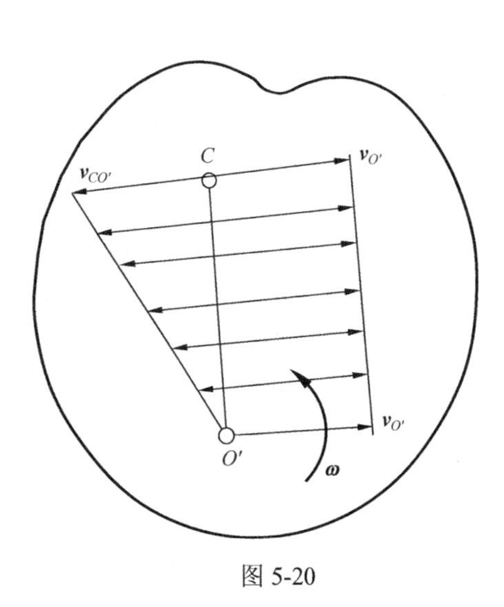

图 5-20

$$O'C = \frac{v_{O'}}{\omega}$$

则点 C 就是平面图形在此瞬时的瞬心。这是因为由基点法得知点 C 的速度为

$$\boldsymbol{v}_C = \boldsymbol{v}_{O'} + \boldsymbol{v}_{CO'}$$

现在 $\boldsymbol{v}_{CO'}$ 的大小为

$$v_{CO'} = \omega \cdot CO' = \omega \frac{v_{O'}}{\omega} = v_{O'}$$

而方向恰好与 $\boldsymbol{v}_{O'}$ 的相反（图 5-20），因此

$$\boldsymbol{v}_C = \boldsymbol{v}_{O'} + \boldsymbol{v}_{CO'} = 0$$

故点 C 就是所要求的平面图形在该瞬时的瞬心。

这里必须强调，由于平面图形上各点的速度一般均随时间而变化，所以要注意瞬心的瞬时性，同一平面图形在不同瞬时往往具有不同的瞬心。瞬心的加速度一般也不为零。

除了上述方法以外，下面还有几种确定瞬心位置的方法。

(1) 平面图形沿某一固定面做纯滚动时，它与固定面的接触点即该瞬时平面图形的瞬心。

(2) 若平面图形内任意两点的速度方向已知（图 5-21(a)），通过这两点作其速度矢的垂线，两垂线的交点 C 即瞬心。

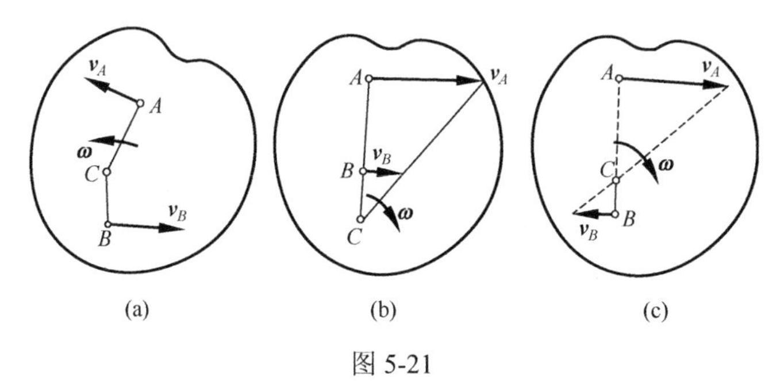

图 5-21

(3) 若平面图形内任意两点的速度方向平行，且垂直于该两点的连线（图 5-21(b)、(c)），则瞬心 C 应在这两点 A、B 的连线或其延长线上，且有

$$\frac{AC}{BC} = \frac{v_A}{v_B}$$

即各点速度的大小分别与它们到瞬心的距离成正比。于是，只要把这两点速度的矢端用一直线连接起来，它与 AB 连线（或其延长线）的交点 C 即平面图形在此时刻的瞬心。

(4) 若平面图形内任意两点的速度平行，且大小相等（图 5-22(a)、(b)），则瞬心的位置趋于无穷远。此时，平面图形的角速度 $\omega = 0$，图形内各点的速度都相同。但在该瞬时各点的加速度一般并不相同，因此，在下一瞬时各点的速度就不一定相同了，平面图形的运动不符合平动的条件，仅仅由于该瞬时图形上各点同速，故有时就称为瞬时平动。

【例 5-7】 已知四连杆机构中 $O_1B = l$，$AB = 3l/2$，$AD = DB$，OA 以 $\boldsymbol{\omega}$ 绕 O 轴转动，如图 5-23 所示。求：(1) AB 杆的角速度；(2) B 和 D 点的速度。

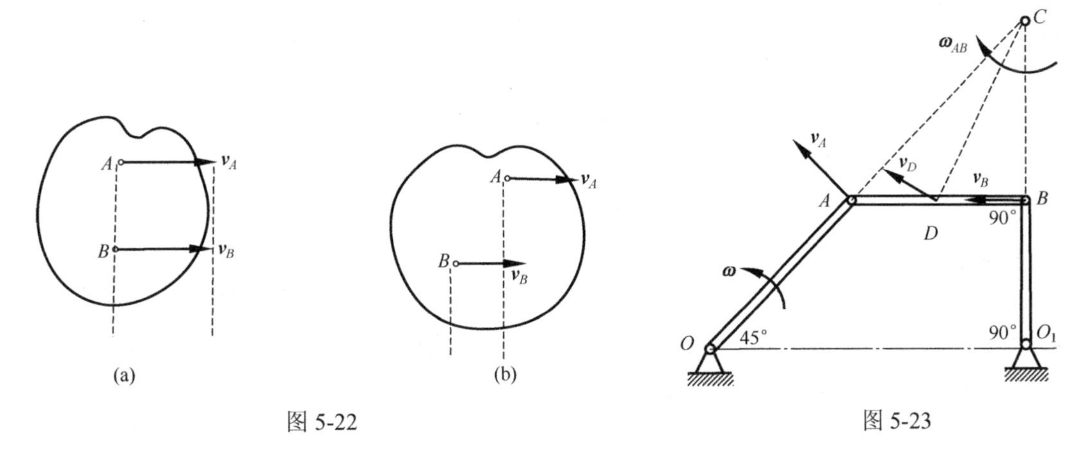

图 5-22　　　　　　　　　　　　　　　　图 5-23

解： AB 杆做平面运动，OA 和 O_1B 都做定轴转动，C 点是 AB 杆做平面运动的速度瞬心。

(1) AB 杆的角速度。

$$OA = \sqrt{2}l, \quad AB = BC = \frac{3}{2}l$$

$$AC = \frac{3\sqrt{2}}{2}l, \quad DC = \frac{3\sqrt{5}}{4}l$$

$$v_A = OA \cdot \omega = \sqrt{2}l\omega$$

$$\omega_{AB} = \frac{v_A}{AC} = \frac{\sqrt{2}l\omega}{\frac{3\sqrt{2}}{2}l} = \frac{2}{3}\omega$$

(2) B、D 点的速度。

$$v_B = BC \cdot \omega_{AB} = l\omega$$

$$v_D = DC \cdot \omega_{AB} = \frac{\sqrt{5}}{2}l\omega$$

【例 5-8】 如图 5-24 所示，已知轮子在地面上做纯滚动，轮心的速度为 $\boldsymbol{v}$，半径为 r。求轮子上 A_1、A_2、A_3 和 A_4 点的速度。

解： 很显然速度瞬心在轮子与地面的接触点即 A_1。故 $v_{A1} = 0$，$v_O = r\omega = v$。

各点的速度方向分别为各点与 A 点连线的垂线方向，转向与 $\boldsymbol{\omega}$ 相同，由此可见车轮顶点的速度最快，最下面点的速度为零。有

$$v_{A2} = v_{A4} = \sqrt{2}r\omega = \sqrt{2}v, \quad v_{A3} = 2r\omega = 2v$$

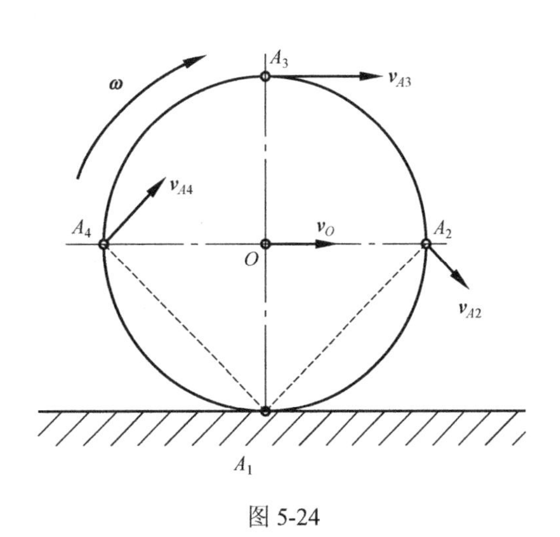

图 5-24

5.2.3　求平面图形内各点的加速度

刚体做平面运动，若某一瞬时的角速度为 $\boldsymbol{\omega}$，角加速度为 $\boldsymbol{\alpha}$，且其平面图形上任一点 A 的加速度为 $\boldsymbol{a}_A$(图 5-25)，则其上另一点 B 的运动总可看成随基点 A 的平动(牵连运动)

与相对于基点 A 的运动(相对运动)的组合。由牵连运动为平动时的加速度合成定理，可将点 B 的加速度写成

$$\boldsymbol{a}_B = \boldsymbol{a}_A + \boldsymbol{a}_{BA} \tag{5-18}$$

式中，$\boldsymbol{a}_{BA}$ 为点 B 绕基点 A 运动时的相对加速度，一般可按下式求得

$$\boldsymbol{a}_{BA} = \boldsymbol{a}_{BA}^n + \boldsymbol{a}_{BA}^\tau$$

式中，$\boldsymbol{a}_{BA}^n = \omega^2 \cdot BA$，$\boldsymbol{a}_{BA}^\tau = \alpha \cdot BA$。

$\boldsymbol{a}_{BA}^n$ 的方向应由点 B 指向基点 A，而 $\boldsymbol{a}_{BA}^\tau$ 的方向则应垂直于 AB，且顺着 $\boldsymbol{\alpha}$ 的转向，如图 5-25 所示。式(5-15)表明，**刚体做平面运动时，平面图形内任一点的加速度等于基点的加速度与该点绕基点运动的相对加速度的矢量和。**

又因为点做一般曲线运动时，其加速度包括切向和法向加速度，即在式(5-18)中有

$$\boldsymbol{a}_B = \boldsymbol{a}_B^n + \boldsymbol{a}_B^\tau,\ \boldsymbol{a}_A = \boldsymbol{a}_A^n + \boldsymbol{a}_A^\tau$$

于是，在具体问题中可能出现如下形式的加速度关系式：

$$\boldsymbol{a}_B^n + \boldsymbol{a}_B^\tau = \boldsymbol{a}_B = \boldsymbol{a}_A^n + \boldsymbol{a}_A^\tau + \boldsymbol{a}_{BA}^n + \boldsymbol{a}_{BA}^\tau \tag{5-19}$$

式(5-19)中涉及的矢量个数超过三个，所以在计算时常将式(5-16)投影到恰当的轴上，用解析法来进行求解。

【例 5-9】 求图 5-26 所示圆轮在地面上做纯滚动时的角速度 $\boldsymbol{\omega}$ 和角加速度 $\boldsymbol{\alpha}$。

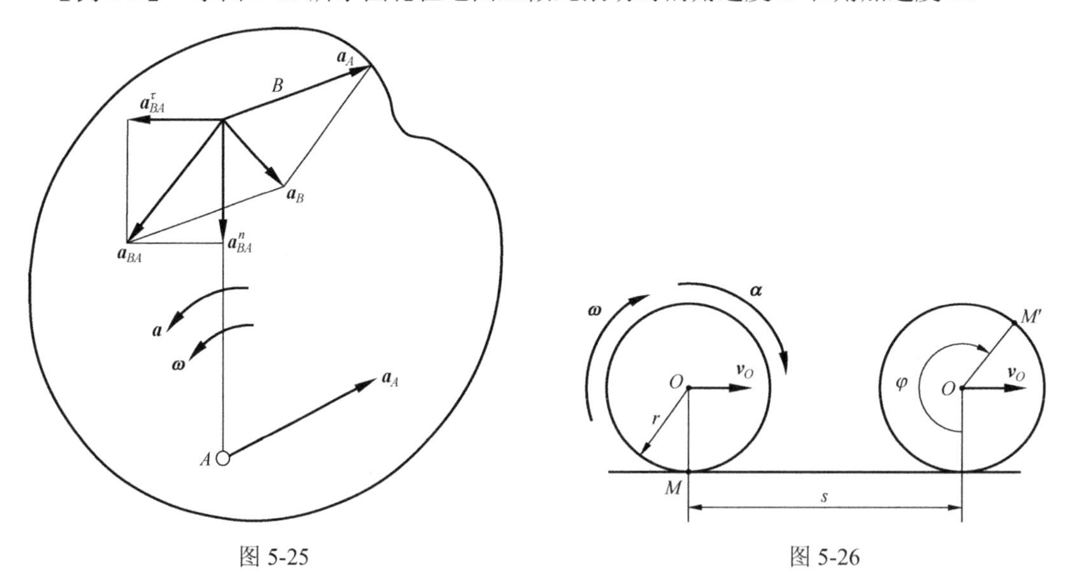

图 5-25　　图 5-26

解： 如图 5-26 所示，

$$s = r\varphi$$

由于此式对任意时间都成立，故两边对时间求导，有

$$v_O = \frac{\mathrm{d}s}{\mathrm{d}t} = r\frac{\mathrm{d}\varphi}{\mathrm{d}t} = r\omega$$

由此可得 $\omega = \dfrac{v_O}{r}$。

再对时间求导有

$$a_O = \frac{\mathrm{d}^2 s}{\mathrm{d}^2 t} = y\frac{\mathrm{d}^2 \varphi}{\mathrm{d}^2 t} = r\alpha$$

由此可得$\alpha = \dfrac{a_O}{r}$。

【例 5-10】 平面四连杆机构如图 5-27 所示，曲柄 OA 长 r，连杆 AB 长 $l = 4r$。当曲柄和连杆成一直线时，此时曲柄的角速度为 $\boldsymbol{\omega}$，角加速度为 $\boldsymbol{\alpha}$，试求摇杆 O_1B 的角速度和角加速度的大小及方向。

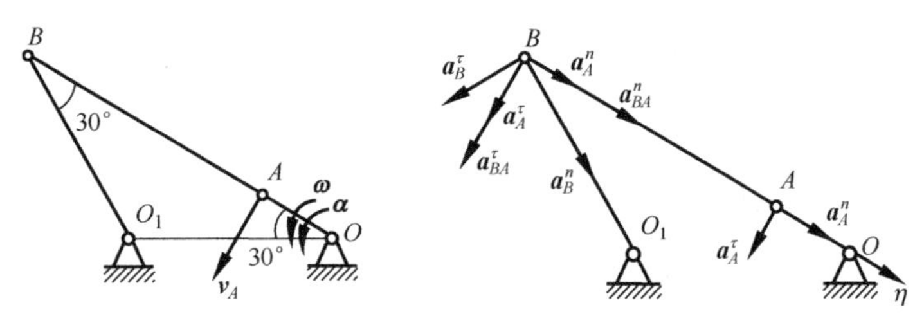

图 5-27

解： 杆 AB 做平面运动，由题设条件知，杆 AB 的速度瞬心在 B 点，也就是说，$v_B = 0$，故

$$\omega_{O1B} = \frac{v_B}{O_1B} = 0$$

取 A 点为基点分析 B 点的加速度：

$$\boldsymbol{a}_B^n + \boldsymbol{a}_B^\tau = \boldsymbol{a}_A^n + \boldsymbol{a}_A^\tau + \boldsymbol{a}_{BA}^n + \boldsymbol{a}_{BA}^\tau$$

式中，$a_A^n = \omega^2 \cdot OA = \omega^2 r$；$a_A^\tau = \alpha \cdot OA = \alpha r$；$a_B^n = \omega_{O_1B}^2 \cdot O_1B = 0$；$a_{BA}^n = \omega_{AB}^2 \cdot AB = \left(\dfrac{v_A}{AB}\right)^2 \cdot AB = \left(\dfrac{\omega r}{l}\right)^2 = \dfrac{1}{4}\omega^2 r$。

将加速度向 η 轴投影，得

$$a_B^n \cdot \cos 30° - a_B^\tau \cdot \cos 60° = a_A^n + a_{BA}^n$$

$$a_B^\tau = -\frac{1}{\cos 60°}(a_A^n + a_{BA}^n) = -2\left(\omega^2 r + \frac{1}{4}\omega^2 r\right) = -\frac{5}{2}\omega^2 r$$

$$\alpha_{O1B} = \frac{a_B^\tau}{O_1B} = \frac{-\dfrac{5}{2}\omega^2 r}{\dfrac{5r}{\sqrt{3}}} = -\frac{\sqrt{3}}{2}\omega^2$$

【例 5-11】 平面四连杆机构的尺寸和位置如图 5-28 所示，如果杆 AB 以等角速度 $\omega = 1\mathrm{rad/s}$ 绕 A 轴转动，求 C 点的加速度。

解： 杆 AB 和杆 CD 做定轴转动，杆 BC 做平面运动，其 B、C 两点的运动轨迹已知为圆周，由此可知 $\boldsymbol{v}_B$ 和 $\boldsymbol{v}_C$ 的方向，分别作 $\boldsymbol{v}_B$ 和 $\boldsymbol{v}_C$ 两个速度矢量的垂线得交点 O 即该瞬时 BC 的速度瞬心。由几何关系知

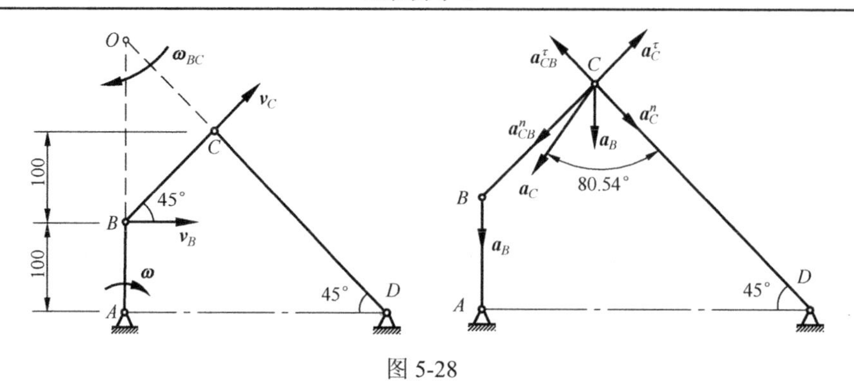

图 5-28

$$OB = 200\text{mm}$$

$$BC = OC = 100\sqrt{2}\text{mm}，\ CD = 200\sqrt{2}\ \text{mm}$$

$$\omega_{BC} = \frac{v_B}{OB} = \frac{AB \cdot \omega}{OB} = 0.5\text{rad/s}$$

$$v_C = OC \cdot \omega_{BC} = 50\sqrt{2}\text{mm/s}$$

取 B 为基点分析 C 点的加速度，有

$$a_C^n + a_C^{\tau} = a_B^n + a_{CB}^n + a_{CB}^{\tau}$$

$$a_B^n = AB \cdot \omega^2 = 100\text{mm/s}^2$$

$$a_{CB}^n = BC \cdot \omega_{BC}^2 = 25\sqrt{2}\text{mm/s}^2$$

$$a_C^n = \frac{v_C^2}{CD} \approx 17.68\text{mm/s}^2$$

将 C 点的加速度向 BC 方向投影得

$$a_C^{\tau} = -a_{CB}^n - a_B^n \cos 45° = -106.07\text{mm/s}^2$$

$$a_C = \sqrt{(a_C^n)^2 + (a_C^{\tau})^2} = 107.5\text{mm/s}^2$$

$$\theta = \arctan\left(\frac{a_C^{\tau}}{a_C^n}\right) = -80.54°$$

负值表明实际方向与假设方向相反。

思　考　题

5.1　平面图形上任意两点 A 和 B 速度 $\boldsymbol{v}_A$ 与 $\boldsymbol{v}_B$ 之间有何关系？为什么 $\boldsymbol{v}_{BA}$ 一定与 AB 垂直？$\boldsymbol{v}_{BA}$ 和 $\boldsymbol{v}_{AB}$ 有何不同？

5.2　做平面运动的刚体绕速度瞬心的转动与刚体绕定轴转动有何异同？

5.3　“瞬心不在平面运动刚体上，则该刚体无瞬心”；“瞬心 C 的速度等于零，则 C 点加速度也等于零”。这两句话对吗？若不对，试做出正确的分析。

5.4　在求平面图形上一点的加速度时，能否不进行速度分析，直接求加速度？为什么？

5.5　平面图形在其平面内运动，某瞬时其上有两点的加速度矢相同。试判断下述说法是否正确：

(1) 其上各点速度在该瞬时一定都相等;

(2) 其上各点加速度在该瞬时一定都相等。

5.6　试证：当 $\omega = 0$ 时，平面图形上两点的加速度在此两点连线上的投影相等。

5.7　试确定图 5-29 各系统中做平面运动的构件在图示位置的速度瞬心。

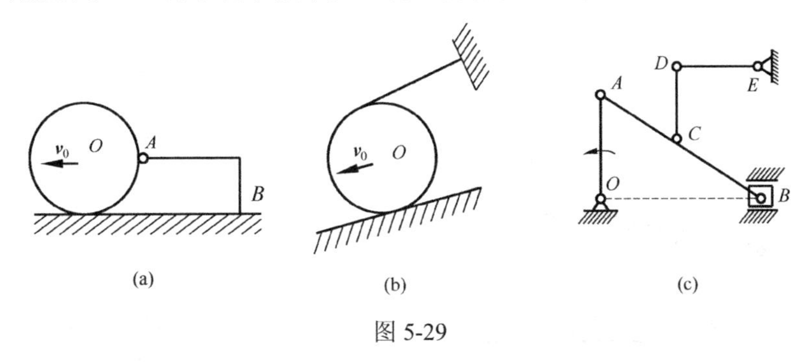

图 5-29

5.8　平面图形瞬时平动时，其上任意两点的加速度在这两点连线上的投影相等。这种说法是否正确？为什么？

5.9　刚体的平动和定轴转动都是平面运动的特例吗？刚体的平动与某瞬时刚体瞬时平动有何区别？

5.10　刚体的平面运动通常分解为哪两个运动？它们与基点的选取有无关系？用基点法求平面图形上各点的加速度时，要不要考虑科氏加速度？

习　题

5-1　如图所示，椭圆规尺 AB 由曲柄 OC 带动，曲柄以匀角速度 $\omega = 2\text{rad/s}$ 绕 O 轴转动。已知 $OC = BC = AC = 0.12\text{m}$，求当 $\varphi = 45°$ 时 A 点和 B 点的速度。

5-2　偏置曲柄滑块机构如图所示，曲柄以匀角速度 $\omega = 1.5\text{rad/s}$ 绕 O 轴转动。如果 $OA = 0.4\text{m}$，$AB = 2\text{m}$，$OC = 0.2\text{m}$，求当曲柄在两水平和铅垂位置时滑块 B 的速度。

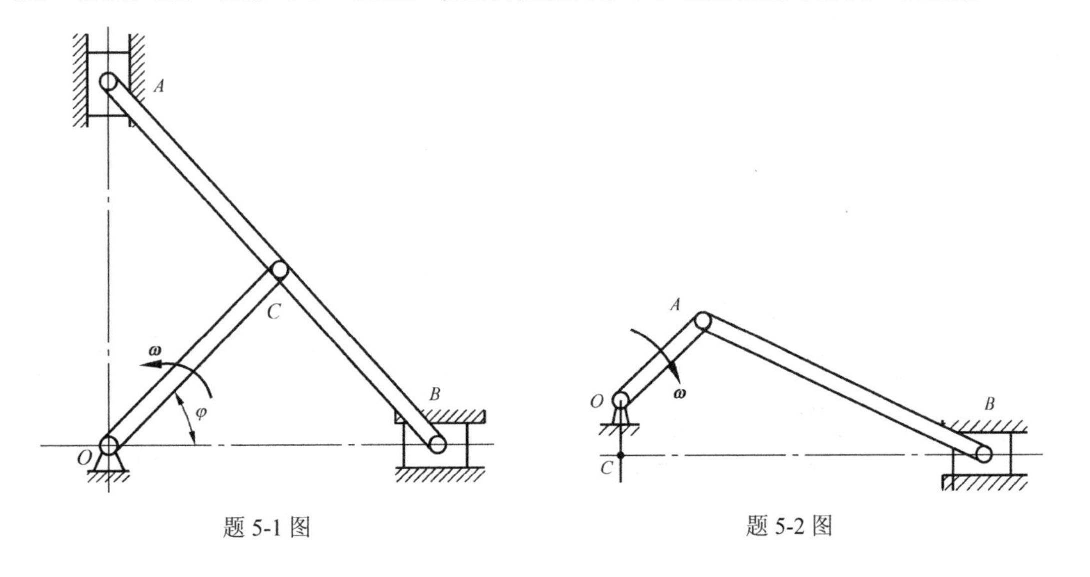

题 5-1 图　　　　题 5-2 图

5-3　如图所示，A、B 两轮均在地面上做纯滚动。已知轮 A 中心的速度为 $\boldsymbol{v}_A$，求当 $\beta = 0°$ 和 $\beta = 90°$ 时 B 轮中心的速度。

5-4　如图所示，半径 $r = 80\text{cm}$ 的轮子在速度 $v = 2\text{m/s}$ 的水平传送带上反向滚动，站在地面上的人测得轮子中心 C 点的速度 $v_C = 6\text{m/s}$，其方向向右。求 $\theta = 30°$ 的轮缘上一点 P 的绝对速度。

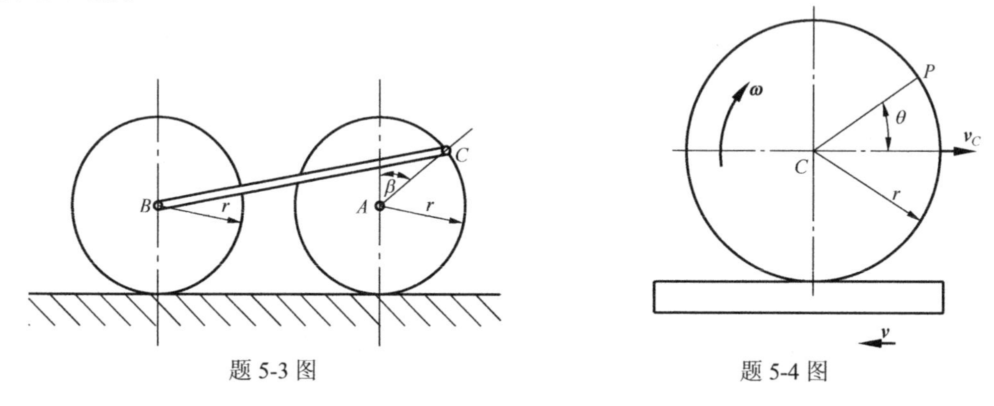

题 5-3 图　　　　题 5-4 图

5-5　两四杆机构如图所示，求该瞬时两机构中 AB 和 BC 的角速度。

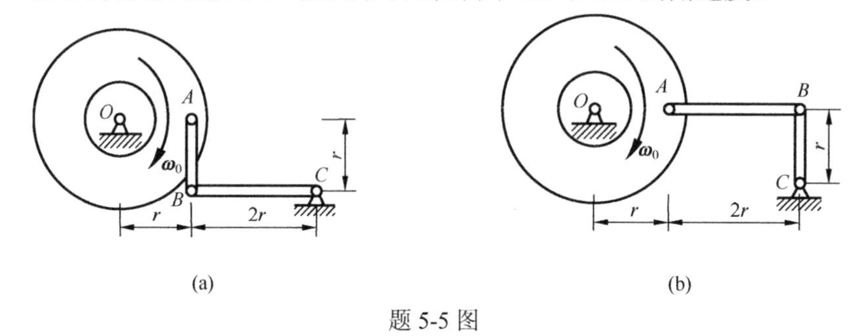

题 5-5 图

5-6　如图所示，OC 绕 O 转动时，带动滑块 A 和 B 在同一水平槽内滑动。已知 $AC = BC$，求证：$v_A/v_B = OA/OB$。

5-7　在图所示的配气机构中，曲柄 OA 长为 r，以等角速度 ω_0 绕轴 O 转动，$AB = 6r$，$BC = 3r$。在某瞬时 $\varphi = 60°$、$\alpha = 90°$。求此时滑块 C 的速度和滑块 B 的加速度。

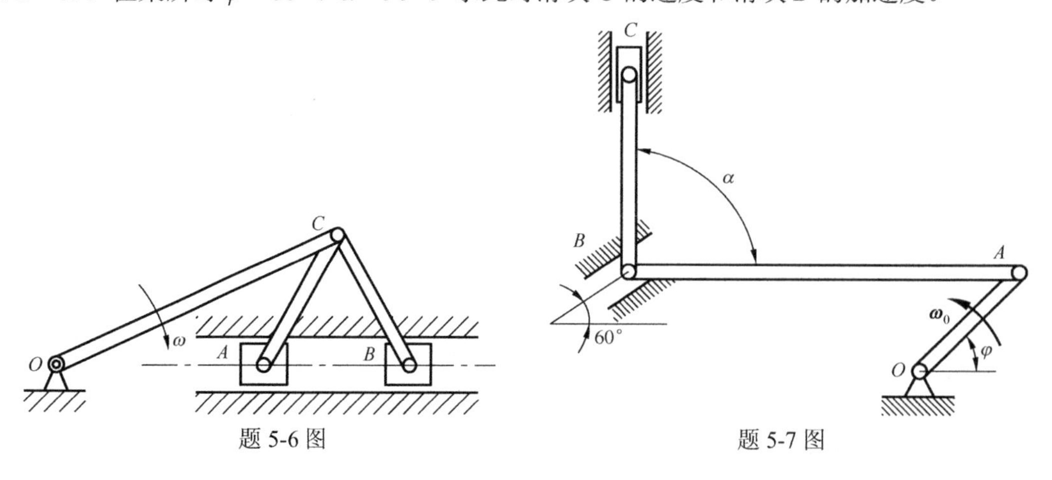

题 5-6 图　　　　题 5-7 图

5-8　平面机构几何尺寸如图所示，滑块 D 的速度、加速度分别为 $v_D = 16\text{cm/s}$、$a_D = 30\text{cm/s}^2$。求此时滑块 A 的速度和加速度。

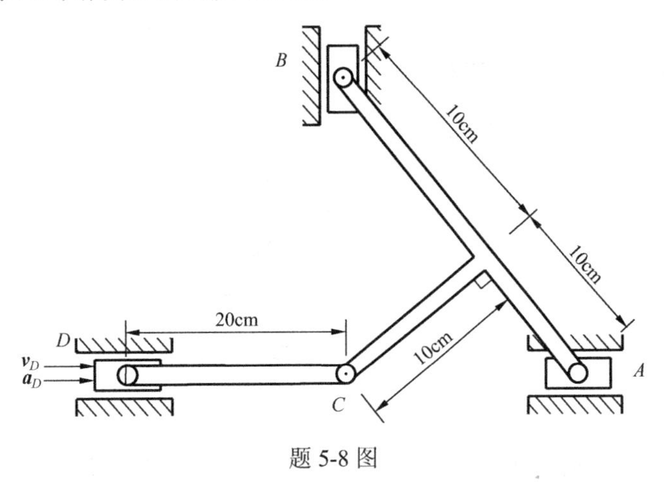

题 5-8 图

5-9　如图所示曲柄摇杆机构中，摇杆 OC 以匀角速度 ω 转动，套管 A 可沿 OC 滑动，曲柄 BD 以相同的匀角速度 $\boldsymbol{\omega}$ 转动，但转动方向相反，A、B 为铰链，且 $AB = BD = l$，在图示瞬时，连杆 AB 与曲柄 BD 在同一水平线上，$\theta = 45°$，$OA = \sqrt{2}l$，求此时套管 A 沿 OC 的相对速度与相对加速度的大小。

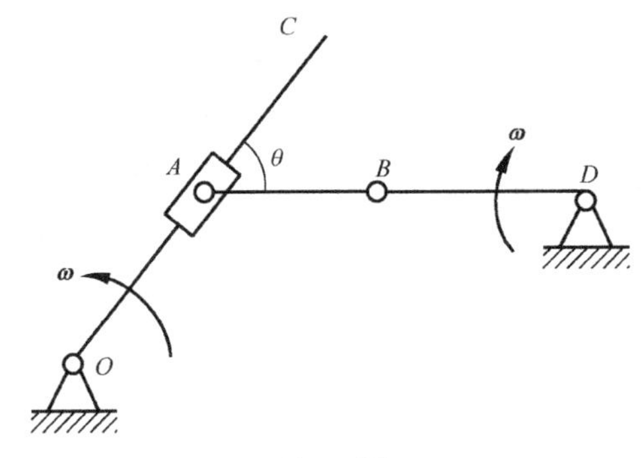

题 5-9 图

5-10　如图所示，半径为 R 的绕线轮沿固定水平直线轨道做纯滚动，杆端点 D 沿轨道滑动。已知轮轴半径为 r，杆 CD 长为 $4R$，线段 AB 保持水平。在图示位置时，线端 A 的速度为 $\boldsymbol{v}$，加速度为 $\boldsymbol{a}$，铰链 C 处于最高位置。试求该瞬时杆端点 D 的速度和加速度。

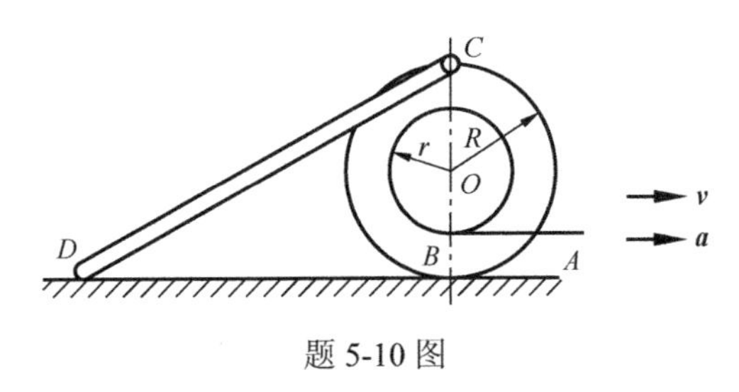

题 5-10 图

5-11　如图所示，曲柄 OA 长 20cm，绕轴 O 以匀角速度 $\omega_0 = 10\text{rad/s}$ 转动。此曲柄借

助连杆 AB 带动滑块 B 沿铅垂方向运动，连杆长 100cm。求当曲柄与连杆相互垂直并与水平线各成 $\alpha=45^{\circ}$ 与 $\beta=45^{\circ}$ 时，连杆的角速度、角加速度和滑块 B 的加速度。

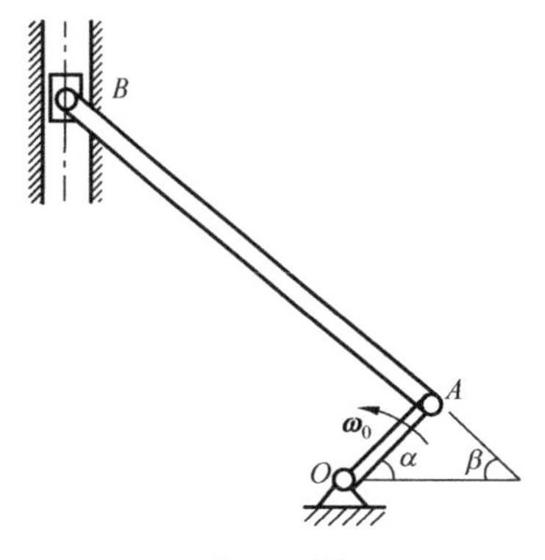

题 5-11 图

5-12　如图所示，曲柄 $OA=r$，$AB=a$，$BO_1=b$，圆轮半径为 R，OA 以匀角速度 $\boldsymbol{\omega}_0$ 转动。若 $\alpha=45^{\circ}$，β 为已知，求此瞬时：①滑块 B 的加速度；②杆 AB 的角加速度；③圆轮 O_1 的角速度；④ 杆 O_1B 的角速度(圆轮相对于地面无滑动)。

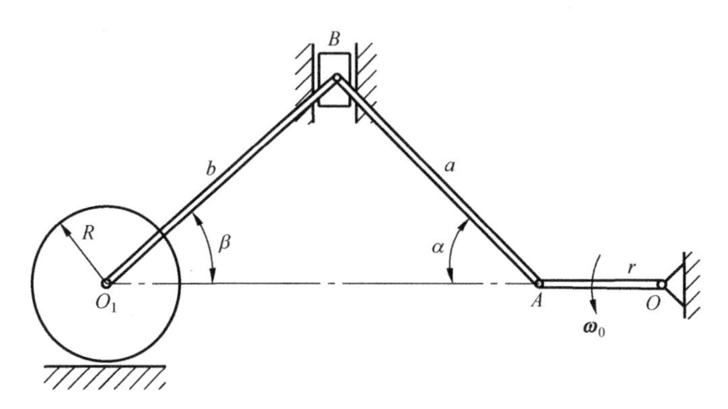

题 5-12 图

第 6 章　质点动力学

质点是物体最简单、最基本的模型，是构成复杂物体系统的基础。质点动力学基本方程给出了质点受力与其运动变化之间的联系。

本章根据动力学基本定律得出质点动力学的基本方程，运用微积分方法，求解质点的动力学问题。

6.1　动力学的基本定律

质点动力学的基础是三个基本定律。这些定律是牛顿(1642—1727 年)在总结前人(特别是伽利略)研究成果的基础上提出来的，称为**牛顿三定律**。

1. 第一定律(惯性定律)

不受力作用的质点，将保持静止或做匀速直线运动。不受力作用的质点(包括受平衡力系作用的质点)，不是处于静止状态，就是保持其原有的速度(包括大小和方向)不变，这种性质称为**惯性**。

2. 第二定律(力与加速度之间的关系定律)

第二定律可以表示为

$$\frac{\mathrm{d}(m\boldsymbol{v})}{\mathrm{d}t}=\boldsymbol{F} \tag{6-1}$$

式中，$\boldsymbol{m}$ 为质点的质量；$\boldsymbol{v}$ 为质点的速度；而 $\boldsymbol{F}$ 为质点所受的力。在经典力学范围内，质点的质量是守恒的，式(6-1)可写为

$$m\boldsymbol{a}=\boldsymbol{F} \tag{6-2}$$

即质点的质量与加速度的乘积等于作用于质点的力，加速度的方向与力的方向相同。

式(6-2)是第二定律的数学表达式，它是质点动力学的基本方程，建立了质点的加速度、质量与作用力之间的关系。当质点上受到多个力作用时，式(6-2)中的 $\boldsymbol{F}$ 应为此汇交力系的合力。

式(6-2)表明，质点的质量越大，其运动状态越不容易改变，也就是质点的惯性越大。因此，**质量是质点惯性的度量**。

在地球表面，任何物体都受到重力 $\boldsymbol{P}$ 的作用。在重力作用下得到的加速度称为**重力加速度**，用 $\boldsymbol{g}$ 表示。根据第二定律，有

$$\boldsymbol{P}=m\boldsymbol{g} \quad 和 \quad m=\frac{\boldsymbol{P}}{\boldsymbol{g}}$$

根据国际计量委员会规定的标准，重力加速度的数值为 9.80665 m/s^2，一般取 9.80 m/s^2。实际上在不同的地区，g 的数值有些微小的差别。

在国际单位制(SI)中，长度、质量和时间的单位是基本单位，分别取为 m(米)、kg(千克)和 s(秒)；力的单位是导出单位。质量为 1kg 的质点，获得 1m/s^2 的加速度时，作用于该质点的力为 1N(牛[顿])，即

$$1\text{N} = 1\text{kg} \times 1\text{m}/\text{s}^2$$

在精密仪器工业中，也用厘米克秒制(CGS)。在厘米克秒制中，长度、质量和时间是基本单位，分别取为 cm(厘米)、g(克)和 s(秒)，力是导出单位。1g 质量的质点，获得的加速度为 1cm/s^2 时，作用于质点的力为 1dyn (达因)，即

$$1\text{dyn} = 1\text{g} \times 1\text{cm}/\text{s}^2$$

牛顿和达因的换算关系为 $1\text{N} = 10^5\,\text{dyn}$

3. 第三定律(作用与反作用定律)

两个物体间相互作用的作用力和反作用力总是大小相等、方向相反，沿着同一作用线同时分别作用在这两个物体上。这一定律就是静力学的作用与反作用公理，它不仅适用于平衡的物体，而且适用于运动的物体。

质点动力学的三个基本定律是在观察天体运动和生产实践中的一般机械运动的基础上总结出来的，因此只在一定范围内适用。三个定律适用的参考系称为**惯性参考系**。在一般的工程问题中，把固定于地面的坐标系或相对于地面做匀速直线平移的坐标系作为惯性参考系，可以得到相当精确的结果。在研究人造卫星的轨道、洲际导弹的弹道等问题时，地球自转的影响不可忽略，则应选取以地心为原点、三轴指向三个恒星的坐标系作为惯性参考系。在研究天体的运动时，地心运动的影响也不可忽略，又需取太阳为中心、三轴指向三个恒星的坐标系作为惯性参考系。在本书中，若无特别说明，均取固定在地球表面的坐标系为惯性参考系。

以牛顿三定律为基础的力学称为古典力学(又称经典力学)。在古典力学范畴内，质量是不变的量，空间和时间是“绝对的”，与物体的运动无关。近代物理已经证明，质量、时间和空间都与物体运动的速度有关，但当物体的运动速度远小于光速时，物体的运动对于质量、时间和空间的影响是微不足道的。对于一般工程中的机械运动问题，应用古典力学都可得到足够精确的结果。

6.2 质点运动微分方程

质点受到 n 个力 $\boldsymbol{F}_1, \boldsymbol{F}_2, \cdots, \boldsymbol{F}_n$ 作用时，由质点动力学第二定律，有

$$m\boldsymbol{a} = \sum \boldsymbol{F}_i \tag{6-3}$$

或

$$m\frac{\mathrm{d}^2\boldsymbol{r}}{\mathrm{d}t^2} = \sum \boldsymbol{F}_i \tag{6-4}$$

式(6-4)是矢量形式的微分方程，在计算实际问题时，需应用它的投影形式。

6.2.1　质点运动微分方程在直角坐标轴上投影

设矢径 $\boldsymbol{r}$ 在直角坐标轴上的投影分别为 x,y,z，力 $\boldsymbol{F}_i$ 在轴上的投影分别为 F_{ix}、F_{iy}、F_{iz}，则式(6-4)在直角坐标轴上的投影形式为

$$m\frac{\mathrm{d}^2x}{\mathrm{d}t^2}=\sum F_{ix},\quad m\frac{\mathrm{d}^2y}{\mathrm{d}t^2}=\sum F_{iy},\quad m\frac{\mathrm{d}^2z}{\mathrm{d}t^2}=\sum F_{iz} \tag{6-5}$$

6.2.2　质点运动微分方程在自然轴上投影

由点的运动学可知，点的全加速度 $\boldsymbol{a}$ 在切线与主法线构成的密切面内，点的加速度在副法线上的投影等于零，即

$$\boldsymbol{a}=a_\tau\boldsymbol{\tau}+a_n\boldsymbol{n}$$

$$\boldsymbol{a}_b=0$$

式中，$\boldsymbol{\tau}$ 和 $\boldsymbol{n}$ 为沿轨迹切线和主法线的单位矢量，如图 6-1 所示。式(6-4)在自然轴系上的投影式为

$$m\frac{\mathrm{d}v}{\mathrm{d}t}=\sum F_{i\tau},\quad m\frac{v^2}{\rho}=\sum F_{in},\quad 0=\sum F_{ib} \tag{6-6}$$

式中，$F_{i\tau}$、F_{in} 和 F_{ib} 分别是作用于质点的各力在切线、主法线和副法线上的投影；而 ρ 为轨迹的曲率半径。

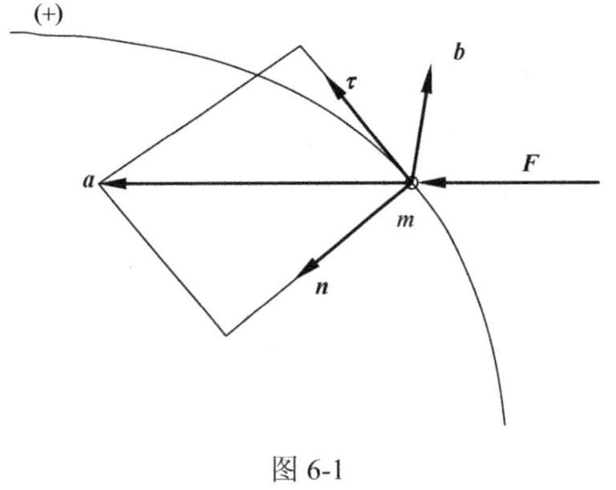

图 6-1

式(6-5)和式(6-6)是两种常用的质点运动微分方程。

式(6-4)为一矢量形式，可向任一轴投影，得到相应的投影形式，如向极坐标系的径向投影或周向投影等。

6.2.3　质点动力学的两类基本问题

质点动力学的问题可分为两类：一是已知质点的运动，求作用在质点上的力；二是已知作用在质点上的力，求质点的运动。这是质点动力学的两类基本问题。第一类基本问题比较简单，例如，已知质点的运动方程，只需求两次导数得到质点的加速度，代入质点的运动微分方程中，即可求解。第二类基本问题，从数学的角度看，是解微分方程或求积分的问题，对此，需按作用力的函数规律进行积分，并根据具体问题的运动条件确定积分常数。

1. 质点动力学第一类问题——已知质点的运动，求作用在质点上的力

【例 6-1】　升降台以匀加速 $\boldsymbol{a}$ 上升，台面上放置一重力为 $\boldsymbol{G}$ 的重物，如图 6-2 所示。求重物对台面的压力。

解：取重物为研究对象，其上受 $\boldsymbol{G}$、$\boldsymbol{F}$ 两力作用，如图 6-2 所示。取图示坐标轴 x，由动力学基本方程可得

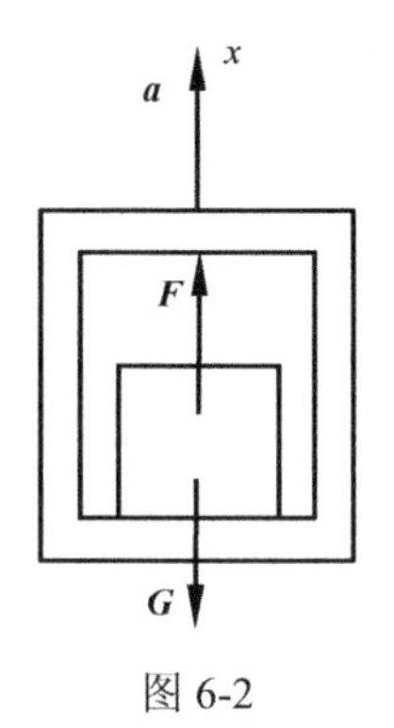

图 6-2

$$F - G = \frac{G}{g}a$$

故
$$F = G\left(1 + \frac{a}{g}\right)$$

由此可知，重力对台面的压力为$G\left(1+\frac{a}{g}\right)$。它由两部分组成：一部分是重物的重力 $\boldsymbol{G}$，它是升降台处于静止或匀速直线运动时台面所受到的压力，称为静压力；另一部分为$\frac{G}{g}a$，它是由于物体做加速运动而附加产生的力，称为附加动压力。它随着加速度的增大而增大。在工程计算中，常令$\left(1+\frac{a}{g}\right)=K_{\mathrm{d}}$，而将$K_{\mathrm{d}}$称为动荷因数。

【例 6-2】 卷扬小车连同起吊重物一起沿横梁以匀速 $\boldsymbol{v}_0$ 向右运动。此时，钢索中的拉力等于重力 $\boldsymbol{G}$。当卷扬小车突然制动时，重物将向右摆动，如图 6-3 所示。求此时钢索中的拉力，设钢索长为 l。

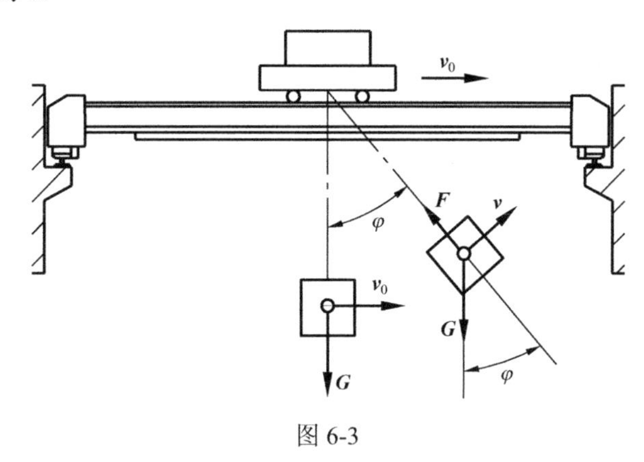

图 6-3

解： 取自然坐标系，如图 6-3 所示。重物在摆动过程中，其上作用有重力、钢索拉力。应用自然坐标形式的质点运动微分方程(式(6-6))，得

$$F - G\cos\varphi = \frac{G}{g}\cdot\frac{v^2}{l}$$

即
$$F = G\cos\varphi + \frac{G}{g}\cdot\frac{v^2}{l} = G\left(\cos\varphi + \frac{v^2}{gl}\right)$$

小车突然制动、重物向前摆动的瞬间，$\varphi = 0$，此时钢索中的拉力达最大值

$$F_{\max} = G\left(\cos\varphi + \frac{v^2}{gl}\right) = G\frac{v^2}{gl}$$

【例 6-3】 已知质量为 m 的质点 M 在坐标平面 Oxy 内运动，如图 6-4 所示。其运动方程为 $x = a\cos(\omega t), y = b\sin(\omega t)$，其中 a、b、ω 是常量。求作用于质点上的力 $\boldsymbol{F}$。

解： 这是一个已知运动而后求力的质点动力学第一类问题。

将质点运动方程消去时间 t，得

$$\frac{x^2}{a}+\frac{y^2}{b}=1$$

可见，质点的运动轨迹是以 a、b 为半轴的椭圆。对运动方程求二阶导数，即

$$\begin{cases} a_x=\dfrac{\mathrm{d}^2x}{\mathrm{d}t^2}=-a\omega^2\cos(\omega t)=-\omega^2 x \\ a_y=\dfrac{\mathrm{d}y^2}{\mathrm{d}^2t}=-b\omega^2\sin(\omega t)=-\omega^2 y \end{cases}$$

$$a_x\boldsymbol{i}-a_y\boldsymbol{j}=-\omega^2 r$$

将上式代入式(6-5)，得 $\boldsymbol{F}$ 在坐标轴上的投影

$$\begin{cases} F_x=\dfrac{\mathrm{d}^2x}{\mathrm{d}t^2}=-m\omega^2 x \\ F_y=\dfrac{\mathrm{d}^2y}{\mathrm{d}t^2}=-m\omega^2 y \end{cases}$$

$$F_x\boldsymbol{i}+F_y\boldsymbol{j}=-m\omega^2 r$$

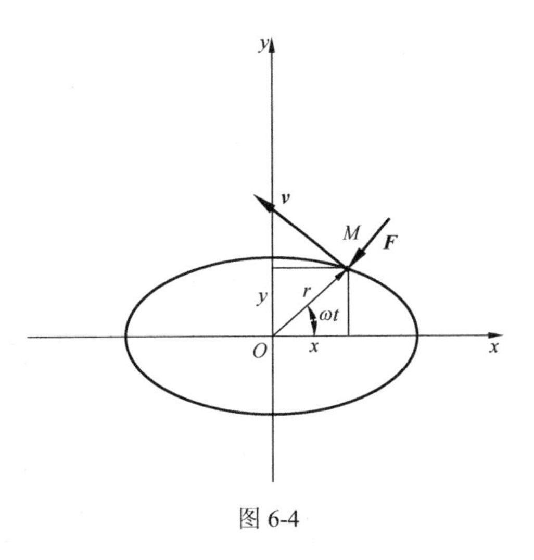

图 6-4

可见，力 $\boldsymbol{F}$ 和点 M 的位置矢径 $\boldsymbol{r}$ 方位相同、指向相反，$\boldsymbol{F}$ 始终指向中心，其大小与 $\boldsymbol{r}$ 的大小成正比，称为**有心力**。

2. 质点动力学第二类问题——已知作用在质点上的力，求质点的运动

【例 6-4】 液压减振器(图 6-5)工作时，活塞在液压缸内做直线运动。若液体对活塞的阻力正比于活塞的速度 v，即 $F_R=\mu v$，其中 μ 为比例常数。设初始速度为 v_0，试求活塞相对于液压缸的运动规律，并确定液压缸的长度。

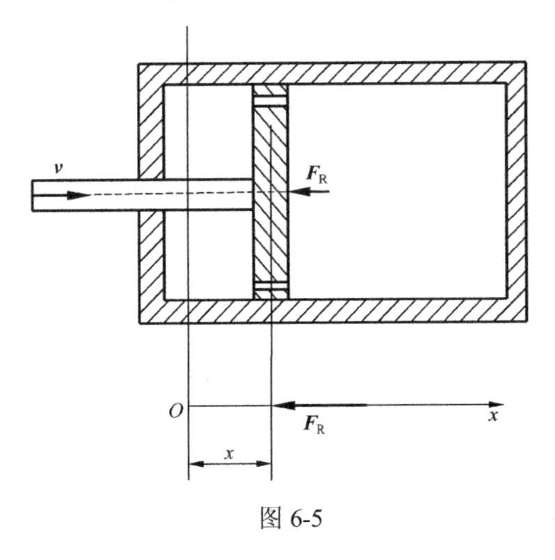

图 6-5

解：取活塞为研究对象，如图 6-5 所示。选水平轴，并取活塞初始位置为原点。活塞在任意位置时受到液体阻力为 $F_{\mathrm{R}}=-\mu\frac{\mathrm{d}x}{\mathrm{d}t}$，式中负号表示阻力方向与速度方向相反。建立质点运动微分方程为

$$\begin{cases} m\dfrac{\mathrm{d}^2x}{\mathrm{d}t^2}=-\mu\dfrac{\mathrm{d}x}{\mathrm{d}t} \\ \dfrac{\mathrm{d}v}{\mathrm{d}t}=-\dfrac{\mu}{m}v \end{cases}$$

令 $k=\frac{\mu}{m}$，代入上式得

$$\frac{\mathrm{d}v}{\mathrm{d}t}=-kv$$

分离变量，对等式两边积分，并以初始条件 $t=0$，$v=v_0$ 代入

$$\int_{v_0}^{v}\frac{\mathrm{d}v}{v}=-\int_0^t k\mathrm{d}t$$

得 $v=v_0\mathrm{e}^{-kt}$。

再次积分，并以初始条件 $t=0$，$v=v_0$ 代入

$$\int_0^x \mathrm{d}x=-\int_0^t v_0\mathrm{e}^{-kt}\mathrm{d}t$$

得 $x=\frac{v_0}{k}(1-\mathrm{e}^{-kt})$。

可见，经过一定时间以后，当 kt 达到一定值时，e^{-kt} 趋近于 1，活塞的速度趋近于零。此时 x 趋于最大值，由此可确定活塞不撞缸底的液压缸长度 $x_{\max}=\frac{v_0}{k}=\frac{mv_0}{\mu}$。

思 考 题

6.1 何谓质量？质量与重量是否一样？重量的法定含义与习惯含义有什么不同？

6.2 质点所受力的方向是否就是质点的运动方向？质点的加速度方向是否就是质点的速度方向？

6.3 质点在空间运动，已知作用力，为求质点的运动方程需要几个运动初始条件？若质点在平面内运动呢？若质点沿给定的轨迹运动呢？

6.4 某人用枪瞄准了空中一悬挂的靶体。如果在子弹射出的同时靶体开始自由下落，不计空气阻力，问子弹能否击中靶体？

6.5 三个质量相同的质点，在某瞬时的速度分别如图 6-6 所示，若对它们作用了大小、方向相同的力 ***F***，问质点的运动是否相同？

6.6 如图 6-7 所示，绳拉力 $F=2\mathrm{kN}$，物块Ⅱ重 1kN，物块Ⅰ重 2kN，若滑轮质量不计，问在图 6-7(a)和(b)两种情况下，重物Ⅱ的加速度是否相同？两根绳中的张力是否相同？

6.7　一天，下着倾盆大雨，某人乘坐列车时发现，车厢的双层玻璃窗内积水了。列车进站过程中，他发现水面的形状如图 6-8 中的(　　)。

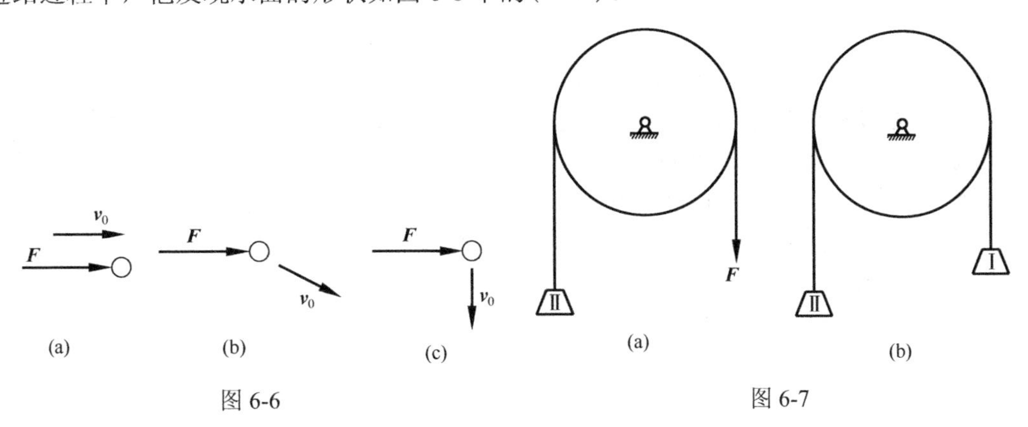

图 6-6　　图 6-7

6.8　给出垂直上抛物体上升时的运动微分方程。设空气阻力的大小与速度的平方成正比。

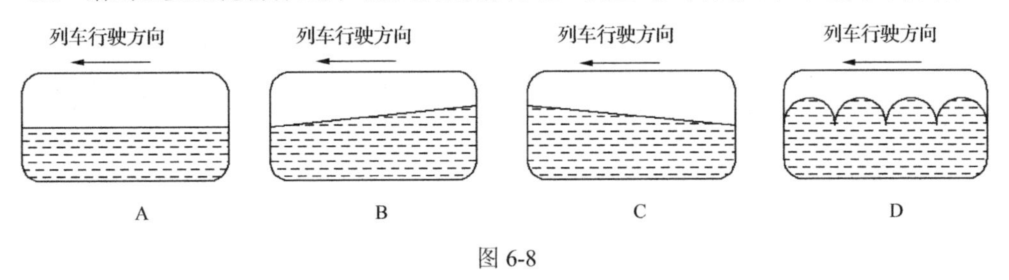

图 6-8

习　题

6-1　质量为 1kg 的小球 M，用两绳系住，两绳的另一端分别连接在固定点 A、B，如图所示。已知小球以速度 $v = 2.5\text{m/s}$ 在水平面内做匀速圆周运动，圆的半径 $r = 0.5$ m，求两绳的拉力。

6-2　从某处抛射一物体，已知初速度为 $\boldsymbol{v}_0$，抛射角为 θ，如图所示，若不计空气阻力，求物体在重力单独作用下的运动规律。

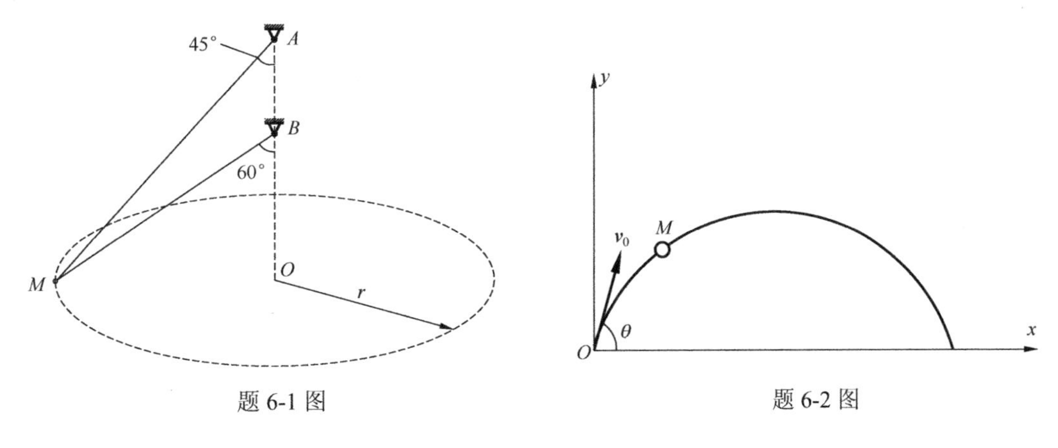

题 6-1 图　　题 6-2 图

6-3　垂直于地面向上发射一物体，如图所示。求该物体在地球引力作用下的运动速度，并求第二宇宙速度。不计空气阻力及地球自转的影响。

6-4　在重力作用下以仰角 α、初速度 $\boldsymbol{v}_0$ 抛射出一物体，如图所示。假设空气阻力与速度成正比，方向与速度方向相反，即 $\boldsymbol{F}_{\mathrm{R}}=-C\boldsymbol{v}$，$C$ 为阻力系数。试求抛射体的运动方程。

6-5　如图所示，一细长杆杆端有一小球 M，其质量为 m，另一端用光滑铰固定。杆长为 l，质量不计，杆在铅垂面内运动，开始时小球位于铅垂位置，突然给小球一水平初速度 $\boldsymbol{v}_0$，求杆处于任一位置 q 时对球的约束力。

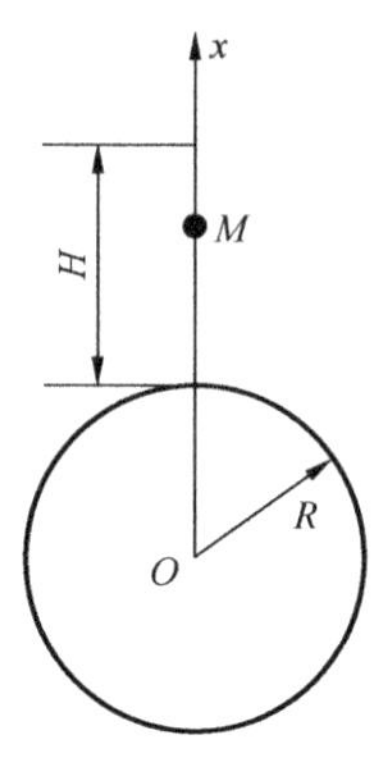

题 6-3 图

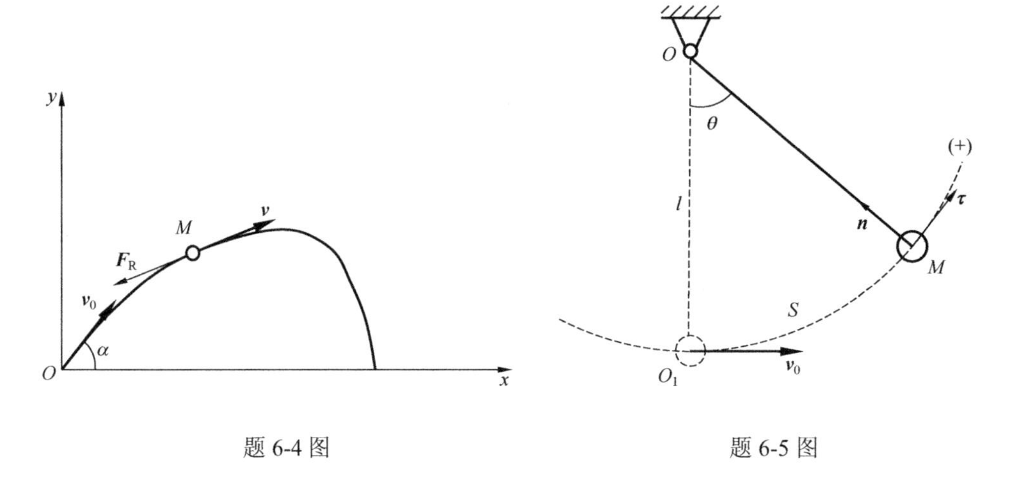

题 6-4 图　　题 6-5 图

6-6　图示质量为 10t 的物体随跑车的 $v_0=1\mathrm{m/s}$ 的速度沿桥式吊车的桥架移动。今因故急刹车，物体由于惯性绕悬挂点 C 向前摆动，绳长 l=5m。求：(1)刹车时绳子的张力；(2)最大摆角的大小。建立的运动微分方程，设空气阻力的大小与速度的平方成正比。

6-7　质点与圆柱面间的动滑动摩擦因数为 f，圆柱半径为 1m。请建立质点的运动微分方程，并分析其运动。

第 7 章　质点系动力学

质点系动力学研究质点系整体运动特征量(动量、动量矩和动能)的变化与作用力之间的关系，主要内容包括质点系的动量定理、质点系的动量矩定理和质点系的动能定理。质点系的动量定理和质点系的动量矩定理完整地反映了质点系所受外力与其运动变化的关系，却没有反映内力的作用效果，也没有考虑作用力的空间累积效应。质点系的动能定理揭示了质点系动能的改变量与其所受作用力(包括内力和外力)的功之间的数量关系。

7.1　动 量 定 理

7.1.1　动量与冲量

1. 质点的动量

质量和速度是决定物体机械运动强弱的两个重要因素。设质点的质量为 m，其速度为 $\boldsymbol{v}$，则质点质量与其速度的乘积称为该瞬时质点的动量，用 $m\boldsymbol{v}$ 表示。动量是矢量，它的方向与质点的速度 $\boldsymbol{v}$ 方向相同，动量的单位是千克・米/秒(kg · m/s)。

2. 冲量

物体运动的改变，不仅取决于作用在物体上的力，而且与力所作用的时间有关。例如，杂技顶缸中演员就是利用延长头缸接触时间来减小头缸间的冲击。打桩、打铁则反其道，锤击过程中，在极短的时间间隔内，铁锤的动量得到一定的改变，因而形成了巨大的锤击力。因此，工程中将力在一段时间间隔内作用的累积效应称为力的冲量。当作用力 $\boldsymbol{F}$ 为常力、作用时间为 t 时，$\boldsymbol{F}$ 在时间间隔内的冲量 $\boldsymbol{I}$ 为 $\boldsymbol{I}=\boldsymbol{F}t$。

冲量是矢量，它的方向与力的方向相同。冲量的单位是牛・米(N · s)。

当作用力 $\boldsymbol{F}$ 为变力时，它在无穷小的时间间隔 $\mathrm{d}t$ 内仍可视为常量，故可得时间 $\mathrm{d}t$ 内力的元冲量为 $\mathrm{d}\boldsymbol{I}=\boldsymbol{F}\mathrm{d}t$。

于是可得在时间间隔 t 内，力的冲量为 $\boldsymbol{I}=\int_0^t \boldsymbol{F}\mathrm{d}t$

7.1.2　质点的动量定理

设质量为 m 的质点 M 在合力 $\boldsymbol{F}$ 的作用下运动，其速度为 $\boldsymbol{v}$（图 7-1）。根据动力学基本方程，有

$$m\frac{\mathrm{d}\boldsymbol{v}}{\mathrm{d}t}=\boldsymbol{F}$$

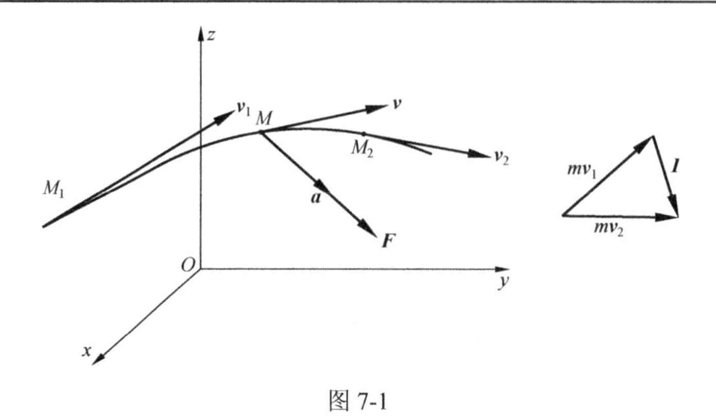

图 7-1

由于质点的质量为常量，上式亦可写成

$$\frac{\mathrm{d}(m\boldsymbol{v})}{\mathrm{d}t}=\boldsymbol{F} \tag{7-1}$$

可以看出，式中括号内为质量点的动量。因此，式(7-1)表明：**质点动量对时间的变化等于该质点所受的合力。这就是微分形式的质点的动量定理。**

将式(7-1)分离变量后，两边积分可得

$$m\boldsymbol{v}_2-m\boldsymbol{v}_1=\int_{t_1}^{t_2}\boldsymbol{F}\mathrm{d}t \tag{7-2}$$

式(7-2)表明：质点动量在任一时间间隔内的改变，等于在同一时间间隔内作用在该质点上的合力的冲量。这就是积分形式的质点的动量定理。

显而易见，有关 m、$\boldsymbol{v}$、$\boldsymbol{F}$、t 等物理量的问题可直接应用质点的动量定理求解。

7.1.3　质点系的动量定理

设质点系由 n 个质点组成，其中某质点的质量为 m、速度为 $\boldsymbol{v}$，作用于该质点上的力有外力 $\boldsymbol{F}_i^{(\mathrm{e})}$ 和质点系内各质点之间相互作用的力，即内力 $\boldsymbol{F}_i^{(\mathrm{i})}$ 。由质点的动量定理，有

$$\frac{\mathrm{d}}{\mathrm{d}t}(m_i\boldsymbol{v}_i)=\boldsymbol{F}_i^{(\mathrm{e})}+\boldsymbol{F}_i^{(\mathrm{i})}$$

则将各质点的动量定理相加，可得

$$\frac{\mathrm{d}}{\mathrm{d}t}\left(\sum m_i\boldsymbol{v}_i\right)=\sum\boldsymbol{F}_i^{(\mathrm{e})}+\sum\boldsymbol{F}_i^{(\mathrm{i})}$$

式中，$\sum m_i\boldsymbol{v}_i$ 为质点系内各质点动量的矢量和，称为质点系的动量，并以 $\boldsymbol{p}$ 表示。由质心运动定理，存在 $\sum m_i\boldsymbol{a}_i=m\boldsymbol{a}_{\mathrm{c}}$ ，故有 $\sum m_i\boldsymbol{v}_i=m\boldsymbol{v}_{\mathrm{c}}$ ，所以 $\boldsymbol{p}=m\boldsymbol{v}_{\mathrm{c}}$；又因为作用于质点系上的所有内力总是成对出现，且它们的大小相等、方向相反，所以内力的矢量和恒等于零，于是上式可简化为

$$\frac{\mathrm{d}\boldsymbol{p}}{\mathrm{d}t}=\sum\boldsymbol{F}_i^{(\mathrm{e})} \tag{7-3}$$

式(7-3)表明：**质点系的动量对时间的变化率，等于质点系所受外力的矢量和。这就是微分形式的质点系的动量定理。**

将式(7-3)两边乘以 dt，并在时间间隔(t_2–t_1)内进行积分，可得

$$\boldsymbol{p}_2-\boldsymbol{p}_1=\sum\int_{t_1}^{t_2}\boldsymbol{F}_i^{(\mathrm{e})}\mathrm{d}t=\sum\boldsymbol{I}_i^{(\mathrm{e})} \tag{7-4}$$

式中，$\boldsymbol{p}_1$ 和 $\boldsymbol{p}_2$ 分别表示质点系在时间 t_1 和 t_2 的动量。

式(7-4)表明：质点系的动量在任一时间间隔内的改变，等于在同一时间间隔内作用在该质点系上所有外力冲量的矢量和。这就是积分形式的质点系的动量定理。

当质点系不受外力作用或作用于质点系上外力的矢量和为零，即 $\sum\boldsymbol{F}_i^{(\mathrm{e})}=0$ 时，由式 (7-3)得

$$\boldsymbol{p}=\sum m_i\boldsymbol{v}_i=m\boldsymbol{v}_\mathrm{c}=\text{常矢量}$$

它表明：**当作用于质点系上外力的矢量和恒等于零时，质点系的动量将保持不变。这就是质点系的动量守恒定理。**

【例 7-1】 设作用在活塞上的合力为 $\boldsymbol{F}$，按规律 $F=0.4mg(1–kt)$变化，其中 m 为活塞的质量，$k=1.6\mathrm{s}^{-1}$。已知 $t_1=0$ 时，活塞的速度 $v_1=0.2\mathrm{m/s}$，方向水平向右。试求 $t_2=0.5\mathrm{s}$ 时活塞的速度。

解： 以活塞为研究对象。已知作用在活塞上的合力 $\boldsymbol{F}$ 随时间的变化规律及 t_2、$\boldsymbol{v}_1$，要求 $\boldsymbol{v}_2$，故采用积分形式的质点的动量定理，取坐标轴 Ox 向右为正。根据式(7-2)，有

$$mv_{2x}-mv_{1x}=I_x$$

在给定条件下

$$I_x=\int_{t_1}^{t_2}F_x\mathrm{d}t=0.4mg\int_{t_1}^{t_2}(1-kt)\mathrm{d}t=0.4mg\left(t_2-\frac{k}{2}t_2^2\right)$$

联合 $v_{1x}=v_1$、$v_{2x}=v_2$，得

$$m(v_2-v_1)=0.4mg\left(t_2-\frac{k}{2}t_2^2\right)$$

解得

$$v_2=v_1+0.4g\left(t_2-\frac{k}{2}t_2^2\right)=1.38\mathrm{m/s}$$

【例 7-2】 锤的质量为 3000kg，从高度 $H=1.5\mathrm{m}$ 处自由落到工件上，如图 7-2 所示。已知工件因受锤击而变形所经时间为 $t=0.01\mathrm{s}$，求锻锤对工件的平均打击力。

解： 取锤为研究对象。作用在锤上的力有重力 $\boldsymbol{G}$ 及其与工件接触时的反力。在工件塑性变形过程中，反力是变力，在极短的时间内，反力由小急剧增大，用平均值 $\boldsymbol{F}_\mathrm{N}$ 来代替。

设锤自由下落 H 时的速度为 $\boldsymbol{v}_{1y}$，由运动学知 $v_{1y}=\sqrt{2gH}$ 。

取铅锤坐标轴 y 向下为正。根据质点的动量定理，有

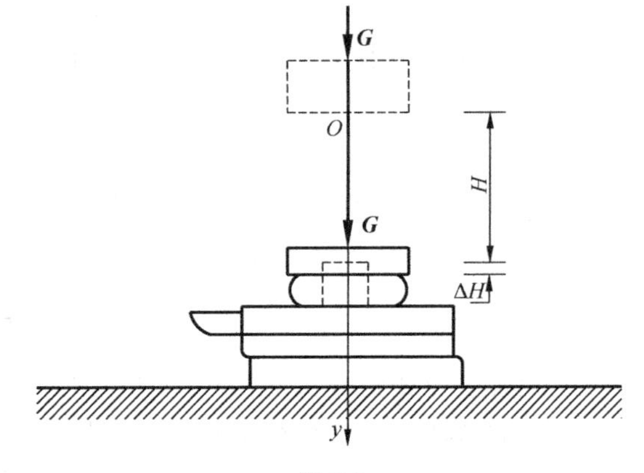

图 7-2

$$mv_{2y} - mv_{1y} = \int_{t_1}^{t_2} F_y \mathrm{d}t = \int_0^t F_y \mathrm{d}t$$

锤从自由落下到工件变形完成这一过程中，反力比重力大得多，重力可忽略，因此，

$$-mv_{1y} = -F_{\mathrm{N}}t$$

将已知条件代入，得

$$F_{\mathrm{N}} = \frac{m}{t}\sqrt{2gH} = 1626653\mathrm{N} \approx 1626.7\mathrm{kN}$$

锤对工件的平均打击力与 $\boldsymbol{F}_{\mathrm{N}}$ 是作用与反作用关系，故两者大小相等，即锤对工件的平均打击力也是1626.7kN，相当于锤重的55倍，可见打击力非常大。

7.2 动量矩定理

7.2.1 动量矩

工程中，常用动量矩的概念来表示物体绕某点(或轴)转动运动量的大小。

1. 质点对轴的动量矩

设有质点 Q，其质量为 m，质点 Q 的动量对于点 O 的矩定义为质点对于点 O 的动量矩，是矢量。

$$\boldsymbol{M}_O(m\boldsymbol{v}) = r \times m\boldsymbol{v} \tag{7-5}$$

质点动量 $m\boldsymbol{v}$ 在 Oxy 平面内的投影 $(m\boldsymbol{v})_{xy}$ 对于点 O 的矩定义为质点动量对于 z 轴的矩，简称对于 z 轴的动量矩，用 $M_z(m\boldsymbol{v})$ 表示，是代数量。类似于力对点之矩和力对轴之矩的关系，质点对点 O 的动量矩矢在 z 轴上的投影等于对 z 轴的动量矩。

$$[\boldsymbol{M}_O(m\boldsymbol{v})]_z = M_z(m\boldsymbol{v})$$

由式(7-5)可以看出，对固定轴的动量矩是代数量，通常规定：从 z 轴的正向看去，使质点绕 z 轴做逆时针转动的动量矩为正，反之为负。图7-3中，质点 M 对 z 轴的动量矩为正值。在国际单位制中，动量矩的单位为千克·米^2/秒($\mathrm{kg \cdot m^2/s}$)。

2. 质点系及刚体对轴的动量矩

设质点系由 n 个质点组成，称其中每一个质点对于固定轴 z 的动量矩的代数和为质点系对 z 轴的动量矩，记为 L_z，即

$$L_z = \sum M_z(m\boldsymbol{v}) \tag{7-6}$$

工程中，常需计算做定轴转动的刚体对固定轴的动量矩。设刚体以匀角速度 ω 绕定轴转动，如图7-4所示。在刚体内任取一点 M_i，其质量为 m_i，该质点至转轴 z 的距离为 r_i，质点的速度 $\boldsymbol{v}_i$ 的大小为 v_i，它对转轴 z 的动量矩为

$$M_z(m_i\boldsymbol{v}_i)=m_iv_ir_i=m_ir_i^2\omega$$

整个刚体对固定轴 z 的动量矩为组成刚体的各质点动量矩的代数和，即

$$L_z=\sum M_z(m\boldsymbol{v}_i)=\omega\sum m_iv_i^2=J_z\omega \tag{7-7}$$

式(7-7)表明：**绕定轴转动的刚体对于转轴的动量矩，等于刚体对于转轴的转动惯量与其角速度的乘积。**

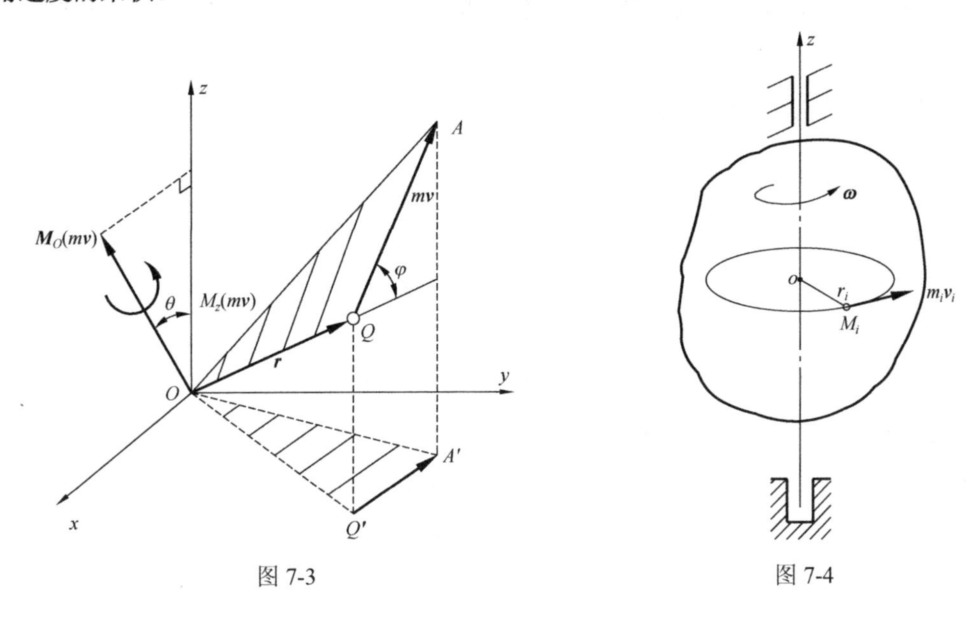

图 7-3　　图 7-4

7.2.2　质点的动量矩定理

设在平面内有一质点 M，此质点绕与平面 N 垂直的 z 轴做圆周运动。已知质点的质量为 m，某瞬时的速度为 $\boldsymbol{v}$，加速度为 $\boldsymbol{a}$，其动量为 $m\boldsymbol{v}$(图 7-5)。根据动力学基本方程 $\boldsymbol{F}=m\boldsymbol{a}$，将此式向点 M 处的圆周的切线方向投影，得

$$F_z=ma_z$$

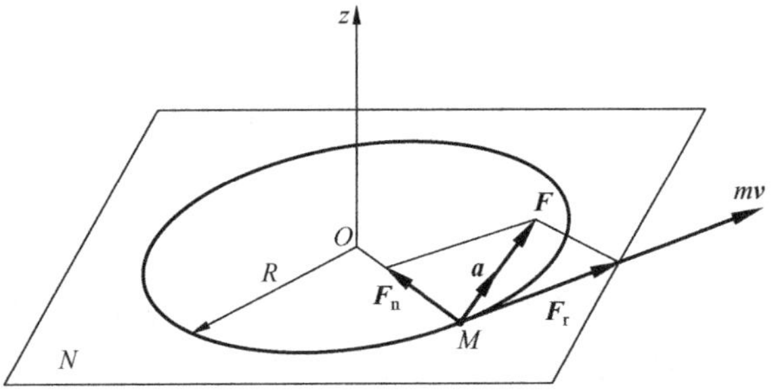

图 7-5

再将投影式两边乘以圆的半径 R，得

$$F_zR=ma_zR=m\frac{\mathrm{d}v}{\mathrm{d}t}R=\frac{\mathrm{d}}{\mathrm{d}t}(mvR)$$

式中，F_zR 表示作用于质点上的力 $\boldsymbol{F}$ 对转轴 z 的矩；mvR 表示质点的动量与它到 z 轴垂直距离的乘积，即质点对 z 轴的动量矩，表征质量点绕 z 轴转动的强度，故上式可写成

$$\frac{\mathrm{d}}{\mathrm{d}t}M_z(m\boldsymbol{v})=M_z(\boldsymbol{F}) \tag{7-8}$$

式(7-8)虽然是从特例中推导出来的，但是它具有普遍意义。它表明：**质点对于某一固定轴的动量矩对于时间的导数，等于作用在质点上的力对于同一轴的矩。这就是质点的动量矩定理。**

7.2.3 质点系的动量矩定理

设质点系由 n 个质点组成，取其中任一质点 M_i，此质点的动量为 $m_i\boldsymbol{v}_i$，作用在该质点上内力的合力为 $\boldsymbol{F}_i^{(\mathrm{i})}$，外力的合力为 $\boldsymbol{F}_i^{(\mathrm{e})}$。由前述质点的动量矩定理，有

$$\frac{\mathrm{d}}{\mathrm{d}t}M_z(m_i\boldsymbol{v}_i)=M_z(\boldsymbol{F}_i^{(\mathrm{i})})+M_z(\boldsymbol{F}_i^{(\mathrm{e})})$$

$$\sum\frac{\mathrm{d}}{\mathrm{d}t}M_z(m_i\boldsymbol{v}_i)=\sum M_z(\boldsymbol{F}_i^{(\mathrm{i})})+\sum M_z(\boldsymbol{F}_i^{(\mathrm{e})})$$

式中，$\sum M_z(m_i\boldsymbol{v}_i)$ 为质点系对固定轴 z 的动量矩，记为 L_z。

在质点系中，由于质点间相互作用的内力总是成对出现，它们对 z 轴力矩的代数和恒为零，即

$$\sum\frac{\mathrm{d}}{\mathrm{d}t}M_z(m\boldsymbol{v}_i)=\sum M_z(\boldsymbol{F}_i^{(\mathrm{e})})$$

或

$$\frac{\mathrm{d}L_z}{\mathrm{d}t}=\sum M_z(\boldsymbol{F}_i^{(\mathrm{e})}) \tag{7-9}$$

式(7-9)表明：**质点系对于某一固定轴的动量矩对于时间的导数，等于质点系所有外力对于同一轴的矩的代数和。这就是质点系的动量矩定理。**

由式(7-9)可以看出，当作用于质点系上的外力对某一固定轴的矩的代数和等于零，即 $\sum M_z(\boldsymbol{F}_i^{(\mathrm{e})})=0$ 时，有

$$\sum\frac{\mathrm{d}}{\mathrm{d}t}M_z(m\boldsymbol{v}_i)=0$$

即 $L_z=\sum M_z(m\boldsymbol{v}_i)=$ 常量。 (7-10)

它表明：**如果作用于质点系的外力对于某固定轴的矩的代数和等于零，则质点系对于该轴的动量矩保持不变。这就是质点系的动量矩守恒定理。**

【例 7-3】 直径为 d、重力为 $\boldsymbol{G}$ 的滚筒受到力矩 T 作用，滚筒上挂有重物质量为 m，求重物的加速度 $\boldsymbol{a}$。

解： 取滚筒与重物组成的质点系为研究对象。作用于质点系上的外力及转矩有重物的重力 $m\boldsymbol{g}$，滚筒重力 $\boldsymbol{G}$，轴承 O 处的约束反力 $\boldsymbol{F}_x$、$\boldsymbol{F}_y$，如图 7-6 所示。

设某瞬时滚筒转动的角速度为 ω，则重物上升的速度 $v=\omega d/2$。整个系统对转轴 O 的动量矩为

$$L=J\omega+\frac{mvd}{2}=J\omega+\frac{m\omega d^2}{4}$$

由质点系的动量矩定理得

$$\frac{\mathrm{d}}{\mathrm{d}t}\left(J\omega+\frac{m\omega d^2}{4}\right)=T-\frac{mgd}{2}$$

$$\left(J+\frac{md^2}{4}\right)\frac{\mathrm{d}\omega}{\mathrm{d}t}=T-\frac{mgd}{2}$$

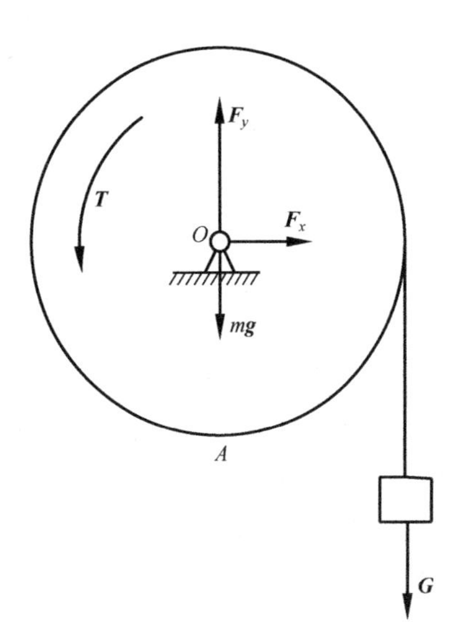

图 7-6

滚筒角加速度为

$$\alpha=\frac{4T-2mgd}{4J+md^2}$$

重物上升的加速度等于滚筒边缘上任意一点的切向加速度，故

$$a=\frac{d}{2}\alpha=\frac{d}{2}\cdot\frac{4T-2mgd}{4J+md^2}=\frac{(2T-mgd)d}{4J+md^2}$$

【例 7-4】 图 7-7 所示的调速器中，长为 $2a$ 的水平杆 AB 与铅垂轴固连，并绕 z 轴转动。其两端用铰链与长为 l 的细杆 AC、BD 相连，细杆端部各有一重力为 $\boldsymbol{G}$ 的球。起初两球用线相连，杆 AC、BD 位于铅垂位置。当机构以角速度 $\boldsymbol{\omega}_0$ 绕铅垂轴转动时，线被拉断。此后，杆 AC、BD 各与铅垂线成 θ 角。若不计各杆重力，且此时转轴不受外力矩作用，求此系统的角速度 $\boldsymbol{\omega}$。

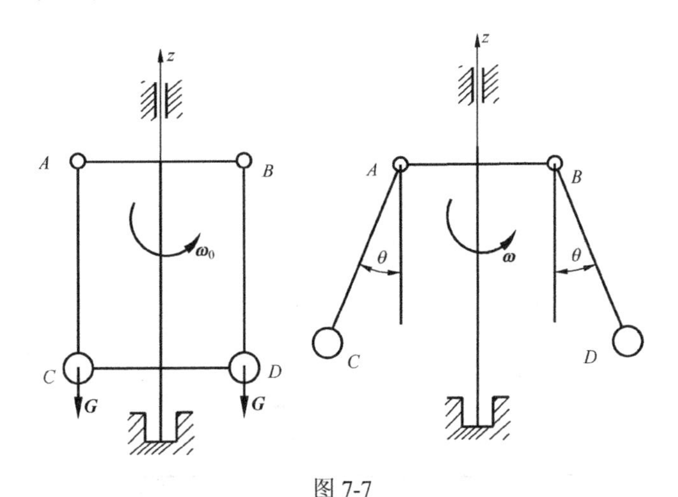

图 7-7

解： 将整个调速器视为质点系，其所受外力有小球的重力及轴承处的约束反力，这些力对转轴的矩均为零。由质点系的动量矩守恒定律知，绳拉断前后系统对 z 轴的动量矩不变。绳拉断前系统的动量矩为

$$L_z = 2\left(\frac{G}{g}a^2\omega_0\right)$$

绳拉断后系统的动量矩为 $$L_z' = 2\frac{G}{g}(a + l\sin\theta)^2\omega$$

由 $L_z = L_z'$ 得 $$2\frac{G}{g}a^2\omega_0 = 2\frac{G}{g}(a + l\sin\theta)^2\omega$$

故绳拉断后系统的角速度为 $$\omega = \frac{a^2\omega_0}{(a + l\sin\theta)^2}$$

7.3 动 能 定 理

在上述各章中所讨论物体间的相互机械作用以及物体动量的变化都以矢量的形式给出，所以有人将它称为**矢量力学**。

物质的运动形式是多种多样的，度量不同形式运动量的统一物理量是能量，如电能、热能等。物体机械运动的能量为机械能，它包括动能与势能。物体机械能的变化用功来度量。通过功与能的概念来研究物体的机械运动，有时更为方便和有效，同时它还可以建立机械运动和其他形式运动的联系。因而具有广泛的意义。同时，它还提供了一种利用标量来研究力学问题的方法，这种方法称为能量法。能量法是一种重要的、常用的、颇具特色的方法，是工程技术人员必须深刻理解并掌握的内容。

7.3.1 力的功

在力学中，作用在物体上力的功表征了力在其作用点的运动路程中对物体作用的累积效果，其结果是引起物体能量的改变和转化。

1. 常力在直线运动中的功

设质点 M 在常力 $\boldsymbol{F}$ 的作用下使质点上力的作用点 M_1 到 M_2 有一位移 s，如图 7-8 所示，则力 $\boldsymbol{F}$ 所做的功为力在位移方向的有效值与位移的乘积，即

$$W = Fs\cos\alpha \tag{7-11}$$

式中，α 为力 $\boldsymbol{F}$ 与力的作用点的位移 s 之间的夹角。式(7-11)可写成

$$W = \boldsymbol{F} \cdot \boldsymbol{s} \tag{7-12}$$

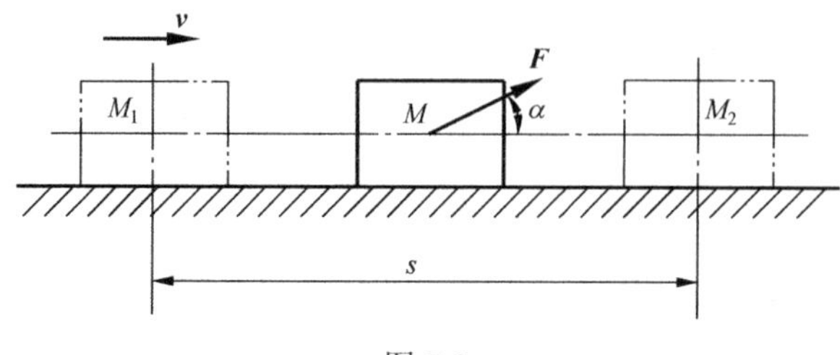

图 7-8

即作用在质点上的常力沿直线路程所做的功，等于力矢与质点位移的数量积，功是代数量：

$\alpha < 90°$时，$W > 0$，力做正功。

$\alpha > 90°$时，$W < 0$，力做负功。

$\alpha = 90°$时，$W = 0$，力不做功或功为零。

功的单位是焦耳(J)，$1\text{J} = 1\text{N}\cdot\text{m}$。

2. 变力在曲线运动中的功

设质点 M 在变力作用下沿曲线 M_1 到 M_2 运动，如图 7-9 所示，求变力 $\boldsymbol{F}$ 在路程 $\overset{\frown}{M_1M_2}$ 中所做的功。

由于 $\boldsymbol{F}$ 是变力，把 $\overset{\frown}{M_1M_2}$ 分成无数微小的段。在微小弧段 ds 上，力 $\boldsymbol{F}$ 可近似地看成常力，ds 也近似为直线。由式(7-11)可得力在微小弧段 ds 中的元功为

$$\delta W = F\cos\alpha\cdot \text{d}s \tag{7-13a}$$

式中，α 是力 $\boldsymbol{F}$ 与轨迹切向的夹角。

当 ds 足够小时，$\text{d}s = |\text{d}\boldsymbol{r}|$，其中 d$\boldsymbol{r}$ 是与 ds 相对应的微小位移，则式(7-13a)可写成

$$\delta W = \boldsymbol{F}\cdot \text{d}\boldsymbol{r} \tag{7-13b}$$

若以矢量分析式表示 $\boldsymbol{F}$ 和 d$\boldsymbol{r}$，即

$$\delta W = (F_x\boldsymbol{i} + F_y\boldsymbol{j} + F_z\boldsymbol{k})\cdot(\text{d}x\boldsymbol{i} + \text{d}y\boldsymbol{j} + \text{d}z\boldsymbol{k})$$

展开后可得上式的解析表达式为

$$\delta W = F_x\text{d}x + F_y\text{d}y + F_z\text{d}z \tag{7-13c}$$

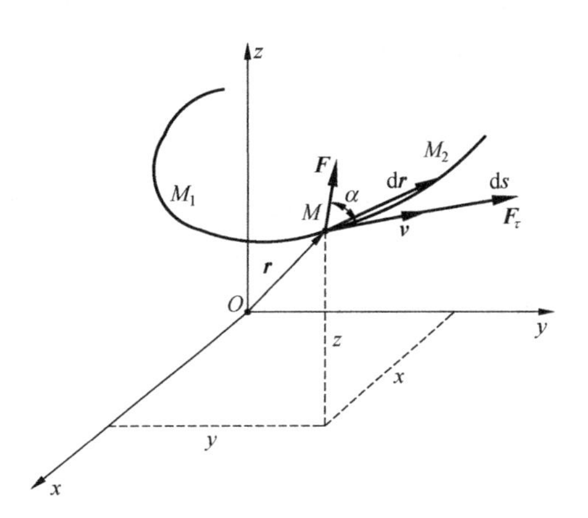

图 7-9

变力在路程 $\overset{\frown}{M_1M_2}$ 上的总功可由式(7-13a)积分求得

$$W = \int_{M_1}^{M_2}\delta W = \int_{M_1}^{M_2}F\cos\alpha\text{d}s \tag{7-14a}$$

这是 $\boldsymbol{F}$ 沿路程 $\overset{\frown}{M_1M_2}$ 的 AB 曲线积分，在一般情况下，其值与积分的路线有关。变力 $\boldsymbol{F}$ 在路程 $\overset{\frown}{M_1M_2}$ 中的总功也可由式(7-13c)积分求得

$$W = \int_{M_1}^{M_2}(F_x\text{d}x + F_y\text{d}y + F_z\text{d}z) \tag{7-14b}$$

这是**功的解析表达式**。由图 7-9 与式(3-13)可知，$F\cos\alpha$ 是力 $\boldsymbol{F}$ 在轨迹切线上的投影量 F_τ，因而可得

$$W = \int_{M_1}^{M_2}\delta W = \int_{M_1}^{M_2}F_\tau\text{d}s \tag{7-14c}$$

3. 合力的功

若质点 M 受力系 $\boldsymbol{F}_1, \boldsymbol{F}_2, \cdots, \boldsymbol{F}_n$ 作用，其合力为 $\boldsymbol{F}_\text{R}$，即 $\boldsymbol{F}_\text{R} = \boldsymbol{F}_1 + \boldsymbol{F}_2 + \cdots + \boldsymbol{F}_n$，于是质点 M 在合力 $\boldsymbol{F}_\text{R}$ 作用下沿路程 $\overset{\frown}{M_1M_2}$ 中的总功为

$$\begin{aligned} W &= \int_{M_1}^{M_2} \boldsymbol{F}_{\mathrm{R}} \cdot \mathrm{d}\boldsymbol{r} = \int_{M_1}^{M_2} (\boldsymbol{F}_1 + \boldsymbol{F}_2 + \cdots + \boldsymbol{F}_n) \cdot \mathrm{d}\boldsymbol{r} \\ &= \int_{M_1}^{M_2} \boldsymbol{F}_1 \cdot \mathrm{d}\boldsymbol{r} + \int_{M_1}^{M_2} \boldsymbol{F}_2 \cdot \mathrm{d}\boldsymbol{r} + \cdots + \int_{M_1}^{M_2} \boldsymbol{F}_n \cdot \mathrm{d}\boldsymbol{r} \\ &= W_1 + W_2 + \cdots + W_n = \sum W_i \end{aligned} \tag{7-15}$$

式(7-15)表明：**在任一路程中，作用于质点上合力的功等于各分力在同一路程中所做功的代数和。**

7.3.2　几种常见力的功

1)重力的功

设质点 M 的重力为 $\boldsymbol{G}$，沿曲线由 M_1 运动到 M_2，如图 7-10 所示，求重力所做的功。由图可知，作用在质点 M 上的重力在三个坐标轴上的投影分别为 $F_x = F_y = 0$，$F_z = -G$，由式(7-14b)得重力的功为

$$W = \int_{z_1}^{z_2} -G\mathrm{d}z = -D(z_1 - z_2) = Gh \tag{7-16}$$

式中，h 为质点在始点位置 M_1 与终点位置 M_2 的高度差。若质点下降，重力的功为正；若质点上升，重力的功为负。**重力的功等于质点的重量与质点始末位置高度之差的乘积，与质点运动的路径无关。**

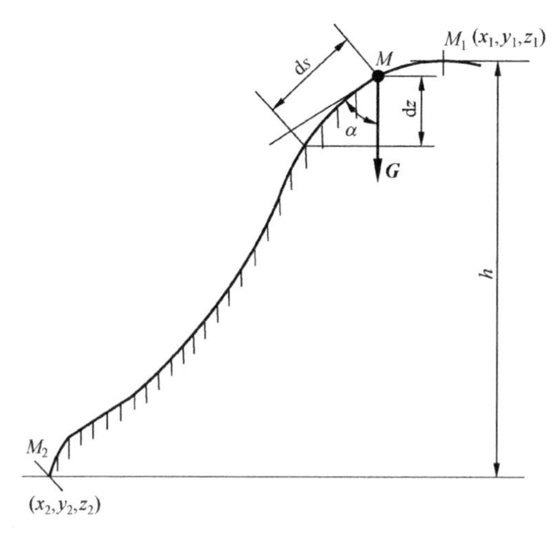

图 7-10

对于质点系而言，其重力的功就等于质点系中各质点重力功的和，则有

$$W = \sum G_i(z_1 - z_2) = \sum m_i g(z_1 - z_2) = mg(z_1 - z_2) = Gh \tag{7-17}$$

式(7-17)表明：**质点系在运动过程中，其重力的功等于质点系的重力与其质心始末位置高度之差的乘积，质心下降，功为正值；质心上升，功为负值。**

2)弹性力的功

质点 M 与弹簧一端连接，弹簧的另一端固定于 O'点，如图 7-11(a)所示。M 做直线运

动，从 M_1 运动到 M_2，求弹性力的功。设弹簧的原长为 l_0，刚度系数为 k，k 的单位是 N/m，表示弹簧发生单位变形所需的力。取自然长度的位置为坐标原点 O，弹簧中心线为坐标轴，并以弹簧伸长方向为正方向。设质点位于 M 处，此时弹簧被拉长 x。根据胡克定律，在弹性极限内，弹性力与弹簧的变形成正比，即 $F=-kx$，弹性力的方向指向自然长度的 O 点，与变形方向相反。当质点 M 有一微小位移 dx 时，弹性力的元功为

$$\delta W = F\mathrm{d}x = kx\mathrm{d}x$$

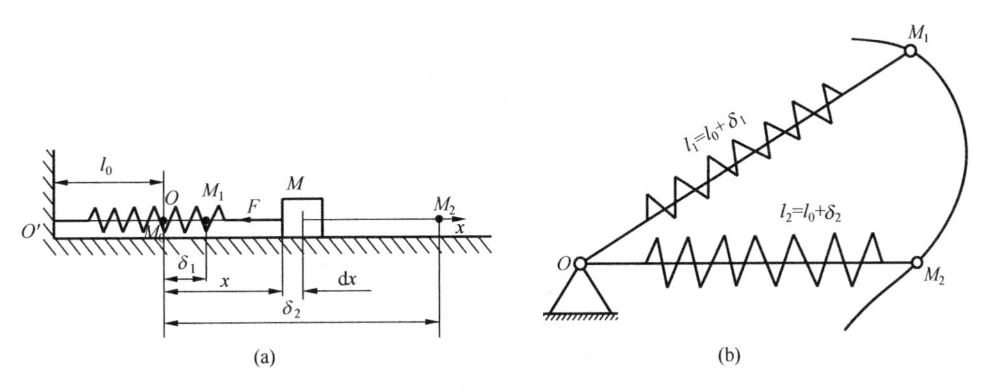

图 7-11

质点由 M_1 位置移动到 M_2，即变形(变形量 $\delta=\delta_1-\delta_2$)的过程中，弹性力所做的功为

$$W=\int_{\delta_1}^{\delta_2} -kx\mathrm{d}x=\frac{1}{2}k(\delta_1^{\,2}-\delta_2^2) \tag{7-18}$$

式(7-18)表明：**弹性力的功等于弹簧的刚度系数与其始末位置变形的平方之差乘积的一半。当初变形 δ_1 大于末变形 δ_2 时，弹性力的功为正，反之为负。**

若弹簧端点的质点 M 做曲线运动，如图 7-11(b)所示，不难证明式(7-18)仍然是适用的。由此可知，弹性力的功只和弹簧的始末变形有关，而与质点运动所经过的路径无关。

3)动摩擦力的功

当质点受动摩擦力作用由 M_1 运动到 M_2 时，由于动摩擦力的方向总是与质点运动的方向相反，根据摩擦定律，$F'=fF_{\mathrm{N}}$，所以在一般情况下，动摩擦力的功为负，其大小与质点的运动路径有关，即

$$W=\int_{M_1}^{M_2} fF_{\mathrm{N}}\cdot\mathrm{d}s \tag{7-19}$$

式(7-19)表明动摩擦力的功为负值，其大小与质点的运动路径有关。

若法向反力 $\boldsymbol{F}_{\mathrm{N}}$ 为常量，则

$$W=-fF_{\mathrm{N}}s$$

式中，s 为质点从 M_1 到 M_2 所经路径的曲线距离。

4)作用于定轴转动刚体上力的功(力矩的功)

设定轴转动刚体上 M 点处有一个力 $\boldsymbol{F}$，求刚体转动时力 $\boldsymbol{F}$ 所做的功。此力可分解为三个分力，如图 7-12 所示，$\boldsymbol{F}_z$ 平行于 z 轴，$\boldsymbol{F}_r$ 为垂直于转轴的径向力，$\boldsymbol{F}_\tau$ 为切于 M 点圆周运动路径的切向力。

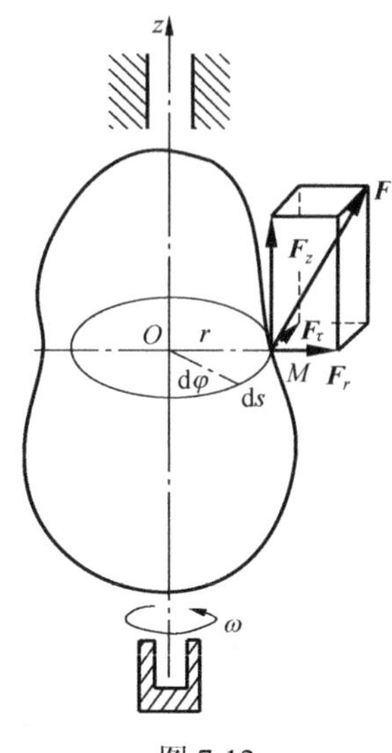

图 7-12

设刚体转动 $\mathrm{d}\varphi$ 角，则 M 点的路径 $\mathrm{d}s = r\mathrm{d}\varphi$，$r$ 为 M 点与转轴的距离。由于 $\boldsymbol{F}_r$ 与 $\boldsymbol{F}_z$ 均垂直于 $\mathrm{d}s$ 不做功，故力 $\boldsymbol{F}$ 在 $\mathrm{d}s$ 上的元功为

$$\delta W = F_\tau \mathrm{d}s = F_\tau r \mathrm{d}\varphi$$

式中，$F_\tau r$ 为力 $\boldsymbol{F}$ 对转轴 z 的力矩 M_z。当刚体从转角 φ_1 到 φ_2 时，力 $\boldsymbol{F}$ 所做的功为

$$W = \int_{\varphi_1}^{\varphi_2} M_z \mathrm{d}\varphi \tag{7-20}$$

当力矩 M_z 为常量时，有 $W = M_z(\varphi_2 - \varphi_1) = M_z\varphi$　　(7-21)

式(7-21)表明：**作用于定轴转动刚体上常力矩的功，等于力矩与转角大小的乘积。当力矩与转角转向一致时，功取正值；相反时，功取负值。**

如果作用在转动刚体上的是常力偶，而力偶的作用面与转轴垂直，则功的计算仍采用式(7-21)。

5) 内力的功

质点系的内力总是成对出现的，且大小相等、方向相反，因此力和力矩所产生的作用效应是互相抵消的，即内力的合力为零，对任一点的力矩也为零。但是，内力功的总和一般不一定等于零。下面以质点系中相互吸引的两质点 A 和 B 说明：由任意点 O 为原点作 A、B 两点的矢径 $\boldsymbol{r}_A$ 和 $\boldsymbol{r}_B$，如图 7-13 所示。两点有大小相等、方向相反的力 $\boldsymbol{F}_{BA}$ 和 $\boldsymbol{F}_{AB}$，它们的元功分别为 $\boldsymbol{F}_{BA} \cdot \boldsymbol{r}_A$ 和 $\boldsymbol{F}_{AB} \cdot \boldsymbol{r}_B$，其元功之和为

$$\begin{aligned}\delta W &= \boldsymbol{F}_{BA} \cdot \mathrm{d}\boldsymbol{r}_A + \boldsymbol{F}_{AB} \cdot \mathrm{d}\boldsymbol{r}_B = \boldsymbol{F}_{BA} \cdot \mathrm{d}\boldsymbol{r}_A - \boldsymbol{F}_{BA} \cdot \mathrm{d}\boldsymbol{r}_B \\ &= \boldsymbol{F}_{BA}(\mathrm{d}\boldsymbol{r}_A - \mathrm{d}\boldsymbol{r}_B) = \boldsymbol{F}_{BA}(\boldsymbol{v}_A \cos\alpha_A - \boldsymbol{v}_B \cos\alpha_B)\mathrm{d}t\end{aligned}$$

由图 7-13 可知，$\boldsymbol{r}_A - \boldsymbol{r}_B = \overrightarrow{BA}$。因此，当质点系内质点间的距离 AB 变化时(即对变形体而言)，质点系内力的功一般不等于零。对于刚体，由速度投影定理可知 $v_A \cos\alpha_A - v_B \cos\alpha_B = 0$，因此 $\delta W = 0$，即刚体内力的功之和等于零。

6)约束力的功为零的理想情况

在许多理想情况下，约束反力的功(或功之和)等于零，合乎上述条件的约束称为**理想约束**。在本书中静力学部分已介绍过的不计摩擦的约束、不计自重的刚杆与不伸长的绳索皆为理想约束。此外，做纯滚动的轮子对作用于轮子上轮、地接触点的滑动摩擦力来说，因该点为瞬心，其速度为零，任何瞬时无微位移，故其功为零。但若计滚阻力矩，则因有转角，它是做功的。

【例 7-5】 质量 $m=10\text{kg}$ 的物体 M 放在倾角 $\alpha=30°$ 的斜面上，用刚度系数 $k=100\text{N/m}$ 的弹簧系住，如图 7-14 所示。斜面与物体的动摩擦因数 $f=0.2$，试求物体由弹簧原长位置 M_0 沿斜面运动到 M_1 时，作用于物体上的各力在路程 $s=0.5\text{m}$ 上的功及合力的功。

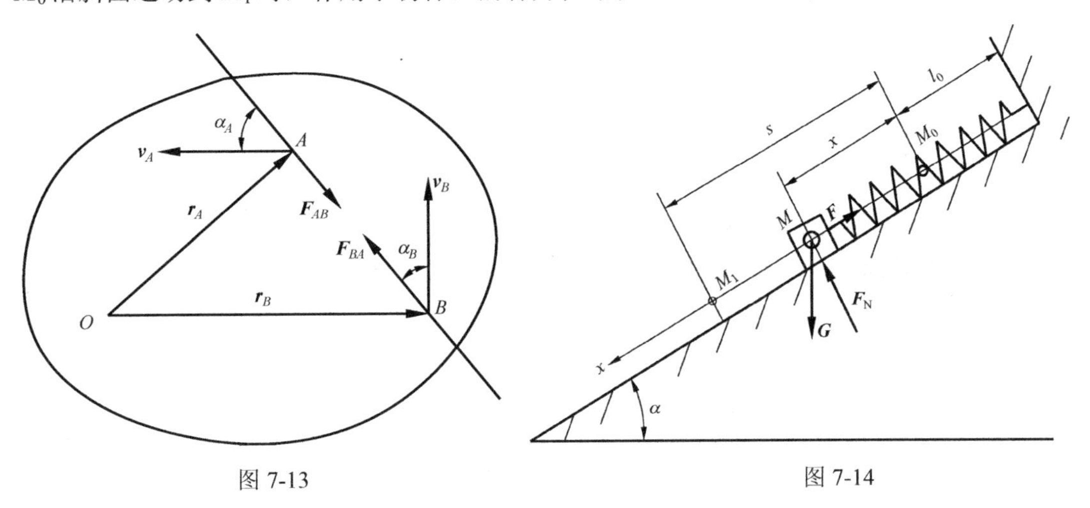

图 7-13　　图 7-14

解：取物体 M 为研究对象，作用于 M 上的有重力 $\boldsymbol{G}$、斜面的法向反力 $\boldsymbol{F}_\text{N}$、摩擦力 $\boldsymbol{F}'$ 以及弹性力 $\boldsymbol{F}$，各力所做的功为

$$W_G = Gs\sin 30° = 24.5\text{J}$$

$$W_\text{N} = 0$$

$$W_{F'} = -F's = -fGs\cos 30° = -8.5\text{J}$$

$$W_F = \frac{1}{2}k(\delta_1^2 - \delta_2^2) = -12.5\text{J}$$

故

$$W = W_G + W_\text{N} + W_{F'} + W_F = 3.5\text{J}$$

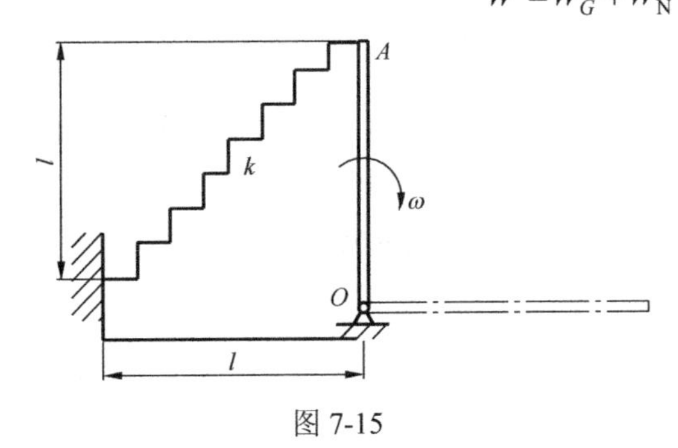

图 7-15

【例 7-6】 原长为 $\sqrt{2}l$、刚度系数为 k 的弹簧，与长为 l、质量为 m 的均质杆 OA 连接，OA 杆直立于铅垂面内，如图 7-15 所示。当杆 OA 受到常力矩 M 的作用，由铅垂位置绕 O 轴转动到水平位置时，求各力所做的功及合力的功。

解：杆受重力、弹性力及力矩作用，各力所做的功分别为

$$W_G = \frac{1}{2}mgl$$

$$W_F = \frac{1}{2}k(\delta_1^{\ 2} - \delta_2^{\ 2}) = -0.27kl^2$$

$$W_M = -M\varphi = M \cdot \frac{\pi}{2}$$

合力的功为

$$W = W_G + W_F + W_M = \frac{1}{2}mgl - 0.27kl^2 - \frac{1}{2}M\pi$$

7.3.3　动能

一切运动的物体都具有一定的能量。飞行的子弹能穿透钢板，运动的锻锤可以改变锻件的形状。物体由于机械运动所具有的能量称为**动能**。

1. 质点的动能

设质量为 m 的质点，某瞬时的速度为 $\boldsymbol{v}$，则质点质量与其速度平方乘积的一半称为**质点在该瞬时的动能**，以 T 表示，即

$$T = \frac{1}{2}mv^2 \tag{7-22}$$

由式(7-22)可知，动能是一个永为正值的标量，其单位与功的单位相同。

2. 质点系的动能

质点系内各质点动能的总和称为质点系的动能。设质点系由 n 个质点组成，其中第 i 个质点的质量为 m_i，瞬时速度为 $\boldsymbol{v}_i$，则质点系的动能为

$$T = \sum \frac{1}{2}m_i v_i^2 \tag{7-23}$$

刚体是不变质点系，其动能可用式(7-23)进行计算。由于刚体运动形式不同，其动能的计算公式不同，现分述如下。

(1)**刚体做平动时的动能。**刚体平动时，其内各质点的瞬时速度都相同，由式(7-23)可得

$$T = \sum \frac{1}{2}m_i v_i^2 = \sum \frac{1}{2}m_i v_{\mathrm{c}}^2 = \frac{1}{2}m\, v_{\mathrm{c}}^2 \tag{7-24}$$

式(7-24)表明，刚体做平动时的动能，等于刚体的质量 m 与其质心速度平方乘积的一半。

(2)**刚体绕固定轴转动时的动能。**设刚体绕固定轴 z 转动，某瞬时的角速度为 $\boldsymbol{\omega}$，如图 7-16 所示。刚体内任一质点的质点的质量为 m_i，离 z 轴的距离为 r_i，速度 $\boldsymbol{v}_i = r_i\boldsymbol{\omega}$，则刚体的动能为

$$T = \sum \frac{1}{2}m_i v_i^2 = \sum \frac{1}{2}m_i r_i^{\ 2}\omega^2 = \frac{1}{2}J\omega^2 \tag{7-25}$$

式(7-25)表明：**刚体绕固定轴转动时的动能，等于刚体对转轴的转动惯量与角速度平方乘积的一半。**

(3)**刚体做平面运动时的动能。**设做平面运动的刚体的质量为 m，在某瞬时的速度瞬心为 P，质心为 C，角速度为 $\boldsymbol{\omega}$，如图 7-17 所示。此时可视刚体绕瞬心轴转动，则刚体的动能为

$$E_k = \frac{1}{2} J_P \omega^2$$

式中，J_P 为刚体对通过瞬心并与运动平面垂直的轴的转动惯量。

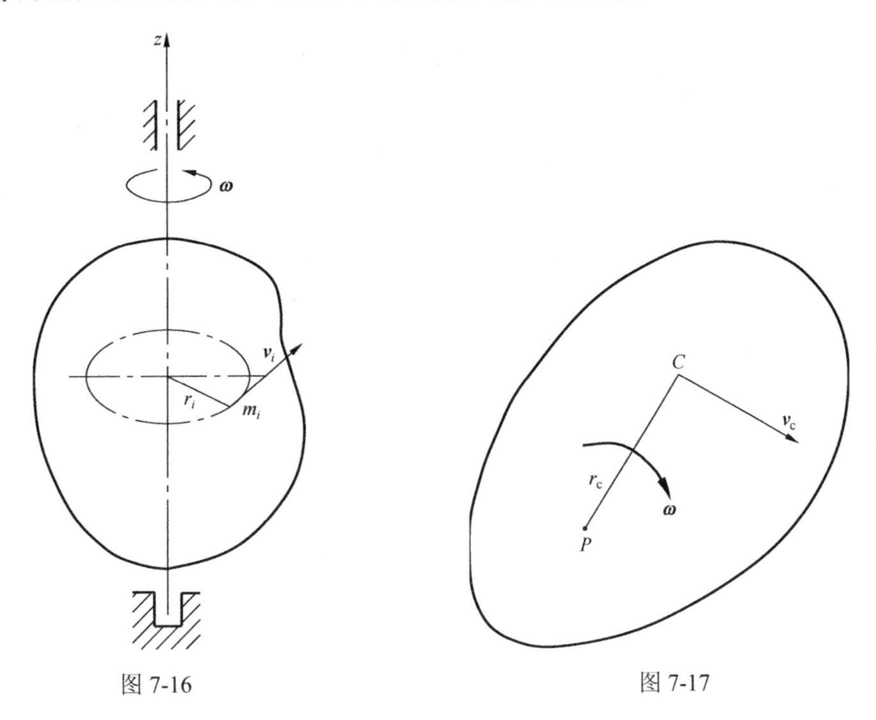

图 7-16　　图 7-17

取通过质心 C 并与瞬心轴平行的轴，刚体对质心轴的转动惯量为 J_C，两轴距离为 r_c，由平行移轴定理有 $J_P = J_C + mr_c^2$，代入上式，得

$$E_k = \frac{1}{2} J_P \omega^2 = \frac{1}{2}(J_C + mr_c^2)\omega^2 = \frac{1}{2} J_C \omega^2 + \frac{1}{2} mr_c^2 \omega^2 = \frac{1}{2} mv_c^2 + \frac{1}{2} J_C \omega^2 \tag{7-26}$$

式(7-26)表明：**刚体做平面运动时的动能，等于随质心平动的动能与相对于质心转动的动能之和。**

【例 7-7】　滚子 A 的质量为 m，沿倾角为 α 的斜面做纯滚动，滚子借绳子跨过滑轮 B 连接质量为 m_1 的物体，如图 7-18 所示。滚子与滑轮质量相等，半径相同，皆为均质圆盘。此瞬时物体的速度为 $\boldsymbol{v}$，绳不可伸长，质量不计，求系统的动能。

解：取系统为研究对象，其中重物平动，滑轮定轴转动，滚子做平面运动，系统的动能为

$$T = \frac{1}{2} m_1 v^2 + \frac{1}{2} J_B \omega^2 + \frac{1}{2} m\, v_c^2 + \frac{1}{2} J_C \omega^2$$

根据运动学关系，有 $v_c = v = r\omega$，代入得

$$T=\frac{1}{2}m_1v^2+\frac{1}{2}\times\frac{1}{2}mr^2\frac{v^2}{r^2}+\frac{1}{2}mv^2+\frac{1}{2}\times\frac{1}{2}mr^2\frac{v^2}{r^2}=\left(\frac{1}{2}m_1+m\right)v^2$$

【例 7-8】 滑块 A 以速度 $\boldsymbol{v}_\mathrm{A}$ 在滑道内滑动，其上铰接一质量为 m、长为 l 的均质杆 AB，杆以角速度 $\boldsymbol{\omega}$ 绕 A 转动，如图 7-19(a)所示。试求当杆 AB 与铅垂线的夹角为 φ 时杆的动能。

解：杆 AB 做平面运动，其质心 C 的速度为

$$\boldsymbol{v}_C=\boldsymbol{v}_A+\boldsymbol{v}_{CA}$$

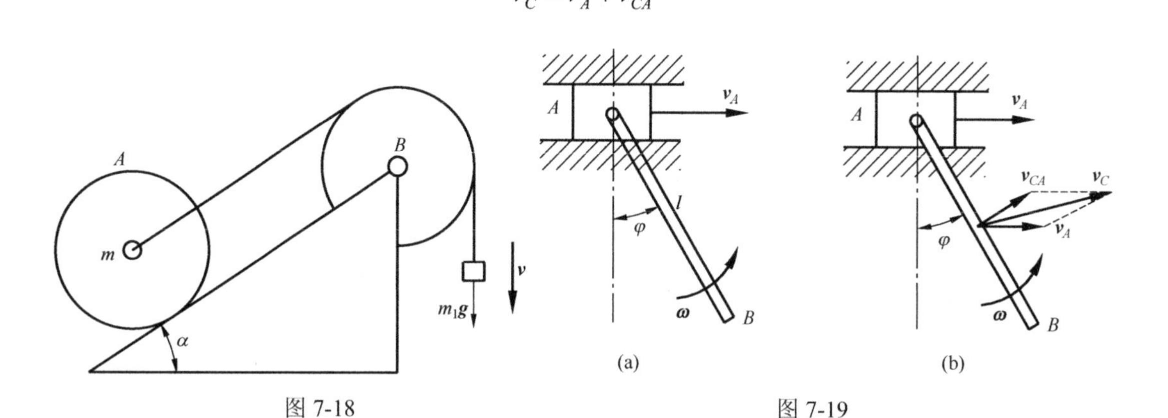

图 7-18　　　　图 7-19

速度合成矢量图如图 7-19(b)所示。由余弦定理得

$$v_C^2=v_A^2+v_{CA}^2-2v_Av_{CA}\cos(180°-\varphi)=v_A^2+\left(\frac{1}{2}l\omega\right)^2+2v_A\cdot\frac{1}{2}l\omega\cos\varphi$$
$$=v_A^2+\frac{1}{4}l^2\omega^2+l\omega v_A\cos\varphi$$

则杆的动能为

$$\begin{aligned}T&=\frac{1}{2}mv_C^2+\frac{1}{2}J_C\omega^2\\&=\frac{1}{2}m\left(v_A^2+\frac{1}{4}l^2\omega^2+l\omega v_A\cos\varphi\right)+\frac{1}{2}\left(\frac{1}{12}ml^2\right)\omega^2\\&=\frac{1}{2}m(v_A^2+l^2\omega^2+l\omega v_\mathrm{A}\cos\varphi)\end{aligned}$$

7.3.4　质点的动能定理

设质量为 m 的质点 M 在力 $\boldsymbol{F}$ 作用下做曲线运动(图 7-20)，由 M_1 运动到 M_2，速度由 $\boldsymbol{v}_1$ 变为 $\boldsymbol{v}_2$，由运动学基本方程，有

$$m\frac{\mathrm{d}\boldsymbol{v}}{\mathrm{d}t}=\boldsymbol{F}$$

等式两边分别点积 $\mathrm{d}\boldsymbol{r}$，得

$$m\frac{\mathrm{d}\boldsymbol{v}}{\mathrm{d}t}\cdot\mathrm{d}\boldsymbol{r}=\boldsymbol{F}\cdot\mathrm{d}\boldsymbol{r}$$

可写成

$$m\boldsymbol{v}\cdot\mathrm{d}\boldsymbol{v}=\boldsymbol{F}\cdot\mathrm{d}\boldsymbol{r}$$

而 $m\boldsymbol{v}\cdot\mathrm{d}\boldsymbol{v}=\frac{m}{2}\mathrm{d}(\boldsymbol{v}\cdot\boldsymbol{v})=\mathrm{d}\left(\frac{m}{2}v^2\right)$，代入上式，有

$$\mathrm{d}\left(\frac{1}{2}mv^2\right)=\delta W \tag{7-27}$$

式(7-27)表明：质点动能的微分等于作用于质点上力的功，这就是质点动能定理的微分形式。

将式(7-27)沿曲线 $\overset{\frown}{M_1M_2}$ 积分，得

$$\int_{v_1}^{v_2}\mathrm{d}\left(\frac{1}{2}mv^2\right)=\int_{M_1}^{M_2}\delta W$$

即

$$\frac{1}{2}mv_2^2-\frac{1}{2}mv_1^2=W \tag{7-28}$$

式(7-28)表明：**在任一路径中质点动能的变化，等于作用于在质点上的力在同一路径中所做的功，这就是质点动能定理的积分形式。**

在动能定理中包含质点的速度、运动的路程和力。动能定理可用来求解与质点速度、路程有关的问题，也可用来求解加速度的问题。它是标量方程，求解动力学问题时可回避矢量运算，故比较方便。

【例 7-9】 斜面上纯滚动的盘子如图 7-21 所示。已知盘子的质量为 m，半径为 R，斜面夹角为 φ。求纯滚动时盘心的加速度 a。

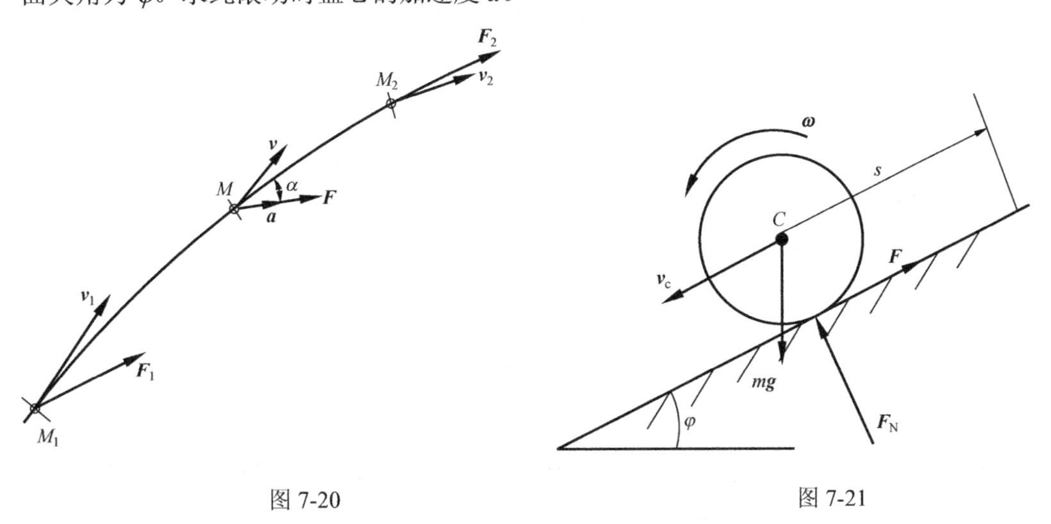

图 7-20　　图 7-21

解： 取系统为研究对象，假设圆盘中心向下产生位移 s 时速度达到 v_c。

$$T_1=0$$

$$T_2=\frac{1}{2}mv_c^2+\frac{1}{2}J_C\omega^2\frac{3}{4}mv_c^2$$

力的功　　$W_{12} = mgs\sin\varphi$

由动能定理得　　$\frac{3}{4}mv_c^2 - 0 = mgs\sin\varphi$

解得　　$a = \frac{2}{3}g\sin\varphi$

7.3.5　质点系的动能定理

质点动能定理可以推广到质点系。设质点系由 n 个质点组成，系内任一质点的质量为 m_i，某瞬时速度为 $\boldsymbol{v}_i$，所受外力的合力为 $\boldsymbol{F}_i^{(e)}$，内力的合力为 $\boldsymbol{F}_i^{(i)}$。当质点有微小位移 d$\boldsymbol{r}$ 时，由质点的动能定理的微分形式得

$$\mathrm{d}\left(\frac{1}{2}m_i{v_i}^2\right) = \delta W_i^{(e)} - \delta W_i^{(i)}$$

式中，$\delta W_i^{(e)}$和$\delta W_i^{(i)}$为作用于该质点上的外力和内力的元功。质点系中各个质点皆可写出此种方程，等式相加得

$$\sum \mathrm{d}\left(\frac{1}{2}m_i v_i^2\right) = \sum \delta W_i^{(e)} - \sum \delta W_i^{(i)}$$

或

$$\mathrm{d}\sum\left(\frac{1}{2}m_i{v_i}^2\right) = \sum \delta W_i^{(e)} - \sum \delta W_i^{(i)}$$

即

$$\mathrm{d}E_k = \sum \delta W_i^{(e)} + \sum \delta W_i^{(i)} \tag{7-29}$$

式(7-29)表明：**质点系动能的微分等于作用于质点系上的所有外力和内力元功的代数和，这就是质点系动能定理的微分形式。**

将式(7-29)积分得

$$T_2 - T_1 = \sum W_i^{(e)} + \sum W_i^{(i)} \tag{7-30}$$

式(7-30)表明：**质点系动能在任一路程中的变化，等于作用在质点系上所有外力和内力在同一段路程中所做功的代数和。**

质点系内力功的总和在一般情况下不一定等于零，因此将作用于质点系上的力分为主动力和约束反力，则质点系动能定理可写成

$$\mathrm{d}T = \sum \delta W_{Fi} + \sum \delta W_{Ni}$$

$$T_2 - T_1 = \sum W_{Fi} + \sum W_{Ni}$$

式中，$\sum W_{Fi}$ 和 $\sum W_{Ni}$ 分别为作用于质点系所有主动力和约束力在路程中做功的代数和。

对于理想约束，其 $\sum W_{Ni} = 0$，故质点系**动能定理的积分**形式可写成

$$T_2 - T_1 = \sum W_{Fi} \tag{7-31}$$

式(7-31)表明：**在理想约束情况下，质点系的动能在任一路程中的变化，等于作用在质点系上所有主动力在同一路程中所做功的代数和。**

质点系动能定理建立了力、位移和速度之间的关系，且不是矢量方程。应用此定理解决与上述三者相关的质点系动力学问题较方便。

【例 7-10】 滚子、滑轮和重物组成的系统见图 7-22，求系统由静止开始到重物下降 h 高度时的速度和加速度。

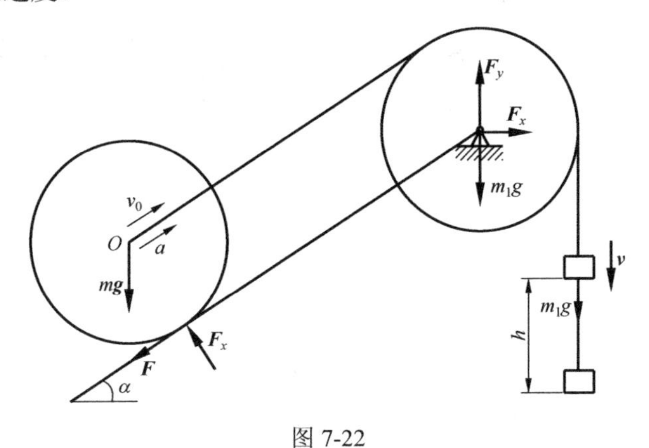

图 7-22

解： 系统受力包括各物体的重力、轴承的约束力以及斜面对滚子的法向反力及摩擦力，如图 7-22 所示。在理想约束情况下，约束反力的功为零。滚子做纯滚动，它与斜面接触处为速度瞬心、摩擦力的功为零，系统只有重物及滚子的重力做功，总功为

$$\sum W_F = m_1 gh - mgh\sin\alpha$$

系统的动能在例 7-7 中已求得 $v_0 = v$，代入质点系动能定理，有

$$\left(\frac{1}{2}m_1 + m\right)v^2 = m_1 gh - mgh\sin\alpha$$

解得

$$v = \sqrt{\frac{2gh(m_1 - m\sin\alpha)}{m_1 + 2m}}$$

求重物的加速度时，可将动能定理两边对时间 t 求一阶导数，得

$$\left(\frac{1}{2}m_1 + m\right)2va = (m_1 g - mg\sin\alpha)v$$

解得

$$a = \frac{m_1 g - mg\sin\alpha}{m_1 + 2m}$$

【例 7-11】 曲柄连杆机构如图 7-23 所示。已知曲柄 $OA = r$，连杆 $AB = 4r$，C 为连杆质心，在曲柄上作用一不变转矩 M。曲柄和连杆皆为均质杆，质量分别为 m_1 和 m_2。曲柄开始时静止且在水平向右的位置。不计滑块的质量和各处的摩擦，求曲柄转过一周时的角速度。

解： 取曲柄连杆机构为研究对象，初瞬时系统静止，$T_1 = 0$。当曲柄转过一周后，连杆的速度瞬心在 B 点，其速度分布如图 7-23 所示。系统的动能为

$$T_2 = \frac{1}{2}J_0\omega_1^2 + \frac{1}{2}m_2 v_c^2 + \frac{1}{2}J_C\omega_2^2$$

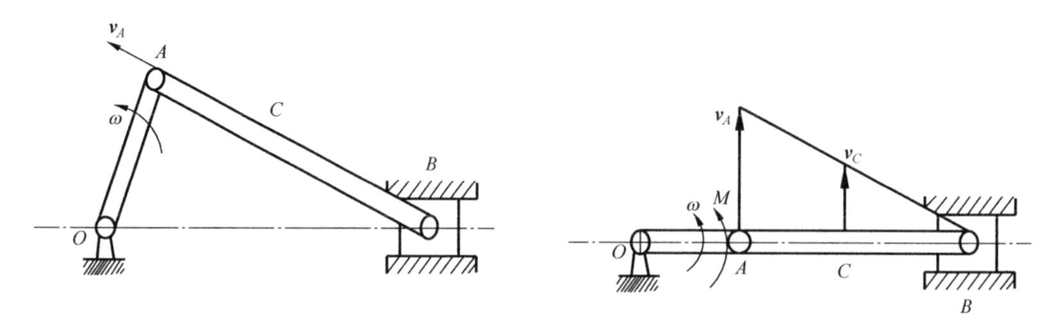

图 7-23

式中

$$J_0=\frac{1}{3}m_1r^2,\qquad J_C=\frac{1}{12}m_2(4r)^2=\frac{4}{3}m_2r^2$$

$$v_c=\frac{v_A}{2}=\frac{r\omega_1}{2},\qquad \omega_2=\frac{v_A}{4r}=\frac{r\omega_1}{4r}=\frac{\omega_1}{4}$$

代入得 $T_2=\frac{1}{6}(m_1+m_2)r^2\omega_1^2$。

曲柄转过一周，重力的功为零，转矩的功为 $2\pi M$，代入动能定理，有

$$\frac{1}{6}(m_1+m_2)r^2\omega_1{}^2-0=2\pi M$$

解得

$$\omega_1=\frac{2}{r}\sqrt{\frac{3\pi M}{m_1+m_2}}$$

7.4 动力学综合应用实例

前面分别介绍了动力学普遍定理(动量定理、动量矩定理和动能定理)，它们从不同角度研究了质点或质点系的运动量(动量、动量矩、动能)的变化与力的作用量(冲量、力矩、功等)的关系。但每一个定理又只反映了这种关系的一个方面，即每一个定理只能求解质点系动力学某一个方面的问题。

动量定理和动量矩定理是矢量形式，因质点系的内力不能改变系统的动量和动量矩，应用时只需考虑质点系所受的外力；动能定理是标量形式，在很多问题中约束反力不做功，因而应用它分析系统速度变化是比较方便的。但应注意，在有些情况下质点系的内力也要做功，应用时要具体分析。

动力学普遍定理综合应用有两方面含义：其一，对一个问题可用不同的定理求解；其二，对一个问题需用几个定理才能求解。

下面就只用一个定理就能求解的题目应如何选择定理作说明如下。

(1) 与路程有关的问题用动能定理，与时间有关的问题用动量定理或动量矩定理。

(2) 已知主动力求质点系的运动用动能定理，已知质点系的运动求约束反力用动量定理、质心运动定理或动量矩定理，已知外力求质点系质心运动用质心运动定理。

(3) 如果问题是要求速度或角速度，则要视已知条件而定。若质点系所受外力的主矢为零或在某轴上的投影为零，则可用动量守恒定理求解。若质点系所受外力对某固定轴的矩的代数和为零，则可用对该轴动量矩守恒定理求解。若质点系仅受有势力的作用或非有势力不做功，则用机械能守恒定律求解。若作用在质点系上的非有势力做功，则用动能定理求解。

(4) 如果问题是要求加速度或角加速度，可用动能定理求出速度(或角速度)，再对时间求导，求出加速度(或角加速度)。也可用功率方程、动量定理或动量矩定理求解。在用动能定理或功率方程求解时，不做功的未知力在方程中不出现，给问题的求解带来很大的方便。

(5) 对于定轴转动问题，可用定轴转动的微分方程求解。对于刚体的平面运动问题，可用平面运动微分方程求解。

有时一个问题用几个定理都可以求解，此时可选择最合适的定理，用最简单的方法求解。对于复杂的动力学问题，不外乎是上述几种情况的组合，可以根据各定理的特点联合应用。下面举例说明。

【例 7-12】 如图 7-24 所示，均质杆质量为 m，长为 l，可绕距端点 $l/3$ 的转轴 O 转动，求杆由水平位置静止开始转动到任一位置时的角速度、角加速度以及轴承 O 的约束反力。

解： 已知主动力求运动和约束反力。

解法 1：用动能定理求运动。

以杆为研究对象。由于杆由水平位置静止开始运动，故开始的动能为零，即

$$T_1 = 0$$

杆做定轴转动，转动到任一位置时的动能为

$$T_2 = \frac{1}{2}J_O\omega^2 = \frac{1}{2}\left[\frac{1}{12}ml^2 + m\left(\frac{l}{2}-\frac{l}{3}\right)^2\right]\omega^2$$

$$= \frac{1}{18}ml^2\omega^2$$

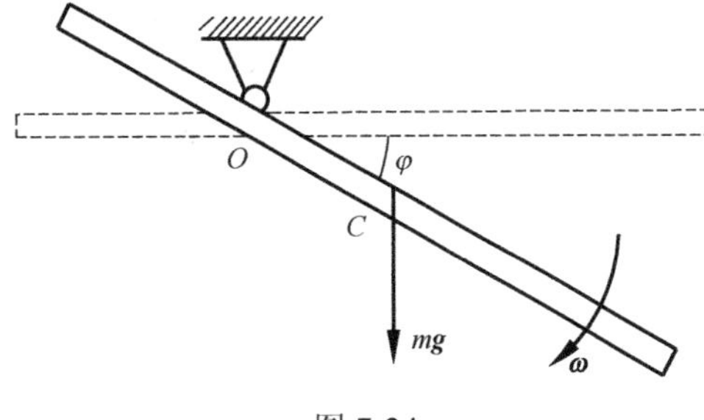

图 7-24

在此过程中所有的力所做的功为

$$\sum W_{12} = mgh = \frac{1}{6}mgl\sin\varphi$$

由 $T_2 - T_1 = \sum W_{12}$ 得

因此
$$\frac{1}{18}ml^2\omega^2 - 0 = \frac{1}{6}mgl\sin\varphi$$

即
$$\omega^2 = \frac{3g}{l}\sin\varphi$$

$$\omega = \sqrt{\frac{3g}{l}\sin\varphi}$$

将前式两边对时间求导，得

$$2\omega\frac{\mathrm{d}\omega}{\mathrm{d}t}=\frac{3g}{l}\cos\varphi\frac{\mathrm{d}\varphi}{\mathrm{d}t}$$

因此

$$\alpha=\frac{3g}{2l}\cos\varphi$$

解法 2：用微分方程求运动(图 7-25)。

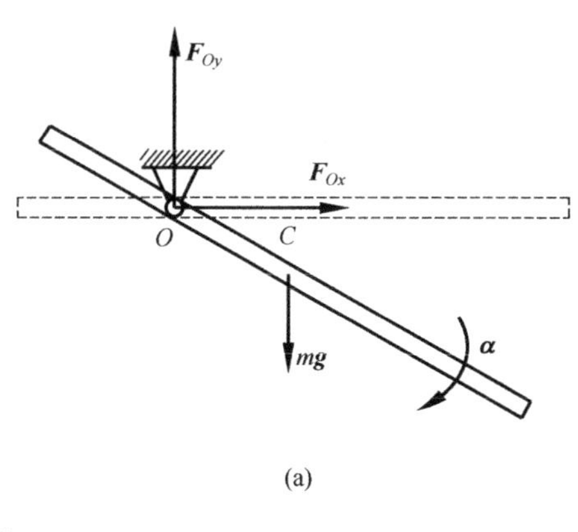

(a)

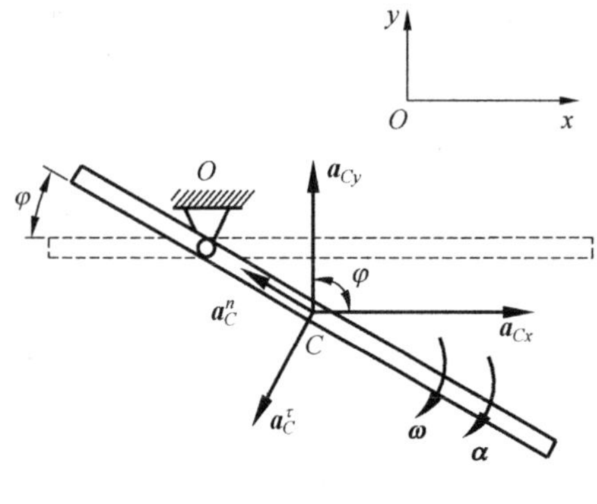

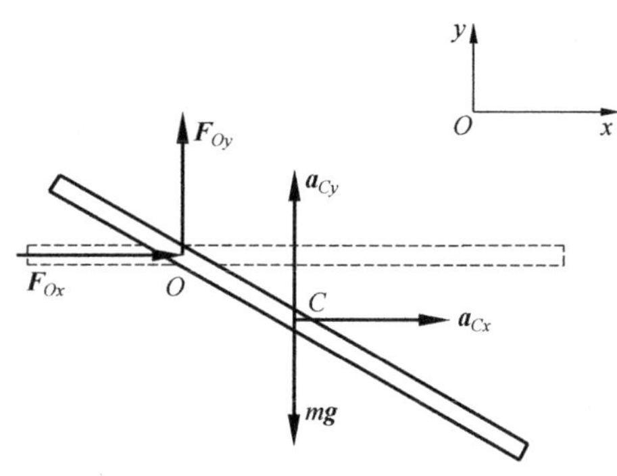

(b)

图 7-25

由定轴转动微分方程

$$J_O\alpha=\sum M_O(F)$$

得

$$\frac{1}{9}ml^2\alpha=mg\frac{l}{6}\cos\varphi$$

即

$$\alpha=\frac{3g}{2l}\cos\varphi$$

又因为

$$\alpha=\frac{\mathrm{d}\omega}{\mathrm{d}t}=\frac{\mathrm{d}\omega}{\mathrm{d}\varphi}\frac{\mathrm{d}\varphi}{\mathrm{d}t}=\omega\frac{\mathrm{d}\omega}{\mathrm{d}\varphi}$$

所以

$$\omega\frac{\mathrm{d}\omega}{\mathrm{d}\varphi}=\frac{3g}{2l}\cos\varphi$$

积分有

$$\int_0^\omega\omega\mathrm{d}\omega=\int_0^\varphi\frac{3g}{2l}\cos\varphi\mathrm{d}\varphi$$

即
$$\frac{1}{2}\omega^2\bigg|_0^\omega = \frac{3g}{2l}\sin\varphi\bigg|_0^\varphi$$

所以
$$\omega = \sqrt{\frac{3g}{l}\sin\varphi}$$

现在求约束反力。

质心加速度有切向和法向分量：

$$\boldsymbol{a}_C^\tau = \overrightarrow{OC}\cdot\boldsymbol{\alpha} = \frac{\boldsymbol{g}}{4}\cos\varphi,\quad \boldsymbol{a}_C^n = \overrightarrow{OC}\cdot\boldsymbol{\omega} = \frac{\boldsymbol{g}}{2}\sin\varphi$$

将其向直角坐标轴上投影，得

$$a_{Cx} = -a_C^\tau\sin\varphi - a_C^n\cos\varphi = -\frac{3g}{4}\sin\varphi\cos\varphi$$
$$a_{Cy} = -a_C^\tau\cos\varphi + a_C^n\sin\varphi = -\frac{3g}{4}(1-3\sin^2\varphi)$$

由质心运动定理

$$m\boldsymbol{a}_{Cx} = \sum\boldsymbol{F}_{ix},\quad m\boldsymbol{a}_{Cy} = \sum\boldsymbol{F}_{iy}$$

得
$$-\frac{3mg}{4}\sin\varphi\cos\varphi = F_{Ox}$$
$$-\frac{mg}{4}(1-3\sin^2\varphi) = F_{Oy} - mg$$

解得

$$F_{Ox} = -\frac{3mg}{8}\sin(2\varphi)$$
$$F_{Oy} = -\frac{3mg}{4}(1+\sin^2\varphi)$$

【例 7-13】 如图 7-26 所示，均质圆盘可绕 O 轴在铅垂面内转动，圆盘的质量为 m，半径为 R。在圆盘的质心 C 上连接一刚度系数为 k 的水平弹簧，弹簧的另一端固定在 A 点，$CA=2R$ 为弹簧的原长。圆盘在常力偶矩 $\boldsymbol{M}$ 的作用下，由最低位置无初速地绕 O 轴向上转。试求圆盘到达最高位置时轴承 O 的约束反力。

解： 以圆盘为研究对象，受力如图 7-27 所示，建立如图坐标。由动能定理，有

$$J_O = \frac{1}{2}mR^2 + mR^2 = \frac{3}{2}mR^2$$
$$T_1 = 0$$
$$T_2 = \frac{1}{2}J_O\omega^2 = \frac{3}{4}mR^2\omega^2$$
$$W_{12} = M\pi - 2mgR + \frac{k}{2}\left[0-(2\sqrt{2}R-2R)^2\right]$$
$$= M\pi - 2mgR - 0.3431kR^2$$

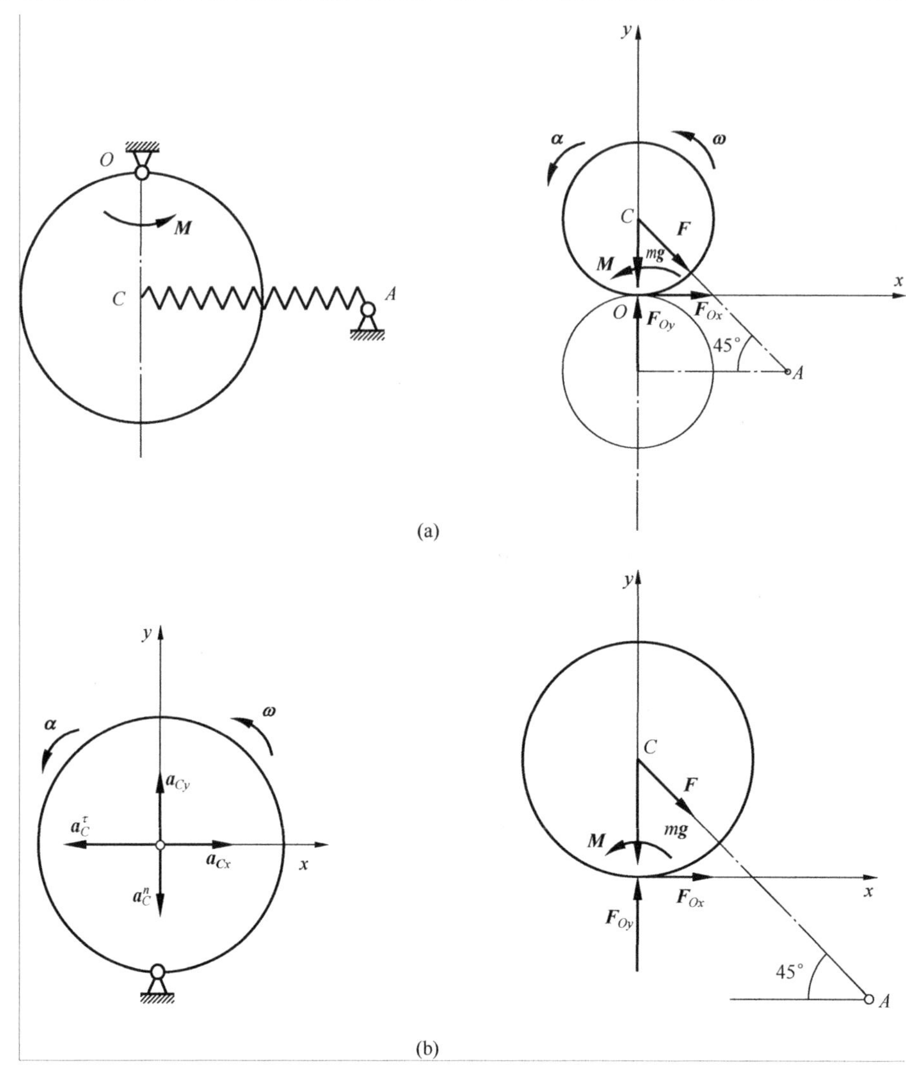

图 7-26

由$T_2 - T_1 = \sum W_{12}$得

$$\frac{3}{4}mR^2\omega^2 = M\pi - 2mgR - 0.3431kR^2$$

解得

$$\omega = \sqrt{\frac{4}{3mR^2}(M\pi - 2mgR - 0.3431kR^2)}$$

再由定轴转动微分方程得

$$\frac{3}{2}mR^2\alpha = M - k(2\sqrt{2}R - 2R)R\frac{\sqrt{2}}{2}$$

解得

$$\alpha = \frac{2(M - 0.5859kR^2)}{3mR^2}$$

对 C 点加速度，有

$$a_{Cx} = -R\alpha = -\frac{2(M - 0.5859kR^2)}{3mR}$$

$$a_{Cy} = -R\omega^2 = \frac{4}{3mR^2}(M\pi - 2mgR - 0.3431kR^2)$$

由质心运动微分方程得

$$ma_{Cx} = F_{Ox} + F\cos 45^\circ$$

$$ma_{Cy} = F_{Oy} - mg - F\sin 45^\circ$$

代入加速度解得

$$F_{Ox} = -\frac{2M}{3R} - 0.1953kR$$

$$F_{Oy} = 3.667mg + 1.043kr - 4.189\frac{M}{R}$$

思　考　题

7.1　汽车在加速前进时，靠什么力增加汽车的动量？靠什么力增加汽车的动能？

7.2　应用动能定理求速度时，能否确定速度的方向？

7.3　有两个半径与质量均相同的圆柱与圆筒同时从一斜面无滑动地滚下，问哪个先到底？

7.4　刚体受一群力作用，不论各力作用点如何，此刚体质心的加速度都一样吗？

7.5　某质点系对空间任一固定点的动量矩都完全相同，且不等于零。这种运动情况可能吗？

7.6　摩擦力可能做正功吗？举例说明。

7.7　试总结质心在质点系动力学中的特殊意义。

7.8　两个均质圆盘，质量相同、半径不同，静止平放于光滑水平面上。如果在此两盘上同时作用有相同的力偶，在下述情况下比较两圆盘的动量、动量矩和动能的大小：①经过同样的时间间隔；②转过同样的角度。

7.9　质量、半径均相同的均质球、圆柱体、厚圆筒和薄圆筒，同时由静止开始，从同一高度沿完全相同的斜面在重力作用下向下做纯滚动。

(1) 由初始至时间 t，重力的冲量是否相同？

(2) 由初始至时间 t，重力的功是否相同？

(3) 到达底部瞬时，动量是否相同？

(4) 到达底部瞬时，动能是否相同？

(5) 到达底部瞬时，对各自质心的动量矩是否相同？

习　　题

7-1　如图所示，杆 OA 绕 O 轴逆时针转动，均质圆盘沿杆 OA 纯滚动。已知圆盘的质

量 $m = 20\text{kg}$，半径 $R = 100\text{mm}$。在图示位置时，杆 OA 的倾角为 30°，其角速度 $\omega_1 = 1\text{rad/s}$，圆盘相对杆 OA 转动的角速度 $\omega_2 = 4\text{rad/s}$，$OB = 100\sqrt{3}\text{mm}$，求圆盘的动量。

7-2　如图所示，两均质杆 OA 和 AB 质量为 m，长为 l，铰接于 A。图示位置时，杆 OA 的角速度为 $\boldsymbol{\omega}$，杆 AB 相对杆 OA 的角速度亦为 $\boldsymbol{\omega}$。求此瞬时系统的动量。

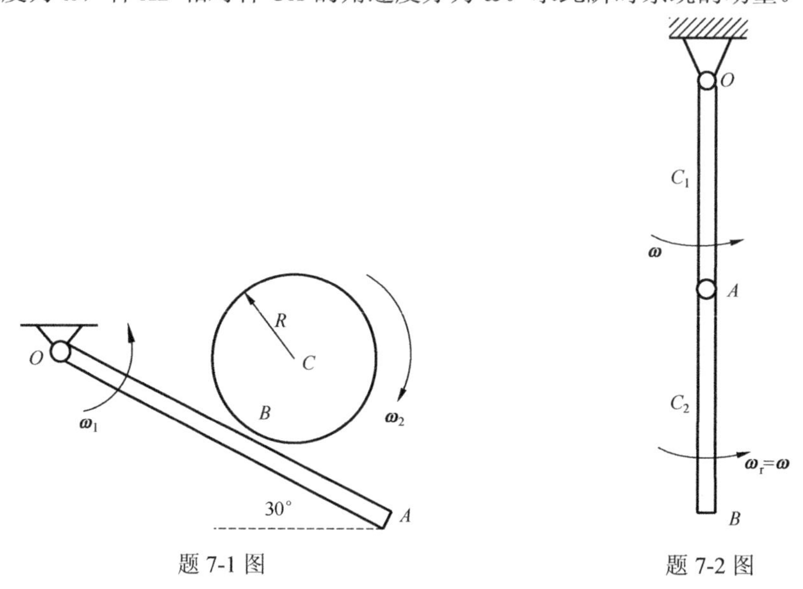

题 7-1 图　　题 7-2 图

7-3　如图所示，电动机外壳固定在水平基础上，定子、转子的质量分别为 m_1、m_2。设定子质心位于转轴中心 O_1，由于制造误差，转子质心 O_2 到 O_1 的距离为 e，已知转子以匀角速度 $\boldsymbol{\omega}$ 转动。求：(1)质心运动方程；(2)基础对电机总的水平和铅垂反力；(3)若电机没有螺栓固定，各处摩擦不计，初始时电机静止，求转子以匀角速度 $\boldsymbol{\omega}$ 转动时电动机外壳的运动。

7-4　如图所示，小车 I 的质量为 m_1，以速度 $\boldsymbol{v}_1$ 与静止的小车连接，小车 II 的质量为 m_2。忽略地面的阻力，求连接后两车共同的速度。

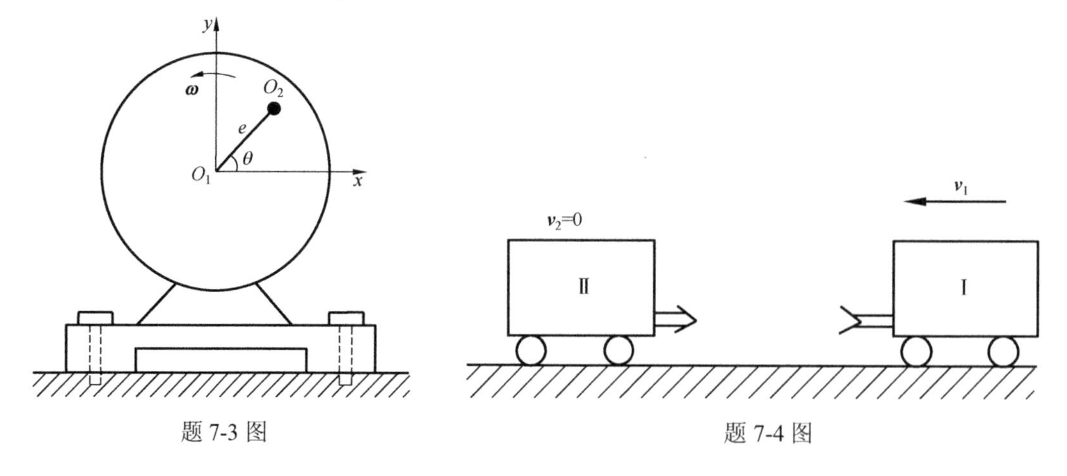

题 7-3 图　　题 7-4 图

7-5　如图所示，自动传送带运煤量 Q 恒为 20kg/s，胶带速度为 1.5m/s。试确定在等速传动时胶带作用于煤块总的水平推力。

7-6　如图所示，计算下列情况下各物体对定轴 O 的动量矩。

(1) 质量为 m、半径为 R 的均质圆盘以角速度 $\boldsymbol{\omega}_0$ 转动。

(2) 质量为 m、长度为 l 的均质杆以角速度 $\boldsymbol{\omega}_0$ 绕定轴转动。

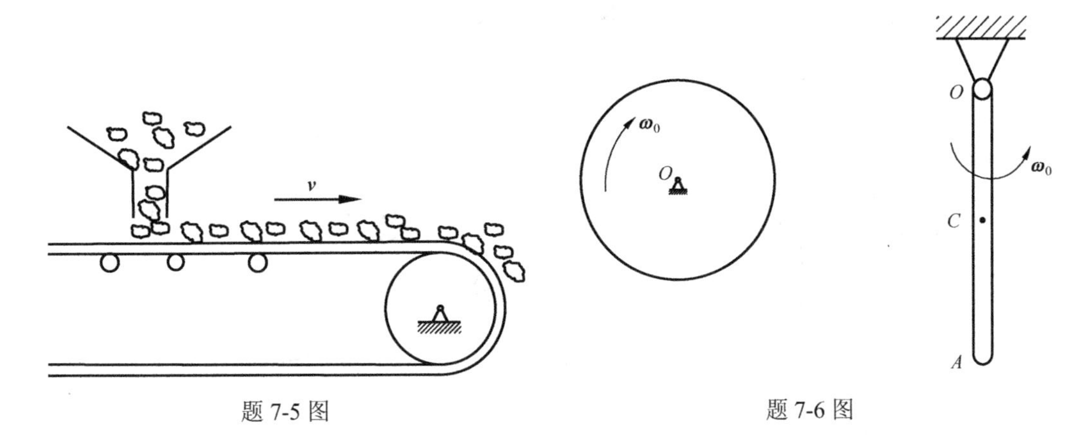

题 7-5 图　　　　题 7-6 图

7-7　均质圆盘轮，质量为 m、半径为 r，以角速度 $\boldsymbol{\omega}$ 绕水平轴 O 转动，如图所示。今用闸杆 AB 制动，使得圆轮在时间 t 内停止转动，设闸块与圆轮间的动摩擦因数为 f'(常数)，不计轴承处摩擦，求所需力 $\boldsymbol{F}$ 的大小。

7-8　小球 M 连于线 MOA 的一端，线的另一端穿过一铅垂小管，小球绕管轴沿半径 $MC=R$ 的圆周运动，转速为 120r/min，将线段 OA 慢慢向下拉，使外面的线段缩短到长度 OM_1，此时小球沿半径 $C_1M_1=R/2$ 的圆周运动，如图所示。求此时小球的转速。

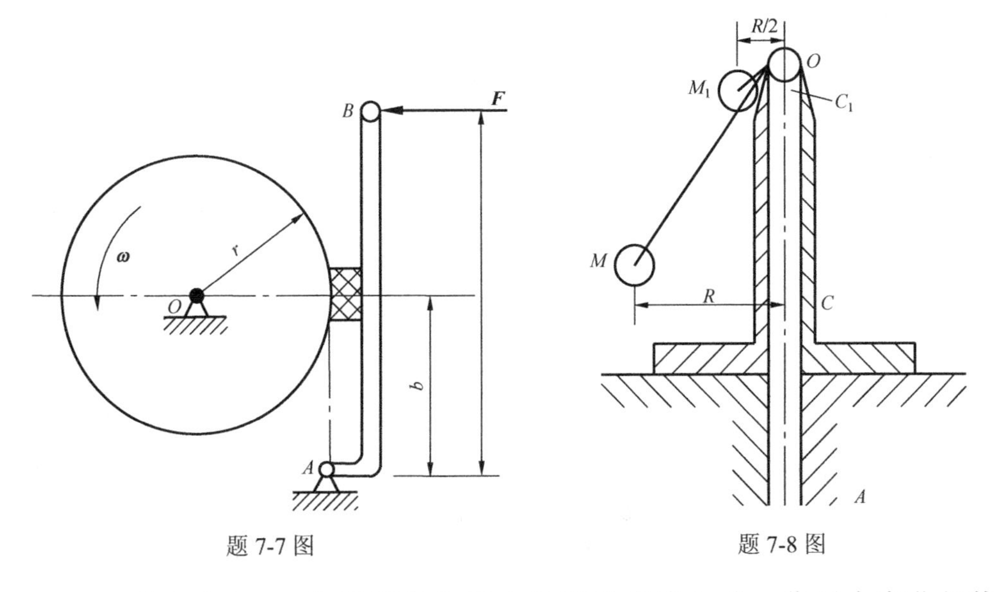

题 7-7 图　　　　题 7-8 图

7-9　一质点在力 $\boldsymbol{F}$ 作用下沿光滑水平面做直线运动，作用力变化规律为 $F=10+2s+0.6s^2$，式中 s 以米计，$\boldsymbol{F}$ 以 N 计，初始时 $s=0$。求质点运动路程为 10m 的过程中 $\boldsymbol{F}$ 所做的功。

7-10　如图所示，物体 A 和 B 的质量分别为 $M_A = M_B = 0.05\text{kg}$，物体 B 与桌面的滑动摩擦系数为 $\mu_k = 0.1$，求物体 A 自静止落下 $h = 1\text{m}$ 时的速度。

7-11　如图所示，与弹簧相连的滑块 M 可沿固定的光滑圆环滑动，圆环和弹簧都在同一铅垂平面内。已知滑块的重力 $W = 100\text{N}$，弹簧原长为 $l = 15\text{cm}$，弹簧刚度系数 $k = 400\text{N/m}$。求滑块 M 从位置 A 运动到位置 B 的过程中其上各力所做的功及合力的总功。

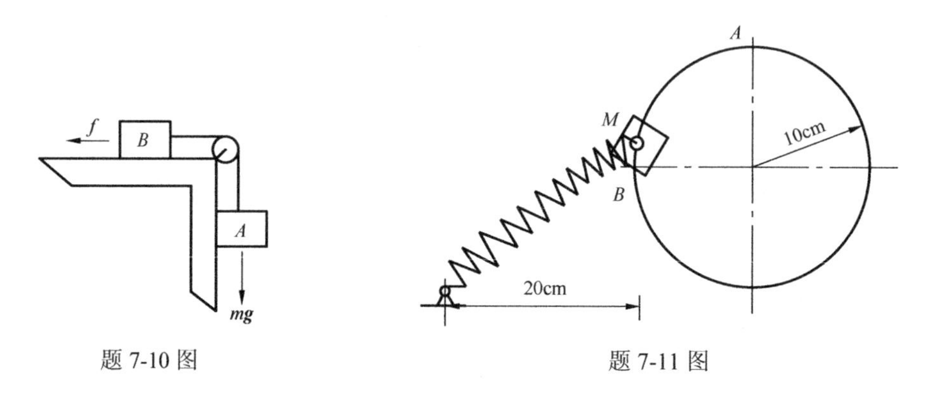

题 7-10 图　　　　题 7-11 图

7-12　如图所示，计算下列情况下各均质物体的动能：(1) 重力为 $\boldsymbol{G}$、长为 l 的直杆以角速度 $\boldsymbol{\omega}$ 绕 O 轴转动；(2) 重力为 $\boldsymbol{G}$、半径为 R 的圆盘以角速度 $\boldsymbol{\omega}$ 绕 O 轴转动，圆心为 C，$OC = e$；(3) 重力为 $\boldsymbol{G}$、半径为 R 的圆盘在水平面上做纯滚动，质心 C 的速度为 $\boldsymbol{v}_c$。

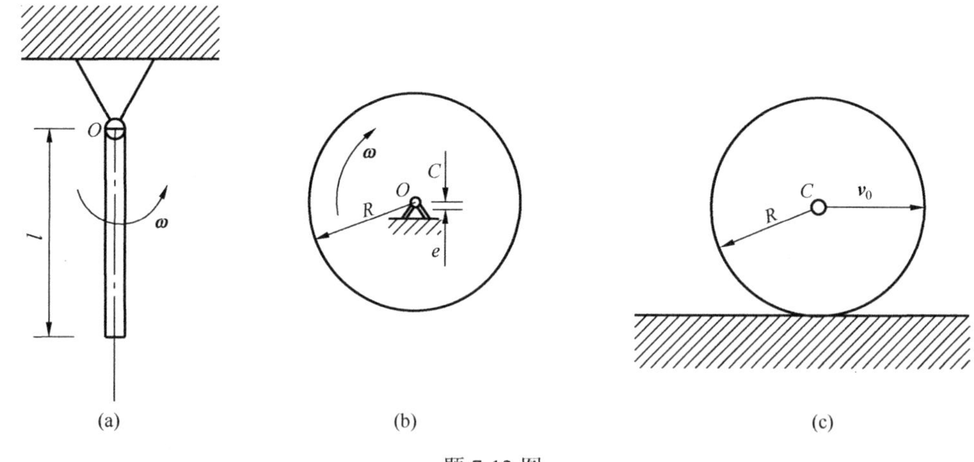

题 7-12 图

7-13　计算图中各机构系统的动能(图中 r 为半径，$\boldsymbol{\omega}$ 为角速度，m_i 为构件质量)。

7-14　如图所示，汽车质量为 $1.5\times10^3\text{kg}$，通过 A 至 B 为 900m 的路程，运行阻力为 280N，阻力方向与速度方向相反，B 点比 A 点高 $h = 20\text{m}$。求汽车克服重力和阻力所做的功。

7-15　摩擦阻力等于正压力与动摩擦因数的乘积。为测定动摩擦因数，把料车置于斜坡顶 A 处，让其无初速度地下滑，料车最后停止在 C 处，如图所示。已知 h、s_1、s_2，试求料车运行时的动摩擦因数 f'。

7-16　长为 r、重为 $\boldsymbol{P}$ 的均质杆 OA 由球铰链 O 固定，并以等角速度 $\boldsymbol{\omega}$ 绕铅垂线转动，如图所示，如果杆与铅垂线的交角为 α，求杆的动能。

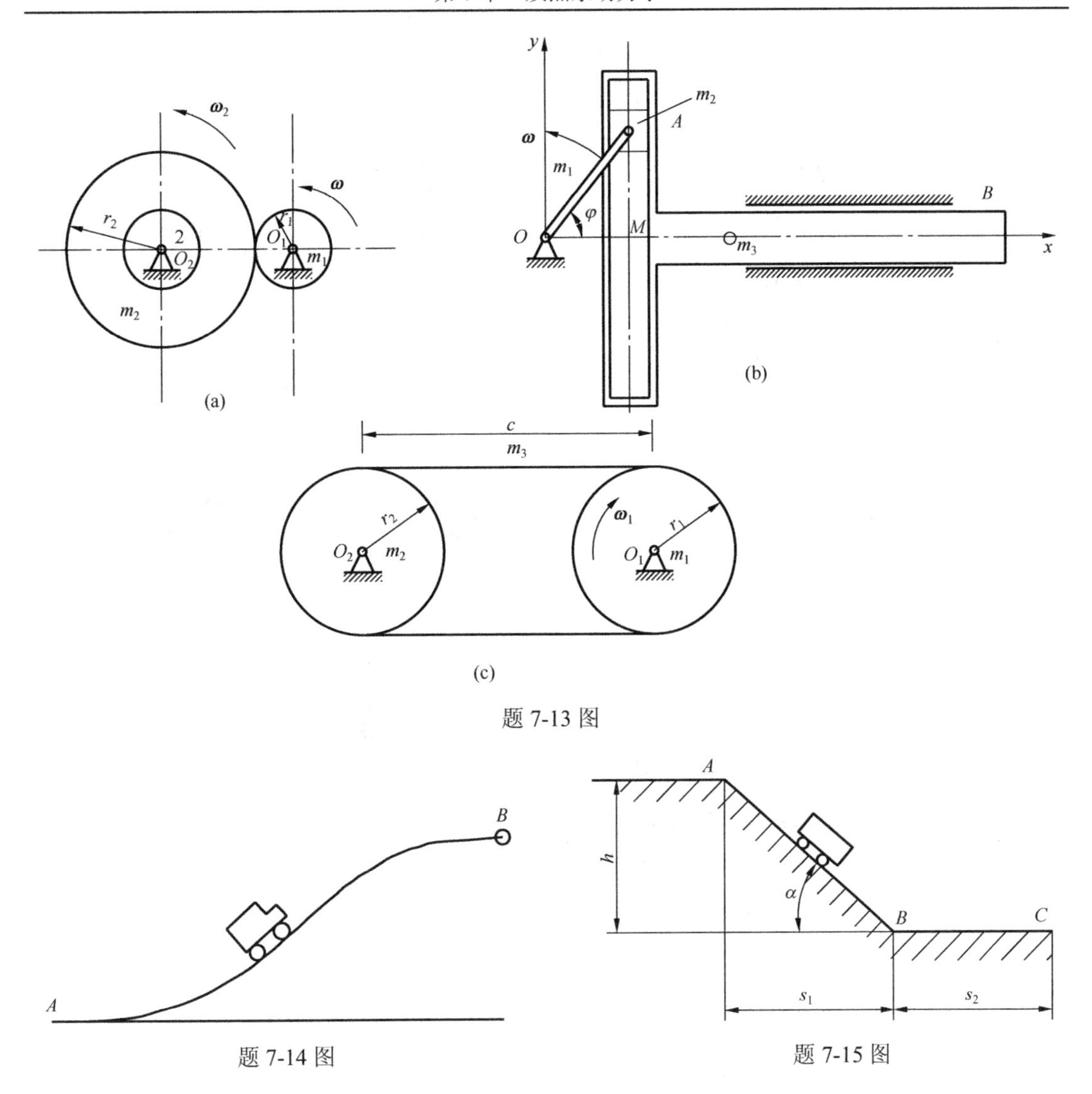

题 7-13 图

题 7-14 图

题 7-15 图

7-17　椭圆规如图所示，其中 OC、AB 为均质细杆，质量分别为 m 和 $2m$，长分别为 a 和 $2a$，滑块 A 和 B 质量均为 m，曲柄 OC 的角速度为 $\boldsymbol{\omega}$，$\varphi = 60°$。求椭圆规的动能。

7-18　一长为 l、质量密度为 ρ 的链条放置在光滑的水平桌面上，有长为 b 的一段悬挂下垂，如图所示。初始链条静止，在自重的作用下运动。求当末端滑离桌面时链条的速度。

7-19　在对称连杆的 A 点，作用一铅垂方向的常力 $\boldsymbol{F}$，开始时系统静止，如图所示。设连杆长均为 l，质量均为 m，均质圆盘质量为 m_1，且做纯滚动。求连杆 OA 运动到水平位置时的角速度。

7-20　如图所示机构，均质杆质量为 $m = 10\text{kg}$，长度为 $l = 60\text{cm}$，两端与不计重量的滑块铰接，滑块可在光滑槽内滑动，弹簧的刚度系数为 $k = 360\text{N/m}$。在图示位置，系统静止，弹簧的伸长为 20cm。然后无初速释放，求当杆到达铅垂位置时的角速度。

7-21　物块 A 和 B 的质量分别为 m_1、m_2，且 $m_1 > m_2$，分别系在绳索的两端，绳跨过

一定滑轮，如图所示。滑轮的质量为 m，并可看作半径为 r 的均质圆盘。假设不计绳的质量和轴承摩擦，绳与滑轮之间无相对滑动，试求物块 A 的加速度和轴承 O 的约束反力。

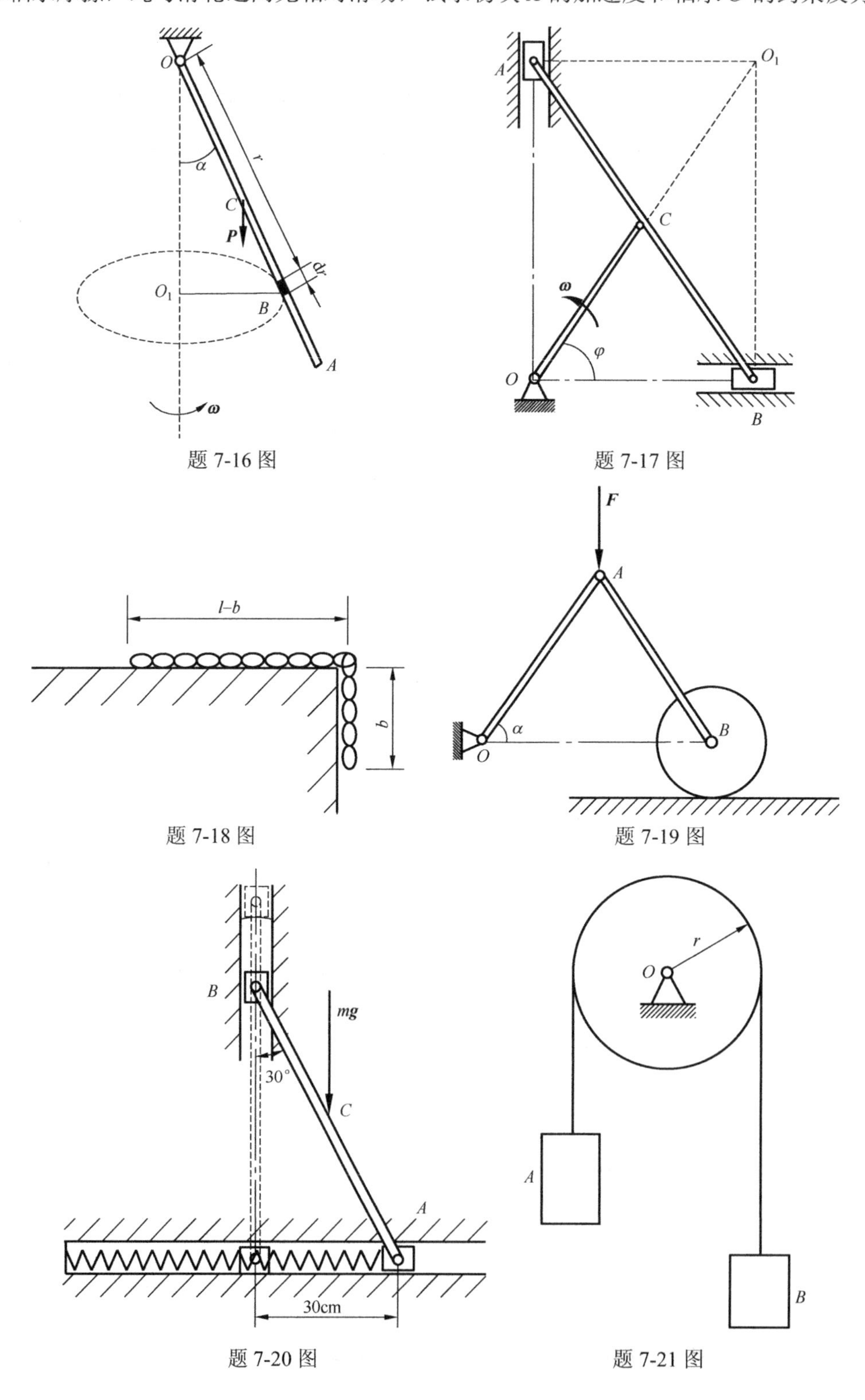

题 7-16 图　　题 7-17 图

题 7-18 图　　题 7-19 图

题 7-20 图　　题 7-21 图

7-22　如图所示，三棱柱体 ABC 的质量为 m_1，放在光滑的水平面上，可以无摩擦地滑动。质量为 m_2 的均质圆柱体 O 由静止沿斜面 AB 向下滚动而不滑动。如果斜面的倾角为 θ，求三棱柱体的加速度。

7-23　如图所示，匀质轮 C 做纯滚动，半径为 r，质量为 m_3；鼓轮 B 的内径为 r，外径为 R，对其中心轴的回转半径为 ρ，质量为 m_2；物 A 的质量为 m_1。绳的 CE 段与水平面平行，系统从静止开始运动。求：(1)物块 A 下落距离 s 时轮 C 中心的速度与加速度；(2)绳子 AD 段的张力。

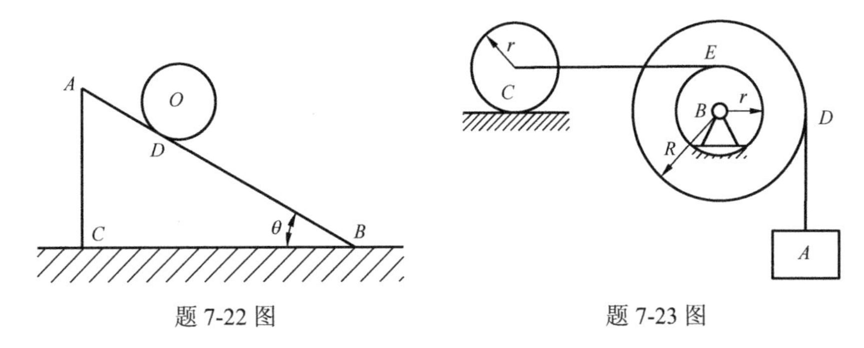

题 7-22 图　　　题 7-23 图

第三部分　专　　题

第 8 章　平衡方程的应用

8.1　静定与静不定问题

在刚体静力学中，当研究单个刚体或刚体系统的平衡问题时，由于对应于每一种力系的独立平衡方程的数目是一定的(表 8-1)，当研究的问题其未知量的数目等于或少于独立平衡方程的数目时，所有未知量都能由平衡方程求出，这样的问题称为静定问题。

表 8-1　各种力系的独立方程数

力系名称	平面任意力系	平面汇交力系	平面平行力系	平面力偶系	空间任意力系
独立方程数	3	2	2	1	6

若未知量的数目多于独立平衡方程的数目，则未知量不能全部由平衡方程求出，这样的问题称为**静不定问题**(或称**超静定问题**)，而总的未知量数与独立平衡方程数两者之差称为**静不定次数**。图 8-1 所示的平衡问题中，已知作用力 $\boldsymbol{F}$，当求两个杆的内力(图 8-1(a)、(b))或两个支座的约束反力(图 8-1(c))时，这些问题都属于静定问题；但是工程中为了提高可靠度，有时采用图 8-2 所示系统，即图 8-1(a)、(b)中增加 1 根杆，图 8-1(c)中增加 1 个滚轴支座，这样未知力数目均增加了 1 个，而系统独立平衡方程数不变，这样这些问题就变成了一次静不定问题。

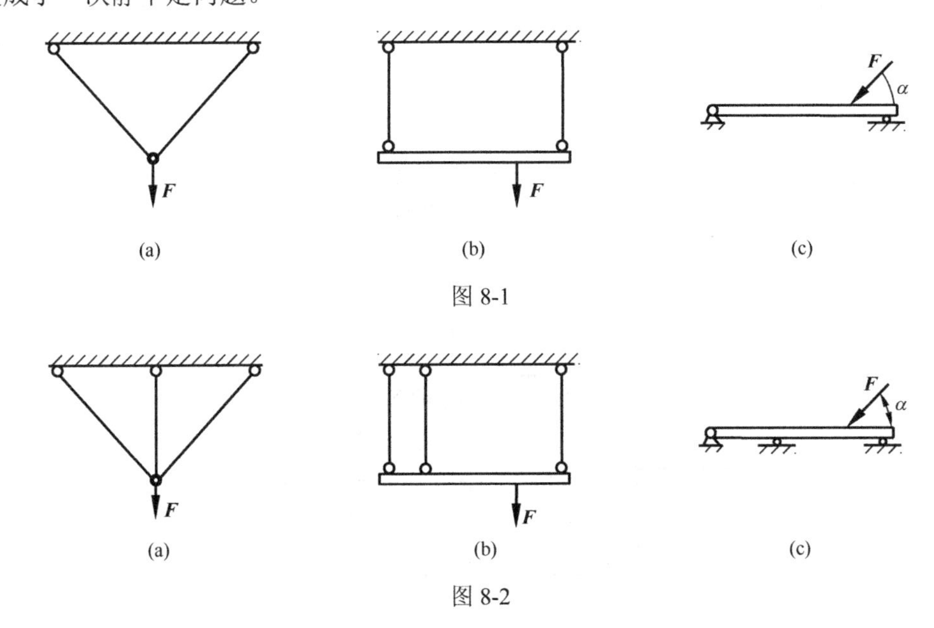

图 8-1

图 8-2

静不定问题仅用刚体静力平衡方程是不能完全解决的，需要把物体作为变形体，考虑作用于物体上的力与变形的关系，再列出补充方程来解决。关于静不定问题的求解已超出了本书所研究的范围。

8.2　平面静定桁架的内力计算

桁架是工程中常见的一种杆系结构，它是由若干直杆在其两端用铰链连接而成的几何形状不变的结构。桁架中各杆件的连接处称为**节点**。桁架结构受力合理，使用材料比较经济，因而在工程实际中得到广泛采用。房屋的屋架(图 8-3)、桥梁的拱架、高压输电塔、电视发射塔、修建高层建筑用的塔吊等便是例子。

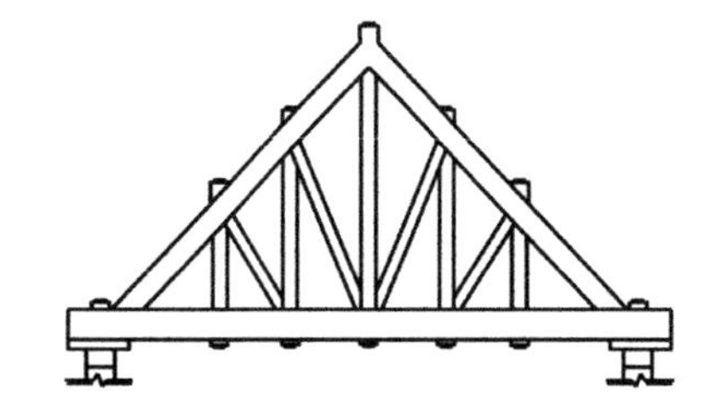
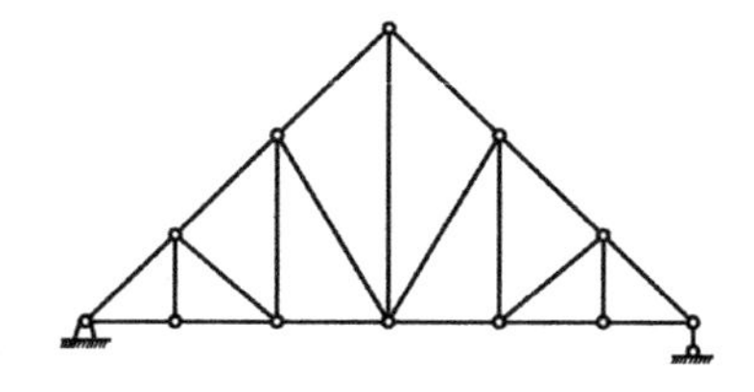

图 8-3

杆件轴线都在同一平面内的桁架称为**平面桁架**(如一些屋架、桥梁桁架等)，否则称为**空间桁架**(如高压输电塔、电视发射塔等)。本节只讨论平面桁架的基本概念和初步计算，有关桁架的详细理论可参考“结构力学”课程。在平面桁架计算中，通常引用如下假定。

(1)组成桁架的各杆均为直杆。

(2)所有外力(载荷和支座反力)都作用在桁架所处的平面内，且都作用于节点处。

(3)组成桁架的各杆件彼此都用光滑铰链连接，杆件自重不计，桁架的每根杆件都是二力杆。

满足上述假定的桁架称为**理想桁架**，实际的桁架与上述假定是有差别的，如钢桁架结构的节点为铆接(图 8-4)或焊接，钢筋混凝土桁架结构的节点是有一定刚性的整体节点，它们都有一定的弹性变形，杆件的中心线也不可能是绝对直的。但上述三点假定已反映了实际桁架的主要受力特征，其计算结果可满足工程实际的需要。

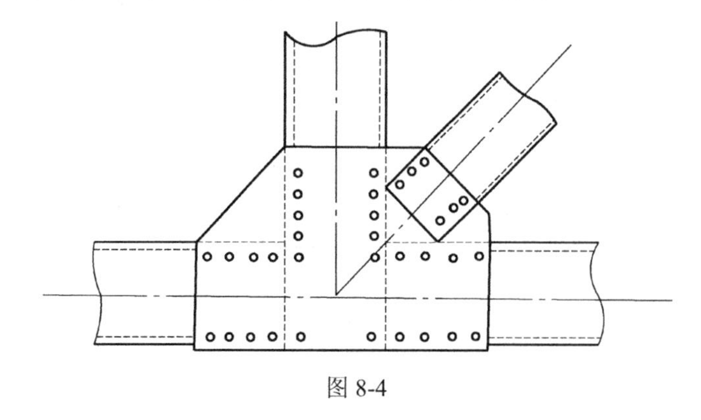

图 8-4

分析平面静定桁架内力的基本方法有节点法和截面法，下面分别予以介绍。

8.2.1　节点法

因为桁架中各杆都是二力杆，所以每个节点都受到平面汇交力系的作用，为计算各杆内力，可以逐个地取节点为研究对象，分别列出平衡方程，即可由已知力求出全部杆件的内力，这就是**节点法**。由于平面汇交力系只能列出两个独立平衡方程，所以应用节点法往往从只含两个未知力的节点开始计算。

【例 8-1】 平面桁架的受力及尺寸如图 8-5 所示，试求桁架各杆的内力。

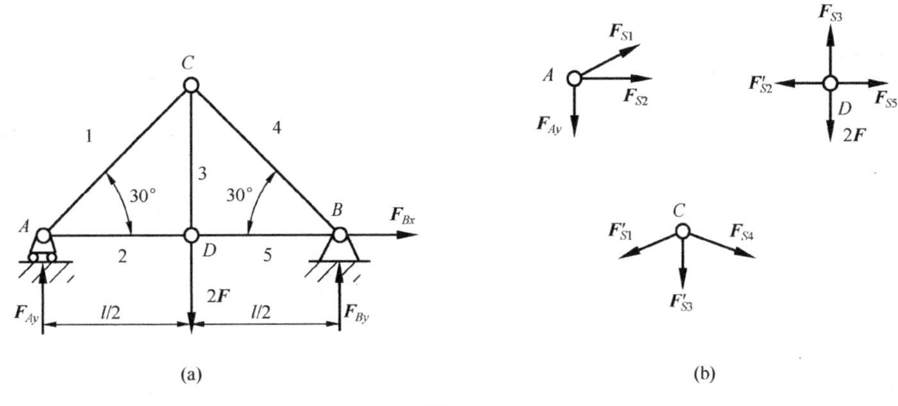

图 8-5

解：(1)求桁架的支座反力。

以整体桁架为研究对象，桁架受主动力 $2\boldsymbol{F}$ 以及约束反力 $\boldsymbol{F}_{Ay}$、$\boldsymbol{F}_{By}$、$\boldsymbol{F}_{Bx}$ 作用，列平衡方程并求解：

$$\sum F_{ix}=0,\quad F_{Bx}=0$$

$$\sum m_B(F_i)=0,\quad 2F\times\frac{l}{2}-F_{Ay}l=0,\quad F_{Ay}=F$$

$$\sum F_{iy}=0,\quad F_{Ay}+F_{By}-2F=0,\quad F_{By}=2F-F_{Ay}=F$$

(2)求各杆件的内力。

设各杆均承受拉力，若计算结果为负，表示杆实际受压力。设想将杆件截断，取出各节点为研究对象，作 A、D、C 节点受力图(图 8-5(b))，其中 $F'_{S1}=F_{S1},F'_{S2}=F_{S2},F'_{S3}=F_{S3}$。

平面汇交力系的平衡方程只能求解两个未知力，故首先从只含两个未知力的节点 A 开始，逐次列出各节点的平衡方程，求出各杆内力。

节点 A：

$$\sum F_{iy}=0,\quad F_{Ay}+F_{S1}\sin30^\circ=0,\quad F_{S1}=-2F_{Ay}=-2F(\text{压})$$

$$\sum F_{ix}=0,\quad F_{S_2}+F_{S1}\cos30^\circ=0,\quad F_{S2}=-0.866F_{S1}=1.73F(\text{拉})$$

节点 D：

$$\sum F_{ix}=0,\quad -F'_{S2}+F_{S5}=0,\quad F_{S5}=F'_{S2}=F_{S2}=1.73F(\text{拉})$$

$$\sum F_{iy}=0,\quad F_{S3}-2F=0,\quad F_{S3}=2F(\text{压})$$

节点 C：

$$\sum_{i=1}^{n} F_{ix}=0,\quad -F_{S1}'\sin 60^\circ+F_{S4}\cos 60^\circ=0,\quad F_{S4}=F_{S1}'=2F(\text{压})$$

至此已经求出各杆内力，节点 C 的另一个平衡方程可用来校核计算结果：

$$\sum F_{iy}=0,\quad -F_{S1}'\cos 60^\circ-F_{S4}\cos 60^\circ-F_{S3}'=0$$

将各杆内力计算结果列于表 8-2。

表 8-2　例 8-1 计算结果

杆号	1	2	3	4	5
内力	$-2F$	$1.73F$	$2F$	$-2F$	$1.73F$

【例 8-2】试求图 8-6(a)所示的平面桁架中各杆件的内力，已知 $\alpha=30^\circ$，$G=20\text{kN}$。

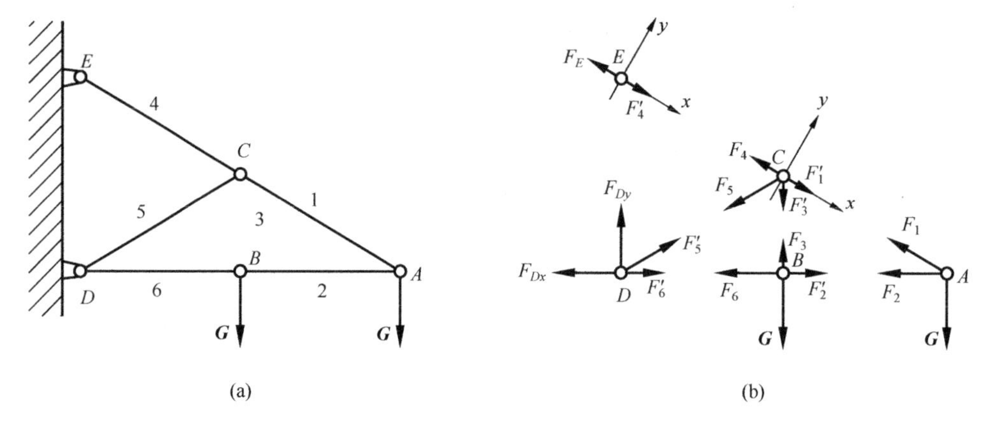

(a)　　(b)

图 8-6

解：(1)画出各节点受力图，如图 8-6(b)所示，其中 $F_i'=F_i(i=1,2,3,\cdots,6)$。各点未知力个数、平衡方程数如表 8-3 所示。由于 A 点的平衡方程数与未知力个数相等，所以首先讨论 A 点。

表 8-3　未知力个数、平衡方程数

节点	A	B	C	D	E
未知力个数	2	3	4	4	2
平衡方程数	2	2	2	2	1

(2)逐个取节点，列平衡方程并求解。

节点 A：

$$\sum F_{iy}=0,\quad F_1\sin 30^\circ-G=0,\quad F_1=\frac{G}{\sin 30^\circ}=40\text{N}(\text{拉})$$

$$\sum F_{ix}=0,\quad -F_1\cos 30^\circ-F_2=0,\quad F_2=-F_1\cos 30\ =-34.6\text{kN}(\text{压})$$

节点 B：

$$\sum F_{ix}=0,\quad F_2'-F_6=0,\quad F_6=F_2'=-34.6\text{kN}(\text{压})$$

$$\sum F_{iy}=0,\quad F_3-G=0,\quad F_3=G=20\text{kN}(\text{拉})$$

节点 C：

$$\sum F_{iy}=0,\quad -F_5\cos30^\circ-F_3'\cos30^\circ=0,\quad F_5=-F_3'=-20\text{kN}(\text{压})$$

$$\sum F_{ix}=0,\quad F_1'-F_4+F_3'\cos60^\circ-F_5\cos60^\circ=0,\quad F_4=F_1'+F_3'\cos60\ -F_5\cos60^\circ=60\text{kN}(\text{拉})$$

将各杆内力计算结果列于表 8-4。

表 8-4　各杆内力计算结果

杆号	1	2	3	4	5	6
内力/kN	40	34.6	20	60	–20	–34.6

8.2.2　截面法

节点法适用于求桁架全部杆件内力的场合。如果只要求计算桁架内某几个杆件所受的内力，则可用**截面法**。这种方法是适当地选择一截面，在需要求解其内力的杆件处假想地把桁架截开为两部分，然后考虑其中任一部分的平衡，应用平面任意力系平衡方程求出这些被截断杆件的内力。

【例 8-3】 如图 8-7(a)所示的平面桁架中，各杆件的长度都等于 1.0m，在节点 E 上作用荷载 $F_1=21\text{kN}$，在节点 G 上作用荷载 $F_2=15\text{kN}$，试计算杆 1、2 和 3 的内力。

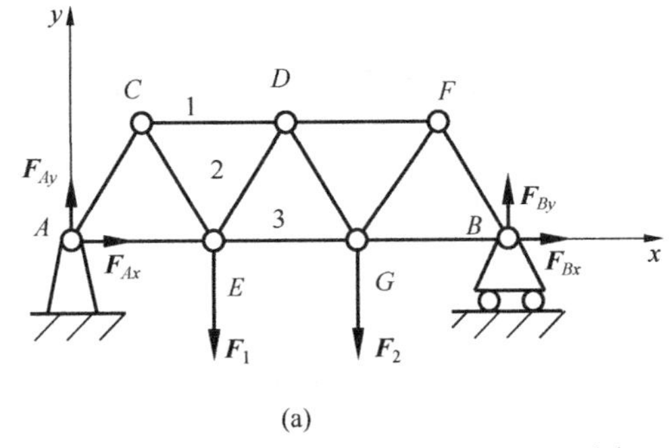

(a)

(b)

图 8-7

解：(1)求支座反力。

以整体桁架为研究对象，受力图如图 8-7(a)所示，列平衡方程：

$$\sum F_{ix}=0,\quad F_{Ax}=0$$

$$\sum M_A(F_i)=0,\quad F_{By}\times0.3-F_1\times0.1-F_2\times2.0=0$$

$$\sum F_{iy}=0,\quad F_{Ay}+F_{By}-F_1-F_2=0$$

解得

$$F_{By}=\frac{F_1+2.0F_2}{3.0}=17\text{kN},\quad F_{Ay}=F_1+F_2-F_{By}=19\text{kN}$$

(2) 求杆 1、2 和 3 的内力。

作截面 *mn* 假想将此三杆截断，并取桁架的左半部分为研究对象，设所截三杆都受拉力，这部分桁架的受力图如图 8-7(b) 所示。列平衡方程：

$$\sum M_E(F_i)=0,\quad -F_{S1}\times 1.0\times\sin 60^\circ - F_{Ay}\times 1.0=0$$

$$\sum M_D(F_i)=0,\quad F_1\times 0.5+F_{S3}\times 1.0\times\sin 60^\circ - F_{Ay}\times 1.5=0$$

$$\sum F_{iy}=0,\quad F_{Ay}+F_{S2}\times\sin 60^\circ - F_1=0$$

解得

$$F_{S1}=-\frac{F_{Ay}}{\sin 60^\circ}=-21.9\text{kN(压)}$$

$$F_{S3}=\frac{1.5F_{Ay}-0.5F_1}{\sin 60^\circ}=20.8\text{kN(拉)}$$

$$F_{S2}=\frac{F_1-F_{Ay}}{\sin 60^\circ}=2.3\text{kN(拉)}$$

如果选取桁架的右半部分为研究对象，可得到相同的计算结果。

【例 8-4】 平面桁架结构尺寸如图 8-8(a) 所示，试计算杆 1、2 和 3 的内力。

解： (1) 求支座反力。

以整体桁架为研究对象，受力图如图 8-8(b) 所示，列平衡方程：

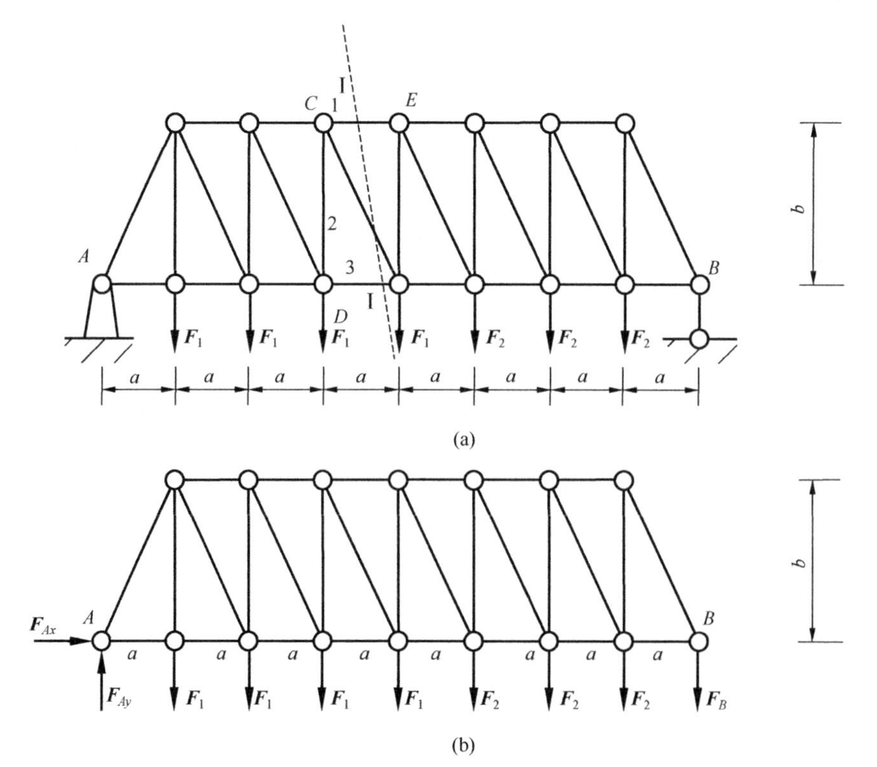

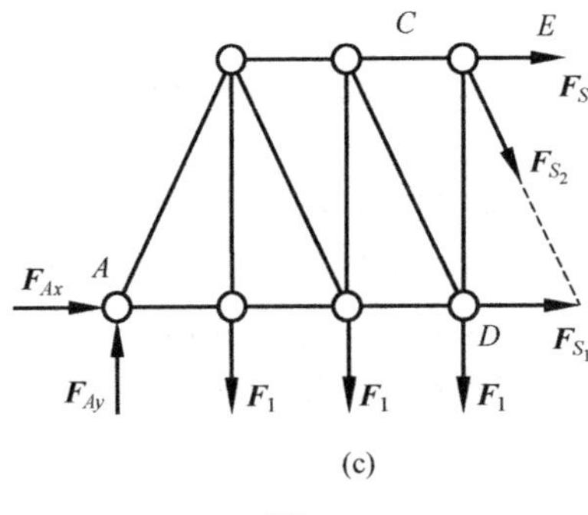

(c)

图 8-8

$$\sum F_{iy}=0,\quad F_{Ax}=0$$

$$\sum M_A(F_i)=0,\quad F_B\times 8a-F_1\times a-F_1\times 2a-F_1\times 3a-F_1\times 4a-F_2\times 5a-F_2\times 6a-F_2\times 7a=0$$

$$\sum F_{iy}=0,\quad F_{Ax}+F_B-4F_1-3F_2=0$$

解得

$$F_B=\frac{10F_1+18F_2}{8}=\frac{5F_1+9F_2}{4},\quad F_{Ay}=-F_B+4F_1+3F_2=\frac{11F_1+3F_2}{4}$$

(2)求杆 1、2 和 3 的内力。

作截面 I—I 假想将杆 1、2、3 截断，并取桁架的左半部分为研究对象，设所截三杆都受拉力，这部分桁架的受力图如图 8-8(c)所示。列平衡方程：

$$\sum M_F(F_i)=0,\quad -F_{S1}\times b-F_{Ay}\times 4a+F_1\times a+F_1\times 2a+F_1\times 3a=0$$

$$\sum M_C(F_i)=0,\quad F_{S3}\times b-F_{Ay}\times 3a+F_1\times a+F_1\times 2a=0$$

$$\sum F_{iy}=0,\quad F_{Ay}-3F_1-F_{S2}\frac{b}{\sqrt{a^2+b^2}}=0$$

解得

$$F_{S1}=-\frac{a}{b}(5F_1+3F_2)\quad (压)$$

$$F_{S2}=\frac{\sqrt{a^2+b^2}}{4b}(3F_2-F_1)\quad (拉)$$

$$F_{S3}=\frac{a}{4b}(21F_1+9F_2)\quad (拉)$$

由上面的两个例子可见，采用截面法求内力时，如果矩心取得恰当，力矩平衡方程中往往仅含一个未知力，求解方便。另外，平面任意力系只有三个独立平衡方程，因此作假想截面时，一般每次最多只能截断 3 根杆件，如果截断的杆件多于 3 根，它们的内力一般不能全部求出。

8.3　物体的重心

由物理学知道，忽略地球转动影响时，地球上物体中的每个微小质量部分均受到指向地球中心的万有引力即重力作用。由于地球半径很大，故这组引力可视为平行力系，平行力系可简化为一合力，该合力作用点就是物体的**重心**。

如图 8-9 所示，设任一个质量微团的位置矢径为 $\boldsymbol{r}_i$，所受重力为 $\boldsymbol{G}_i$，重心 C 的位置矢径为 $\boldsymbol{r}_C$，总重力为

$$\boldsymbol{G} = \sum \boldsymbol{G}_i \tag{8-1}$$

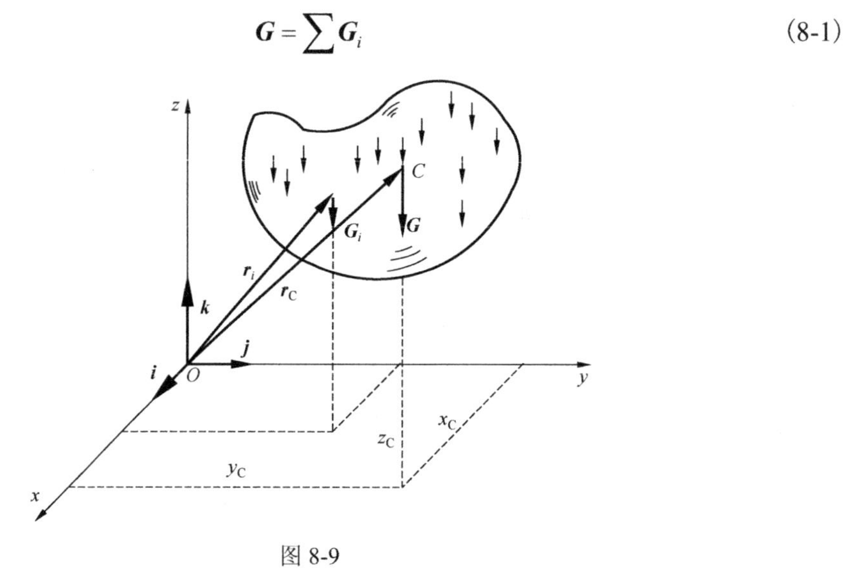

图 8-9

由合力矩定理得

$$\boldsymbol{r}_C \times \boldsymbol{G} = \sum \boldsymbol{r}_i \times \boldsymbol{G}_i$$

即

$$\boldsymbol{r}_C \times G\boldsymbol{k} = \sum \boldsymbol{r}_i \times G_i \boldsymbol{k} \quad （\boldsymbol{k}\text{ 为 } z \text{ 轴的单位矢量}）$$

故

$$(G\boldsymbol{r}_C - \sum G_i \boldsymbol{r}_i) \times \boldsymbol{k} = 0$$

由于坐标方向 k 的任意性，故 $G\boldsymbol{r}_C - \sum G_i \boldsymbol{r}_i = 0$

或

$$\boldsymbol{r}_C = \frac{\sum G_i \boldsymbol{r}_i}{G} \tag{8-2}$$

此即物体重心位置的矢径公式，可理解为物体各质量微团位置的加权平均值。将式(8-2)在图 8-10 所示正交坐标轴上投影，得重心位置的直角坐标公式：

$$\begin{cases} x_C = \dfrac{\sum G_i x_i}{G} \\ y_C = \dfrac{\sum G_i y_i}{G} \\ z_C = \dfrac{\sum G_i z_i}{G} \end{cases} \tag{8-3}$$

该式也可直接由对轴的合力矩定理得出。当物体被分割的微小部分趋近于零时，式(8-3)中的有限求和便成为定积分。若将 $G_i = m_i g$，$G = mg$ 代入式(8-3)，则当重力加速度 g 为常量时，便得物体的**质心坐标公式**：

$$\begin{cases} x_C = \dfrac{\sum m_i x_i}{m} \\ y_C = \dfrac{\sum m_i y_i}{m} \\ z_C = \dfrac{\sum m_i z_i}{m} \end{cases} \tag{8-4}$$

若将 $m_i = V_i \rho$ (其中 V_i 为微元体积，ρ 为密度)代入式(8-4)，则当 ρ 为常量时，$m = V\rho$ (V 为物体体积)，此时物体质心的位置只取决于其形状，称为形心，物体的形心坐标公式为

$$\begin{cases} x_C = \dfrac{\sum V_i x_i}{V} \\ y_C = \dfrac{\sum V_i y_i}{V} \\ z_C = \dfrac{\sum V_i z_i}{V} \end{cases} \tag{8-5}$$

可见，当 g、ρ 同时为常量时，物体的重心、质心、形心三心重合。

当物体是面密度为 ρ 的均质薄平板时，将板面置于 xOy 平面，由式(8-5)，并约去板厚度，有

$$\begin{cases} x_C = \dfrac{\sum A_i x_i}{A} \\ y_C = \dfrac{\sum A_i y_i}{A} \end{cases} \tag{8-6}$$

式中，A 为板的总面积；A_i 为微元面积。式(8-6)就是面积形心坐标公式。

值得指出，物体的**质心**是物体质量的中心，物体的形心是物体形状的中心，它们与重心是三个相互独立的中心，只是在一定条件下可以彼此重合。

【例 8-5】　试求图 8-10 所示均质平板(实线部分)的重心位置。

解：①分割法——将平板分割成两个重心位置已知的矩形 I 和 II，在 xOy 平面内，重心与形心位置重合，两矩形的形心坐标为 $C_1(8,88)$ cm 和 $C_2(50,8)$ cm，由式(8-6)得

$$x_C = \frac{A_1 x_1 + A_2 x_2}{A} = \frac{(160-16)\times 16\times 8 + 100\times 16\times 50}{(100+160-16)\times 16} = 25.2(\text{cm})$$

$$y_C = \frac{A_1 y_1 + A_2 y_2}{A} = \frac{(160-16)\times 16\times 88 + 100\times 16\times 8}{(100+160-16)\times 16} = 55.2(\text{cm})$$

重心在平板的质量对称平面(平行于 Oxy 平面)上。

②负面(体)积法——将平板假想地补全成一完整的矩形，被挖掉部分(虚线)相当于存

在反向重力，将其提起；或把其相应的面(体)积视为负值。此时，$A_1 = 160\times100 = 16000\text{cm}^2$，$A_2 = -(160-16)\times(100-16) = -12096(\text{cm}^2)$，故

$$x_C = \frac{A_1x_1 + A_2x_2}{A} = \frac{16000\times50 - 12096\times58}{16000-12096} = 25.2(\text{cm})$$

$$y_C = \frac{A_1y_1 + A_2y_2}{A} = \frac{16000\times80 - 12096\times88}{16000-12096} = 55.2(\text{cm})$$

【例 8-6】 试求图 8-11 所示均质混凝土基础的重心位置，尺寸如图。

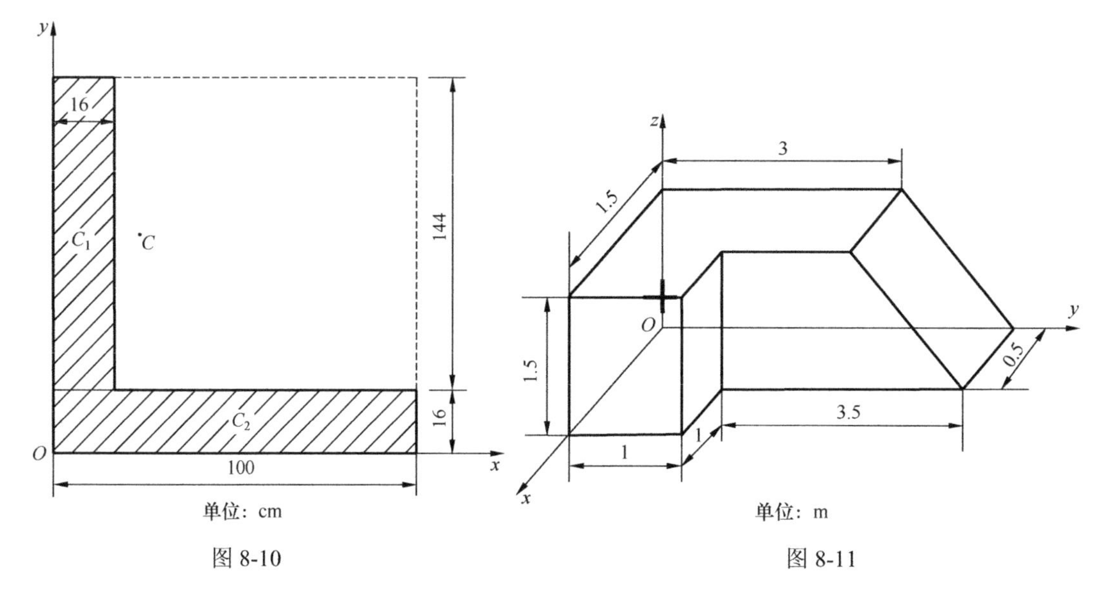

图 8-10　　　　　　　　图 8-11

解： 因为均质，重心与形心重合，将基础分割为一个长方体与一个四棱柱，或两个长方体与一个三棱柱，由式(8-5)得

$$x_C = \frac{\sum V_i x_i}{V} = \frac{1\times1\times1.5\times1 + \dfrac{1}{2}\times(3+4.5)\times1.5\times0.5\times0.25}{1\times1\times1.5 + \dfrac{1}{2}\times(3+4.5)\times1.5\times0.5} = 0.511(\text{m})$$

$$y_C = \frac{\sum V_i y_i}{V} = \frac{1\times1\times1.5\times0.5 + 3\times0.5\times1.5\times1.5 + 1.5^2\times0.5\times0.5\times3.5}{4.3125} = 1.413(\text{m})$$

$$z_C = \frac{\sum V_i z_i}{V} = \frac{(1\times1 + 3\times0.5)\times1.5\times0.75 + 1.5^2\times0.5^2\times0.5}{4.3125} = 0.717(\text{m})$$

需要指出的是，工程中一些外形不规则或非均质构件的重心位置难以用计算法确定，常采用**悬挂法**、**称重法**测定。

【例 8-7】 求平行力系的中心。图示简支梁承受三角形分布和抛物线形分布载荷，试求合力作用点。

解： 设合力为 $\boldsymbol{F}$，其作用点距梁左端的距离为 x_C，根据合力矩定理，有

$$F_{x_C} = \int_0^l q(x)x\,\text{d}x$$

因
$$F = \int_0^l q(x)\mathrm{d}x$$

故
$$x_C = \frac{\int_0^l q(x)x\mathrm{d}x}{\int_0^l q(x)\mathrm{d}x} \tag{8-7}$$

对于图 8-12(a)所示三角形分布载荷，有 $q(x) = q_0 \dfrac{x}{l}$，代入式(8-7)，有

$$x_C = \frac{\frac{1}{l}\int_0^l q_0 x^2 \mathrm{d}x}{\frac{1}{l}\int_0^l q_0 x \mathrm{d}x} = \frac{2}{3}l$$

对于图 8-12(b)所示抛物线形分布载荷，有 $q(x) = q_0 \dfrac{x^2}{l^2}$，代入式(8-7)，有

$$x_C = \frac{\frac{1}{l^2}\int_0^l q_0 x^3 \mathrm{d}x}{\frac{1}{l^2}\int_0^l q_0 x^2 \mathrm{d}x} = \frac{3}{4}l$$

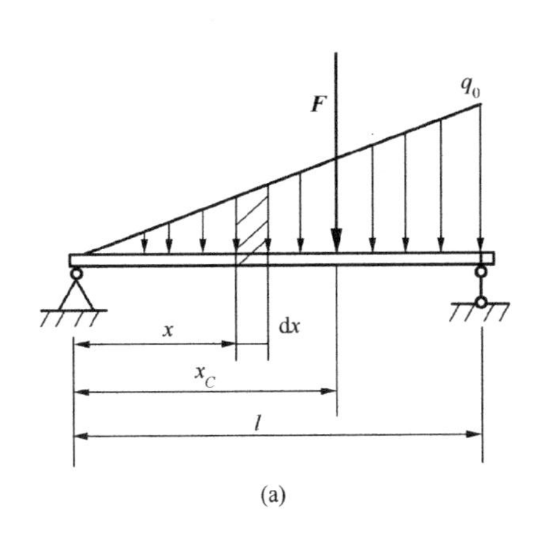

(a)

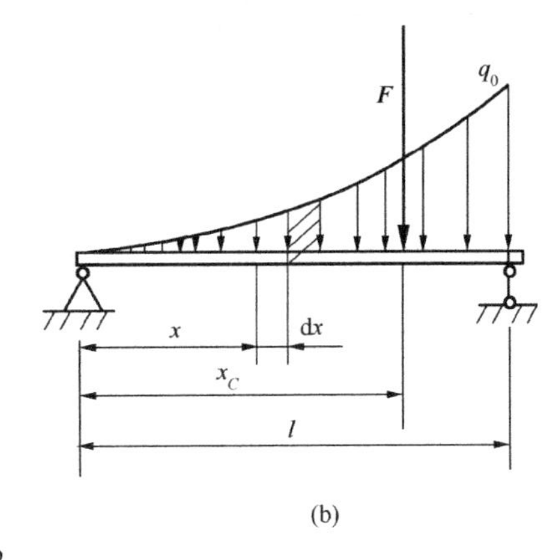

(b)

图 8-12

思　考　题

8.1　传动轴用两个止推轴承支持，每个轴承有 3 个未知力，共 6 个未知量。而空间任意力系的平衡方程恰好有 6 个，是否为静定问题？

8.2　如何判别刚体系统中的内力与外力？

8.3　试简述静定刚体系统的平衡条件。

8.4　桁架内力计算时为何先判断零杆和某些易求杆内力？

8.5　静定复杂桁架应该如何求解？

8.6　一均质等截面直杆的重心在哪里？若把它弯成半圆形，重心位置是否改变？

8.7　怎样利用地秤(秤面可升降)测算如图 8-13 所示汽车的重心位置(已知 $\boldsymbol{G}$、l、H(秤面升降高度)、r (轮半径))？

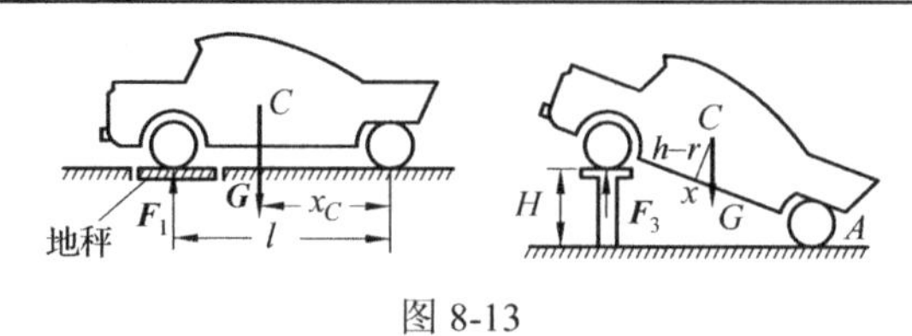

图 8-13

习　　题

8-1　图示的 6 种情形中哪些是静定问题？哪些是静不定问题？

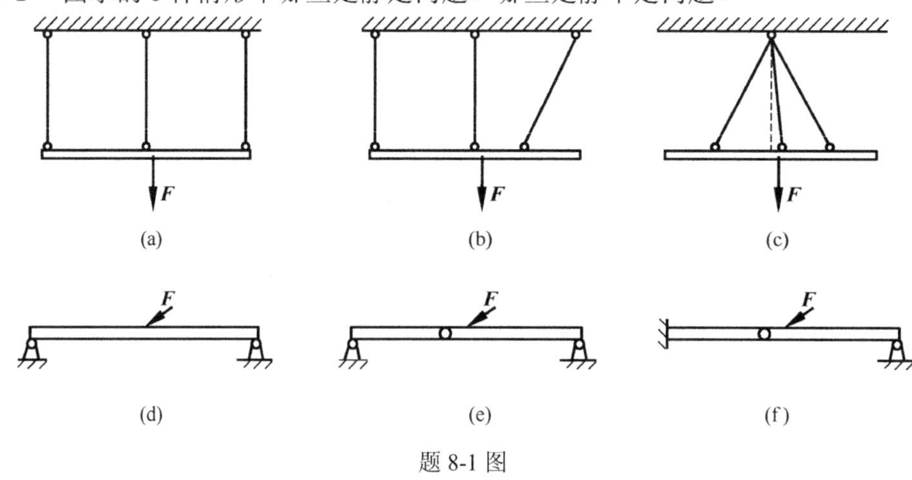

题 8-1 图

8-2　平面桁架的结构尺寸如图所示，荷载 $\boldsymbol{F}$ 已知，求各杆的内力。

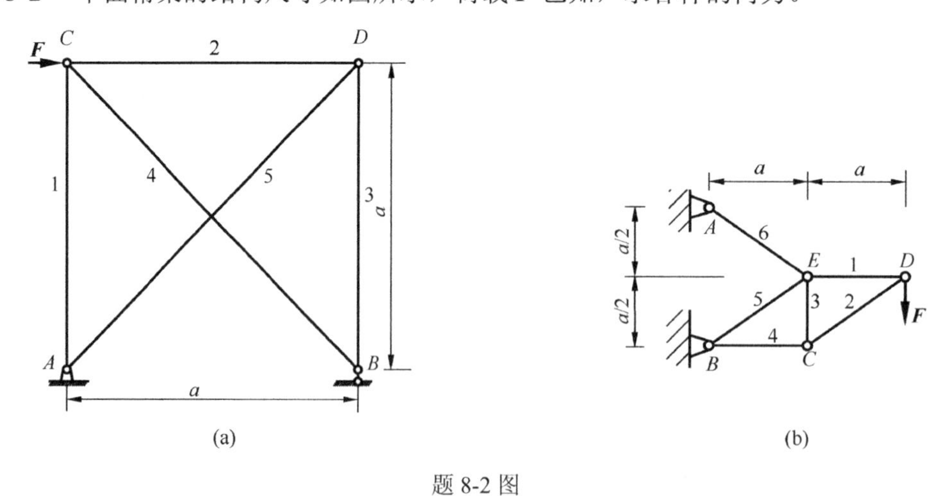

题 8-2 图

8-3　平面桁架的荷载及结构尺寸如图所示，求各杆的内力。

8-4　如图所示桁架，利用截面法，作截面 I—I 截断 3、5、7 三杆，问能否求出三杆内力？

8-5　求如图所示桁架中 1、2、3 各杆的内力，$\boldsymbol{F}$ 为已知，各杆长度相等。

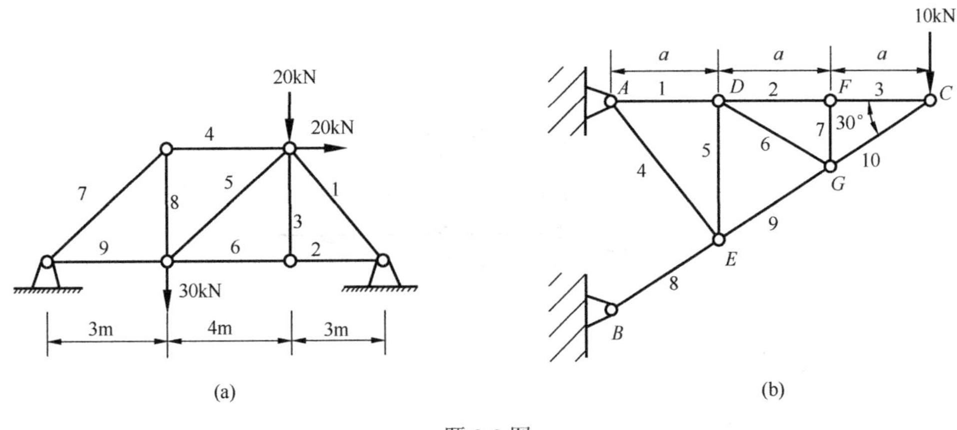

题 8-3 图

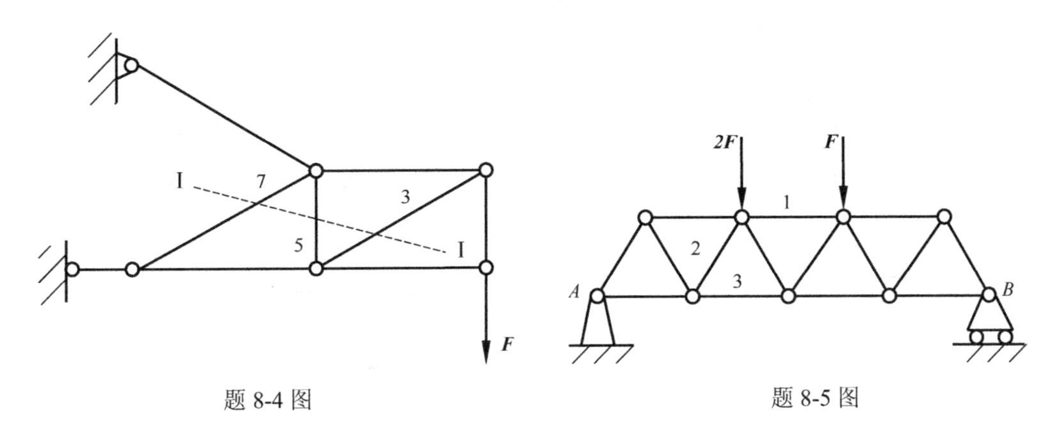

题 8-4 图　　题 8-5 图

8-6　桁架尺寸如图所示，主动力 $\boldsymbol{F}$ 为已知，求桁架中 1、2、3 各杆的内力。

8-7　桁架尺寸如图所示，主动力 $\boldsymbol{F}$ 为已知，求桁架中 1、2、3、4 各杆的内力。

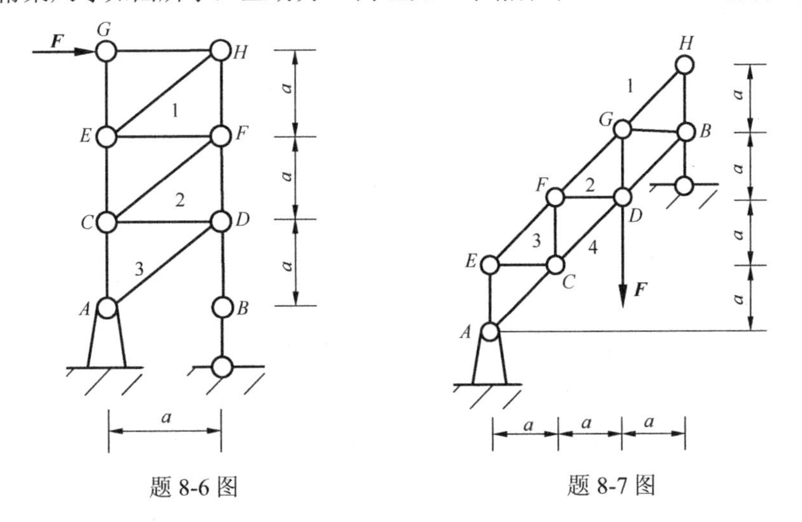

题 8-6 图　　题 8-7 图

8-8　平面桁架由 7 根相同材料的匀质等截面杆构成，每根杆长如图所示，试求该桁架重心的位置。

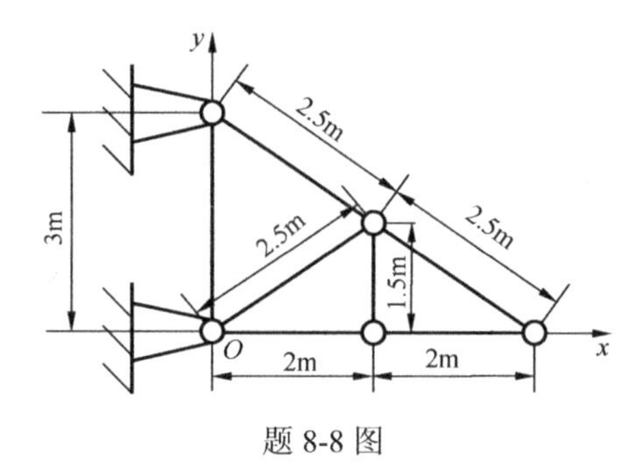

题 8-8 图

8-9　平面图形尺寸如图所示，试分别建立适当坐标系，求其形心坐标(图中长度单位为 mm)。

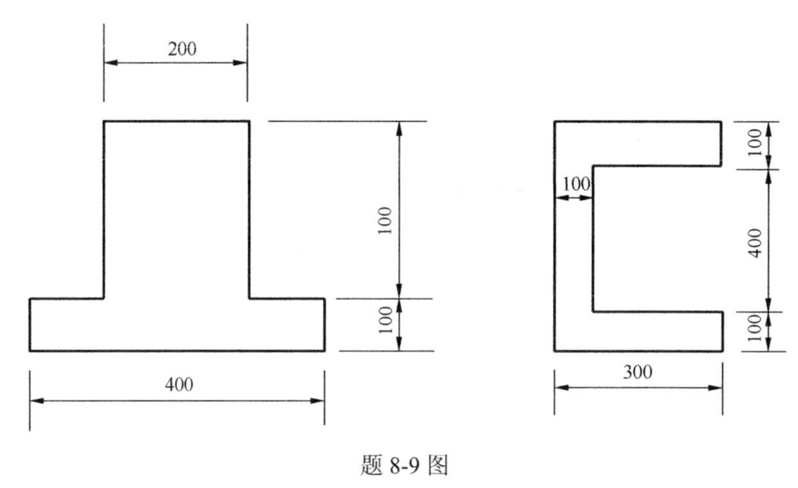

题 8-9 图

8-10　试求图示阴影部分的形心位置(图中长度单位为 m)。

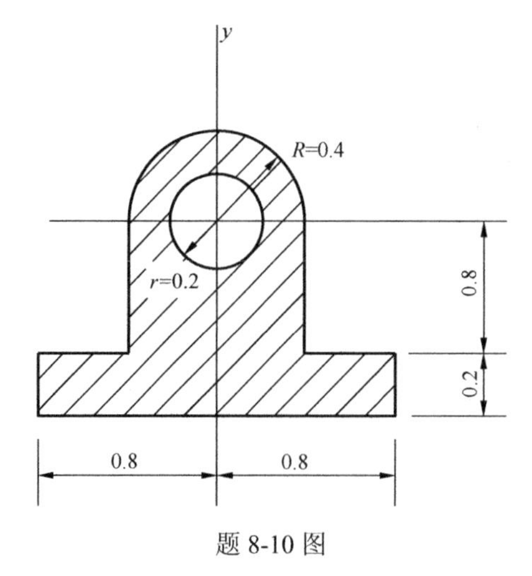

题 8-10 图

8-11　一悬臂圈梁如图所示，其轴线为 $r = 4\text{m}$ 的 1/4 圆弧。梁上作用着垂直均布载荷，$q = 2\text{kN/m}$。求该均布载荷的合力及其作用线位置。

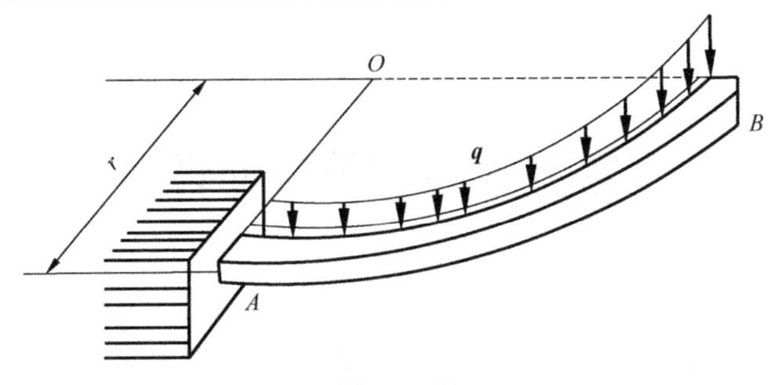

题 8-11 图

8-12　试求图所示均质混凝土基础重心的位置。

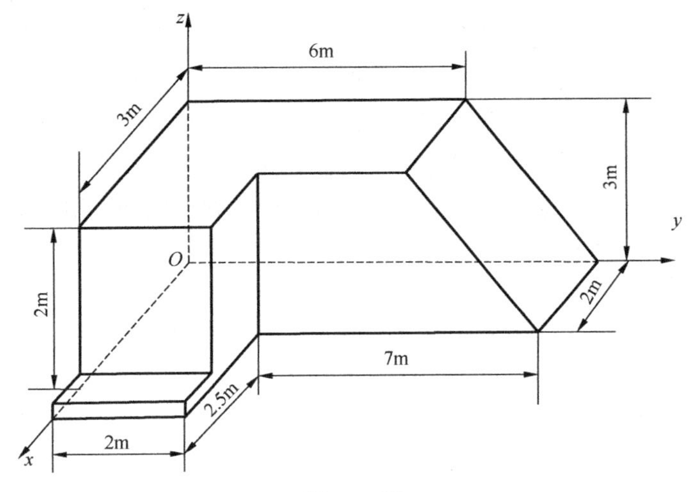

题 8-12 图

第 9 章　虚位移原理

静力学又称为几何静力学。几何静力学是从力系的概念出发研究平衡，它以静力学公理为基础，通过研究力系的等效条件和力系的几何性质，建立了刚体在力系作用下平衡的必要条件和充分条件。这种条件对于质点系来说仅是必要的而不是充分的。在静力学中，通过力系的简化得出刚体的平衡条件，用来研究刚体及刚体系统的平衡问题。本章介绍普遍适用于研究任意质点系的平衡问题的一个原理，它从位移和功的概念出发，得出任意质点系的平衡条件。该原理称为虚位移原理。它是研究平衡问题的最一般原理，不仅如此，将它与达朗贝尔原理相结合，就可得到一个解答动力学问题的动力学普遍方程，为求解复杂系统的动力学问题提供了另一种普遍的方法，构成了分析力学的基础。

虚位移原理(又称为分析静力学)是从位移和功的概念出发研究力学系统的平衡的，它给出了任何质点系平衡的必要和充分条件，是静力学的普遍原理。用它来解题时，可以使那些不需要求解的未知的约束力在方程中不出现，从而使复杂系统的平衡问题的求解过程得到简化。

把解决平衡问题的虚位移原理放在动力学中讲授，一方面是由于要用到功的概念和计算；另一方面，将虚位移原理与达朗贝尔原理结合起来，就能导出动力学普遍方程，作为解决复杂系统的动力学问题的最普遍的方法。在动力学普遍方程的基础上，形成和发展了分析动力学。

9.1　约束和约束方程

在几何静力学中曾介绍过约束的概念，即事先对物体的运动所加的限制条件称为约束，约束对被约束体的作用表现为约束力。现在从运动学方面来看约束的作用。约束的概念可进一步叙述为事先对质点或质点系的位置或速度所加的限制条件，这些限制条件可以通过质点或质点系中各质点的坐标或速度的数学方程来表示，这称为约束方程。例如，球摆中质点 M 到固定中心点 O 的距离等于摆长 l，点 M 的位置限制在以 O 为中心、z 为半径的球面上，如图 9-1(a)所示。在以点 O 为原点的直角坐标系 $Oxyz$ 中，摆的约束方程为

$$x^2+y^2+z^2=l^2 \tag{9-1}$$

又如，在图 9-1(b)所示的曲柄连杆机构中，销 A 限制在以 O 为中心、r 为半径的圆周上运动，滑块 B 限制在水平直槽中运动，A、B 两点间的距离等于 l，整个机构限制在一个平面上运动。在图示坐标系中，此机构的约束方程为

$$\begin{cases}x_A^2+y_A^2=r^2, \quad (x_B-x_A)^2+(y_B-y_A)^2=l^2 \\ y_B=0, \quad z_A=0, \quad z_B=0\end{cases} \tag{9-2}$$

图 9-1(c)所示车轮沿直线轨道做纯滚动时，车轮轮心 C 限制在距离地面为 R 的直线上运动，车轮与地面接触点 P 的速度为零，在图示坐标系中，轮的约束方程为

$$y_C = R \tag{9-3}$$

$$x'_C - R'\varphi = 0 \tag{9-4}$$

对方程(9-4)积分得

$$x_C - R\varphi = 0 \tag{9-5}$$

图 9-1(d)为摆长 l 随时间变化的单摆，图中重物 M 由一根穿过固定圆环 O 的细绳系住，设摆长在开始的时候为 l_0，然后以不变的速度 $\boldsymbol{v}$ 拉动细绳的另一端，在图示坐标系中，单摆的约束方程为

$$x^2 + y^2 = (l_0 - vt)^2 \tag{9-6}$$

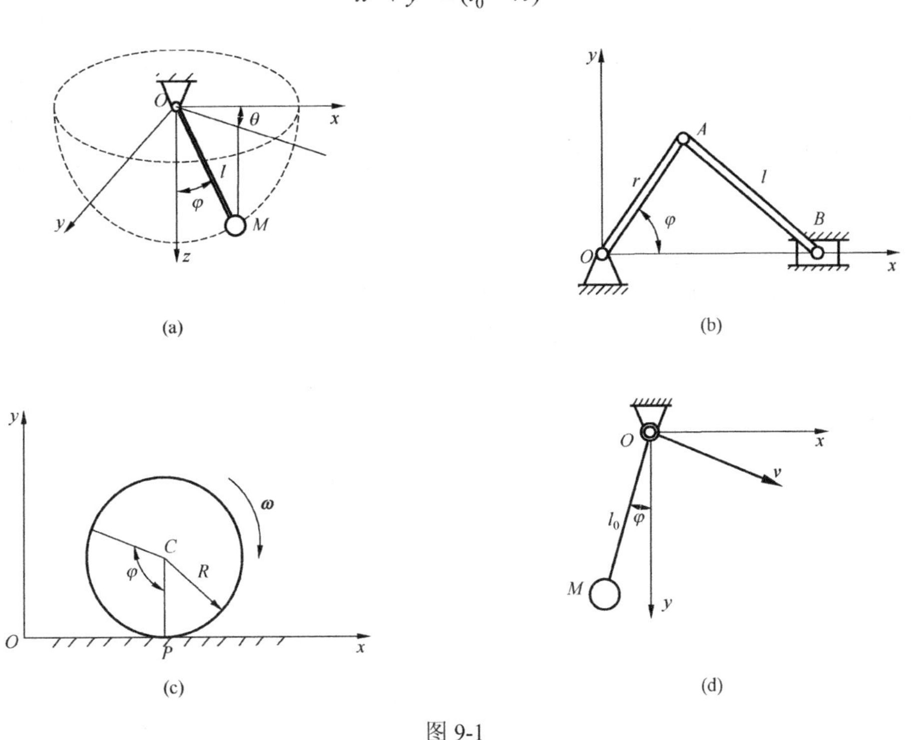

图 9-1

在上述实例的约束方程中，有的方程只含有质点的坐标，有的方程还含有坐标的导数和时间 t 等，不同的约束方程反映了约束的不同性质，根据约束关系式的特点可对约束进行不同的分类。

1. 几何约束和运动约束

若约束方程中不包含坐标对时间的导数，或者说，约束只限制质点系中各质点的几何位置，而不限制速度，这种约束称为几何约束。若约束方程中还包含有坐标对时间的导数，或者说约束还限制各质点的速度，这种约束称为运动约束。如上述方程中，方程(9-4)表示的就是运动约束，其余的均为几何约束。而方程(9-4)通过积分成方程(9-5)可变为几何约束，但有的运动约束方程是不可积分的。

2. 完整约束和非完整约束

将几何约束和可积分的运动约束统称为完整约束，不可积分的运动约束称为非完整约束。

3. 定常约束和非定常约束

若约束方程中不显含时间 t，这种约束称为定常约束或稳定约束。若约束方程中显含时间 t，这种约束称为非定常约束或非稳定约束。例如，方程(9-6)表示的就是非定常约束，其余的均为定常约束。定常约束不随时间变化，而非定常约束是随时间变化的。

4. 双面约束和单面约束

约束在两个方向都能起限制运动的作用，这称为双面约束。若约束只在一个方向起作用，另一方向能松弛或消失，这称为单面约束。例如，图 9-1(a)中的球摆，小球 M 若被一刚性杆约束，小球只能在球面上运动，刚性杆为一双面约束，约束为方程(9-1)。若小球 M 被一柔性绳约束，小球不仅能在球面上运动，而且可以在球面内的空间运动，这时柔性绳就为单面约束，约束方程为

$$x^2 + y^2 + z^2 \leqslant l^2$$

可见，单面约束方程用不等式表示，双面约束方程用等式表示。

以下仅限于研究完整的、定常的双面约束，这种约束方程的一般形式为

$$f(x_1, y_1, z_1, \cdots, x_n, y_n, z_n) = 0 \tag{9-7}$$

9.2 广义坐标

设由 n 个质点组成的质点系，在直角坐标系中，确定每个质点的位置需用 3 个坐标，确定 n 个质点的位置共需 $3n$ 个坐标。对于自由质点系来说，这 $3n$ 个坐标都是独立的，对于非自由质点系来说，如果质点系受到 s 个完整约束，则 $3n$ 个坐标需满足 s 个约束方程，只有 $3n-s$ 个坐标是独立的，而其余 s 个坐标则是这些独立坐标的给定函数。由此可知，要确定非自由质点系的位置不需要 $3n$ 个坐标，只需要确定任意 $k = 3n-s$ 个独立坐标就够了，在平面运动状态下 $k = 2n-s$。

在一般情形下，用直角坐标表示非自由质点系的位置并不总是很方便的，可以选择任意变量来表示质点系的位置。用来确定质点或质点系位置的独立变量称为广义坐标。如图 9-1(a)所示的球摆，可以选球坐标中的角 φ 和单摆与 x 轴的夹角 θ 为两个广义坐标，则能方便并且唯一地确定质点 M 的位置，此时质点 M 的直角坐标可表示为 θ 和 φ 的单值连续函数：

$$x = l\sin\varphi\cos\theta, \quad y = l\sin\varphi\cos\theta, \quad z = l\cos\varphi$$

又如图 9-1(b)中的曲柄连杆机构，如果选曲柄 OA 对轴的转角为广义坐标，也能方便并且唯一地确定质点 M 的位置。各质点的直角坐标可表示为转角的单值连续函数：

$$x_A = r\cos\varphi,\quad y_A = r\sin\varphi,\quad z_A = 0$$

$$x_B = r\cos\varphi + \sqrt{l^2 - r^2\sin\varphi},\quad y_B = 0, z_B = 0$$

质点系各质点的直角坐标也可表示成广义坐标的单值连续函数。设由 n 个质点组成的一非自由质点系，受到 s 个完整、双面和定常约束，选 $K=3n-s$ 个广义坐标 $q_1, q_2, \cdots, q_k$ 确定质点系的位置。质点系中任一质点的矢径和直角坐标与广义坐标的函数关系一般可表示为

$$r_i = r_i(q_1, q_2, \cdots, q_k),\quad i=1,2,\cdots,n \tag{9-8}$$

和

$$\begin{cases} x_i = x_i(q_1, q_2, \cdots, q_k) \\ y_i = y_i(q_1, q_2, \cdots, q_k), \quad i=1,2,\cdots,n \\ z_i = z_i(q_1, q_2, \cdots, q_k) \end{cases} \tag{9-9}$$

9.3　虚位移和自由度

非自由质点系内各质点受到约束的限制，只有某些位移是约束所允许的，其余位移则被约束所阻止。在给定瞬时，质点(或质点系)符合约束的无限小假想位移称为该质点(或质点系)的虚位移。例如，受固定面约束的质点沿固定面向任意方向的无限小位移，都是该质点的虚位移。由于虚位移是无限小的，可以将这些位移看作在该点的固定面的切平面内任意方向的位移，如图 9-2 所示。

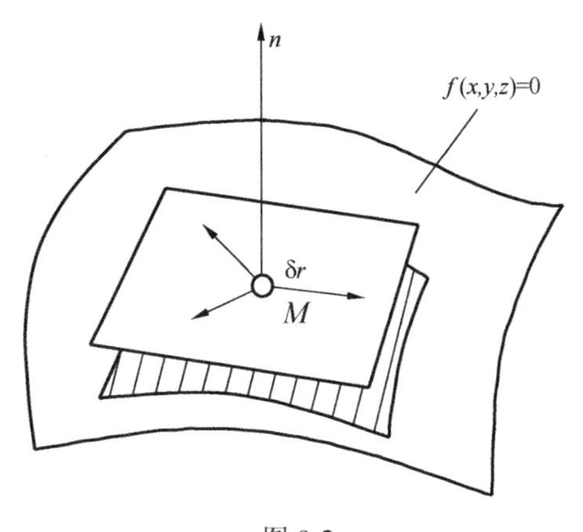

图 9-2

虚位移与实位移是有区别的。实位移是在一定主动力作用、一定起始条件下和一定的时间间隔 dt 内发生的位移，其方向是唯一的；而虚位移则不涉及主动力，也与起始条件无关，是假想发生而实际并未发生的位移。它不需经历时间过程，其方向至少有两组，甚至无穷多组。虚位移与实位移的联系是二者都要符合约束条件，在定常约束情形下，实位移是虚位移中的一种。虚位移用变分符号 δ 表示，如 δr、δx、δy、δz、$\delta\varphi$ 等。

由于非自由质点系内各质点之间有约束联系，所以各质点的虚位移之间有一定的关系，其中独立的虚位移个数等于质点系的自由度。下面介绍分析质点系虚位移的两种方法。

1. 几何法

由于虚位移是无限小位移，在实际应用时，可选在可能发生的速度方向上分析，故可以用运动学中求各质点速度之间的关系的方法来分析各质点虚位移之间的关系。

2. 解析法

由式(9-9)知，质点系中各质点的坐标可表示为广义坐标的函数，质点系的任意虚位移

可用广义坐标的 k 个独立变分 δq_1，δq_2，…，δq_k 表示，求变分的方法与求微分类似。各质点的虚位移 δr_i 和 δx_i、δy_i、δz_i 可对式(9-8)和式(9-9)求变分得到，即

$$\delta r_i = \sum_{j=1}^{k} \frac{\partial r_i}{\partial q_j} \partial q_j, \quad i = 1, 2, \cdots, n \tag{9-10}$$

$$\begin{cases} \delta x_i = \dfrac{\partial r_i}{\partial q_1} \partial q_1 + \dfrac{\partial r_i}{\partial q_2} \partial q_2 + \cdots + \dfrac{\partial r_i}{\partial q_k} \partial q_k = \displaystyle\sum_{j=1}^{k} \frac{\partial r_i}{\partial q_j} \partial q_j \\ \delta y_i = \dfrac{\partial y_i}{\partial q_1} \partial q_1 + \dfrac{\partial y_i}{\partial q_2} \partial q_2 + \cdots + \dfrac{\partial y_i}{\partial q_k} \partial q_k = \displaystyle\sum_{j=1}^{k} \frac{\partial y_i}{\partial q_j} \partial q_j, \quad i = 1, 2, \cdots, n \\ \delta z_i = \dfrac{\partial z_i}{\partial q_1} \partial q_1 + \dfrac{\partial z_i}{\partial q_2} \partial q_2 + \cdots + \dfrac{\partial z_i}{\partial q_k} \partial q_k = \displaystyle\sum_{j=1}^{k} \frac{\partial z_i}{\partial q_j} \partial q_j \end{cases} \tag{9-11}$$

质点系独立虚位移的数目称为质点系的自由度。设质点系由 n 个质点组成，受 s 个完整约束、m 个非完整约束，质点系的自由度为 N，则有

$$N = 3n - s - m = k - m$$

在平面运动中

$$N = 2n - s - m = k - m$$

显然，对于完整系统，$m = 0$，独立的虚位移数与广义坐标数相等，即 $N = k$。但对于非完整系统，$m \neq 0$，$N < k$。

3. 理想约束

力在虚位移中所做的功称为虚功。因为虚位移与时间、运动都无关，不能积分，所以虚功只有元功形式。

若质点系在虚位移的过程中约束力的虚功之和等于零，则这种约束称为理想约束。如果作用于质点系中任一质点的约束力为 $\boldsymbol{F}_{\mathrm{N}i}$，该质点的虚位移为 $\delta \boldsymbol{r}_i$，则理想约束的条件可用式(9-12)来表示：

$$\sum \boldsymbol{F}_{\mathrm{N}i} \cdot \delta \boldsymbol{r}_i = 0 \tag{9-12}$$

4. 虚位移原理的内涵

虚位移原理又称虚功原理，可表述为：具有双面、理想约束的质点系，在给定位置平衡的必要与充分条件是，所有作用于质点系上的主动力在任意虚位移上所做虚功之和为零，即

$$\sum \boldsymbol{F}_i \cdot \delta \boldsymbol{r}_i = 0 \tag{9-13}$$

式中，$\boldsymbol{F}_i$ 为作用于质点系的任一主动力；$\delta \boldsymbol{r}_i$ 为力作用点的任一虚位移。

将式(9-13)写成解析形式，有

$$\sum (F_{ix} \cdot \delta x_i + F_{iy} \cdot \delta y_i + F_{iz} \cdot \delta z_i) = 0 \tag{9-14}$$

式中，F_{ix}、F_{iy}、F_{iz} 是主动力 $\boldsymbol{F}_i$ 在 x、y、z 轴上的投影；δx_i、δy_i、δz_i 为虚位移 $\delta \boldsymbol{r}_i$ 在 x、y、

z 轴上的投影。此方程又称为静力学普遍方程。

在分析力学中，“原理”是指一些根本性的规律，它们的正确性是在长期实践中(直接地或间接地)所证实的，其他定理可以以它们为基础经严格的逻辑推理推导出来。虚位移原理就是这样一种原理。

在虚位移原理的方程中都不包括约束力，因此在理想约束条件下，应用虚位移原理处理静力学问题时只须考虑主动力，不必考虑约束力，这在处理刚体数目多但自由度少的系统的平衡问题时非常方便。当所遇到的约束不是理想约束而具有摩擦时，只要把摩擦力当作主动力，考虑摩擦力所做的虚功，虚位移原理仍可应用。

思　考　题

9.1　一刚性杆的长度为 a，在直角坐标系 $Oxyz$ 两端点为 $M_1(x_1,y_1,z_1)$ 和 $M_2(x_2,y_2,z_2)$，如果 M_1 只能在 xy 平面内运动，M_2 只能在 xz 平面内运动，那么系统所受约束对应的约束方程是什么？杆运动的自由度等于多少？

9.2　在 Oxy 平面内有两个运动质点 $A_1(x_A,y_A)$ 和 $B(x_B,y_B)$，要求点 A 的速度方向永远指向点 B，则系统所受约束对应的约束方程是什么？系统运动的自由度等于多少？

9.3　在图 9-3 所示平面四连杆机构中，点 B 和点 C 的虚位移方向有四种画法，试问它们都正确吗？为什么？

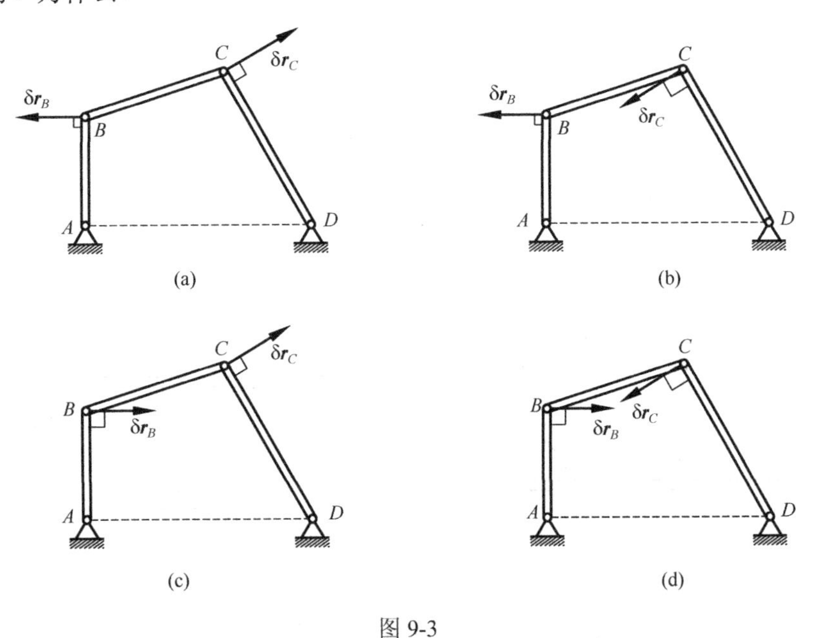

图 9-3

9.4　如图 9-4 所示平面机构，在主动力 $\boldsymbol{F}_1$ 和 $\boldsymbol{F}_2$ 作用下平衡(图 9-4(b) 中 $OA = AB = BC = CD = DE = OE$)，试问图中所画出的四个虚位移的方向是否都正确？为什么？

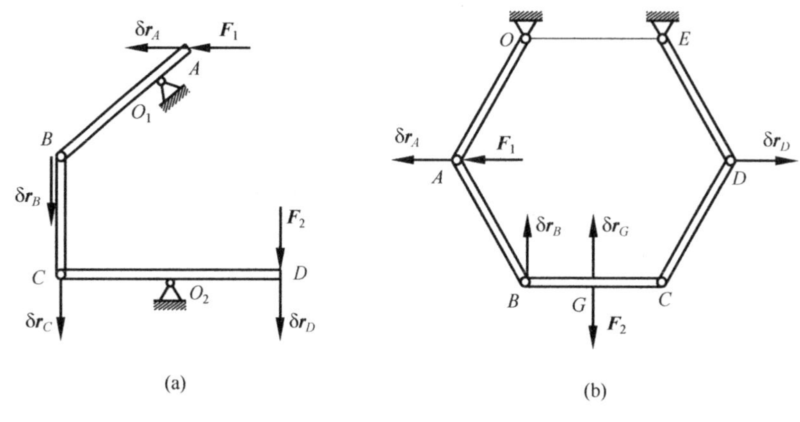

图 9-4

9.5　如图 9-5 所示平面机构，弹簧的刚度系数为 k，原长为 l，不计构件自重和摩擦，系统在主动力 $\boldsymbol{F}_1$、$\boldsymbol{F}_2$ 的作用下于图示位置处于平衡状态，欲求主动力 $\boldsymbol{F}_1$ 和 $\boldsymbol{F}_2$ 之间的关系，用虚位移原理得出 $F_1 \cdot \delta r_A + F_2 \cdot \delta r_B = (F_1 + F_2)\, l\delta\theta = 0$，$F_1 = F_2$，试问这个结果正确吗？为什么？

9.6　如图 9-6 所示机构在主动力 $\boldsymbol{F}_1$ 和 $\boldsymbol{F}_2$ 的作用下平衡，已知 $O_1B = O_2C$，$O_1O_2 = BC$，不计各构件自重和摩擦，若在杆 DE 上平移 $\boldsymbol{F}_2$ 的作用线位置，系统的平衡状态是否会被破坏？为什么？

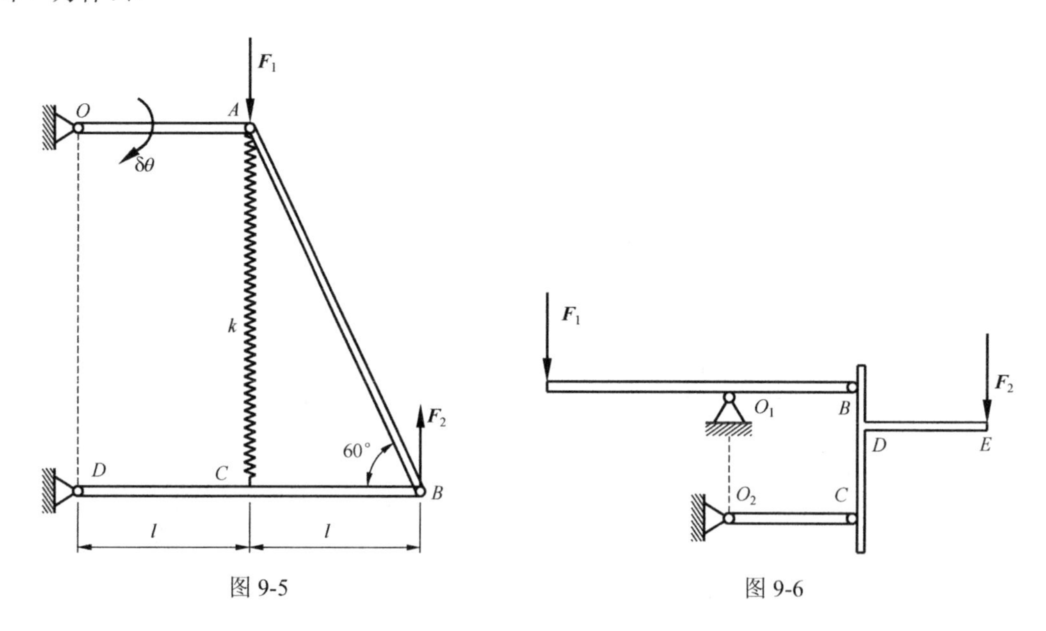

图 9-5　　　　图 9-6

9.7　图 9-7 所示重量为 $\boldsymbol{P}$、长度为 l 的均质杆 AB，其两端分别放置于光滑水平地面和光滑铅垂墙面上，在主动力 $\boldsymbol{F}$ 的作用下于图示位置处于平衡状态。今设想点 A 发生一向右的虚位移 δx_{A}，试问由虚位移原理所建立的虚功方程是什么？你能用多少种方法求杆质心 C 的虚位移？

9.8　图 9-8 为铅垂面内的平面机构，均质曲柄 OA 与连杆 AB 的质量都为 m，长度都为 l，滑块的质量不计，铰链 O、A、B 处摩擦不计，若系统于图示位置处于静止状态，试问你能利用虚位移原理求出水平滑道对滑块的摩擦力吗？若能，则它等于多少？

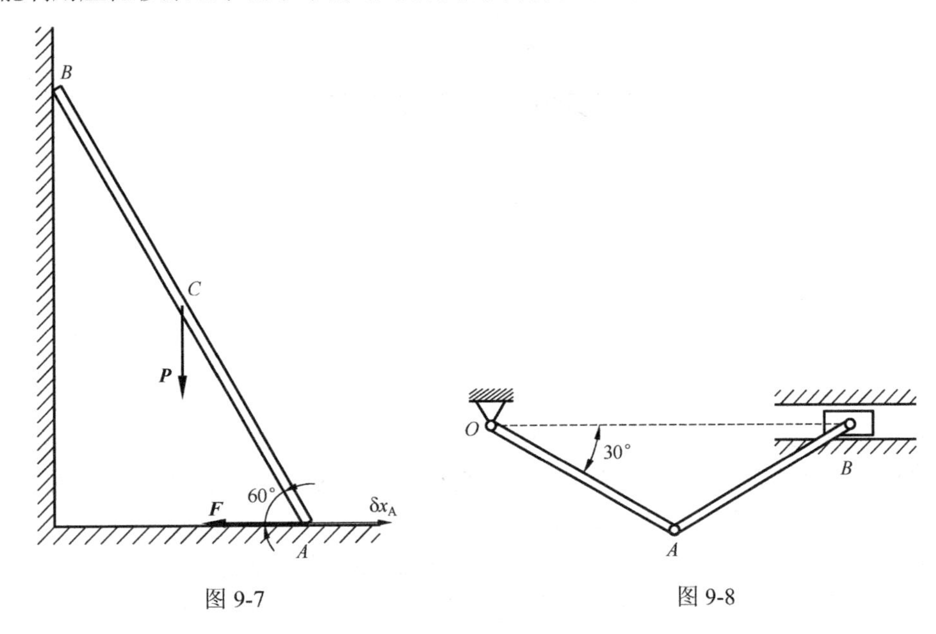

图 9-7　　　　图 9-8

9.9　在图 9-9 所示平面系统中，直杆 AB 和 BD 的长度都为 l，自重不计，凸角 E 位于杆 BD 的中点处，沿杆 BD 的杆向作用一推力 $\boldsymbol{F}$，若 B、E 处光滑，试问你能利用虚位移原理求出固定端 A 处的约束力偶矩吗？若能，则它等于多少？

9.10　图 9-10 所示长度为 l、质量为 m 的均质杆 AB，放置于半径为 r 的光滑半圆内槽内，且 $l>2r$，试问你能利用虚位移原理求出杆平衡时图示的角 θ 吗？若能，它为多大？

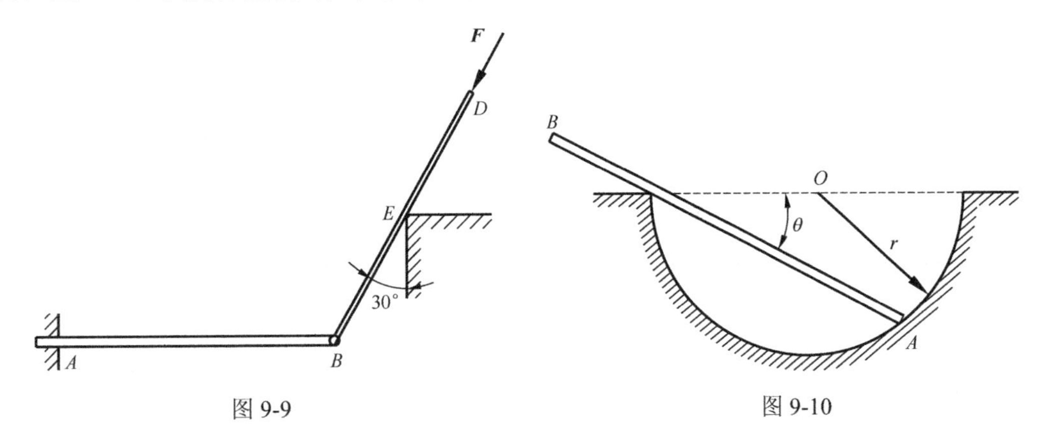

图 9-9　　　　图 9-10

9.11　图 9-11 所示重为 $\boldsymbol{P}$ 的均质三角板，用长度都为 l 的杆 O_1A、O_2B 支撑，设 $O_1O_2 = AB = l$，$GA = BH = l/2$，杆重和各铰链处摩擦不计，欲使三角板在图示位置保持平衡，则所需施加的水平力 $\boldsymbol{F}$ 应为多大？施加在三角板上的水平力 $\boldsymbol{F}$ 的大小与其作用线位置有关吗？为什么？

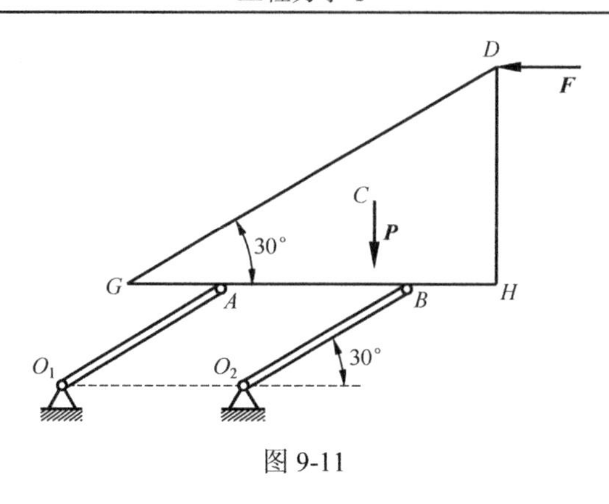

图 9-11

习　题

9-1　一质量为 m 的均质圆柱，半径为 r，放在一斜面上，斜面与水平地面的夹角为 60°，细绳一端固定于 A 点，另一端与圆柱相连，此绳和 A 相连的部分与斜面平行，如图所示，已知圆柱与斜面间的动摩擦因数为 1/3，求剪断绳子的瞬间圆柱体质心的加速度。

9-2　正方形均质平板尺寸如图所示，质量为 20kg，由两个销子 A、B 悬挂。若突然撤去销子 A，求在撤去的瞬时平板的角加速度和销子 B 的约束力。

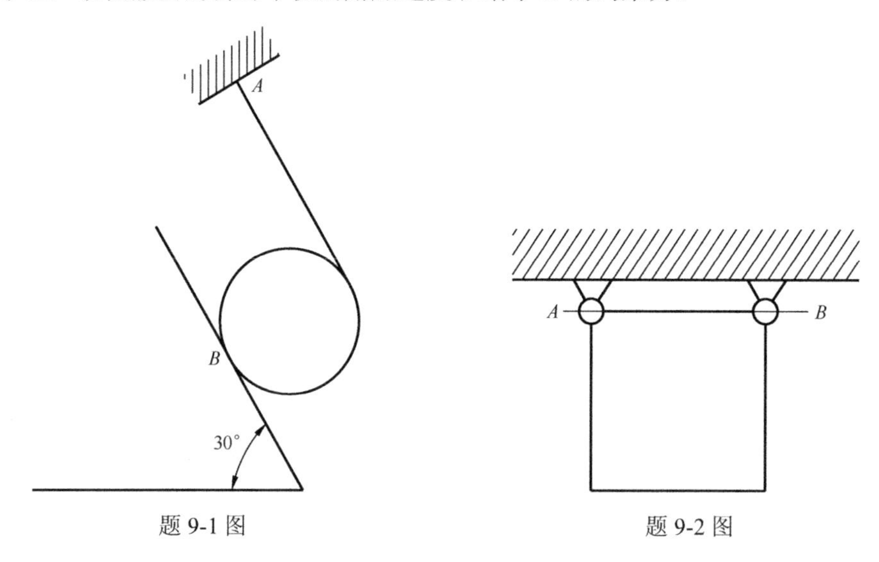

题 9-1 图　　　　题 9-2 图

9-3　三角均质构件 ABC 尺寸如图所示，l=1m，φ=30°，AB、BC、CA 三部分的质量各为 5kg，用连杆 AD、BE 以及绳子 AE 使构件保持在图示位置，连杆质量忽略不计。若突然剪断绳子，求此瞬时连杆 AD 与 BE 所受的力。

9-4　如图所示，一重物 G 通过绳索连接在滑轮上，滑轮铰接在支架上，质量为 m_1，下落时带动质量为 m_2 的均质圆盘 B 转动。已知 m_2=50kg，m_2=40kg，杆 AB 长 l_1=120cm，A、C 间的距离 l_2=80cm，夹角 θ=30°，圆盘 B 的半径为 R=35cm，不计支架和绳索的重量及轴上的摩擦。试求杆 CD 所受的力。

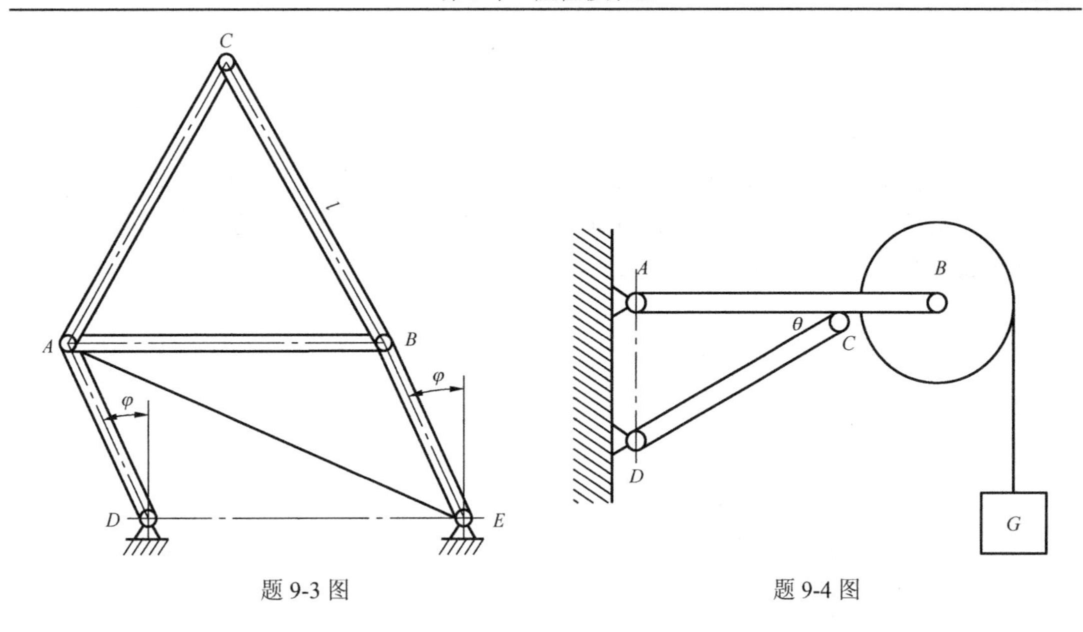

题 9-3 图　　　　题 9-4 图

9-5　如图所示 L 形杆，绕水平轴 A 在铅锤平面内做等角速转动。在图示位置时角速度 ω=0.5rad/s。设杆的单位长度重力的大小为 100N/m。试求 A 处的约束反力。

9-6　图示均质圆轮铰接在支架上。已知圆轮半径 r=0.1m、重 20kN，重物 G 重力的大小为 100N，AO 杆长 0.3m，轮上作用一常力偶，其矩 M=30kN · m，不计支架质量，试求重物 G 上升的加速度。

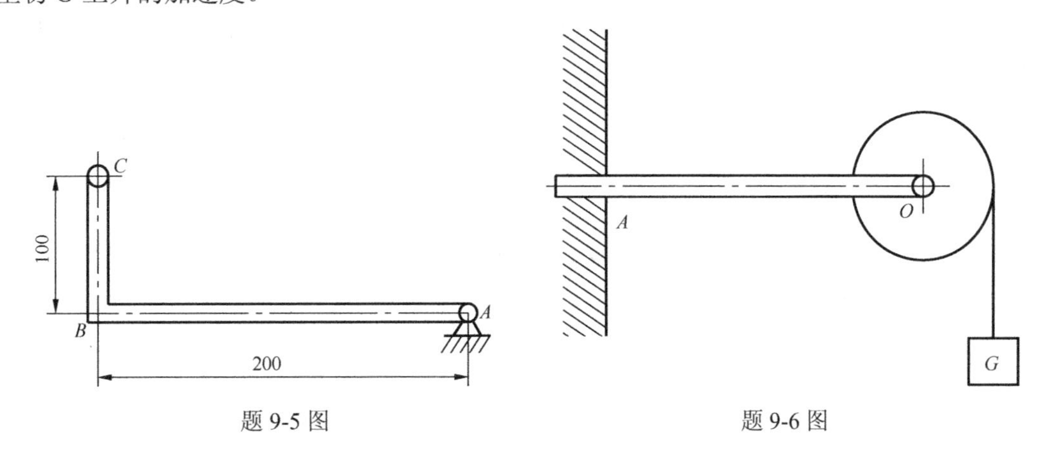

题 9-5 图　　　　题 9-6 图

9-7　利用达朗贝尔原理求图示支座 A 的约束力。

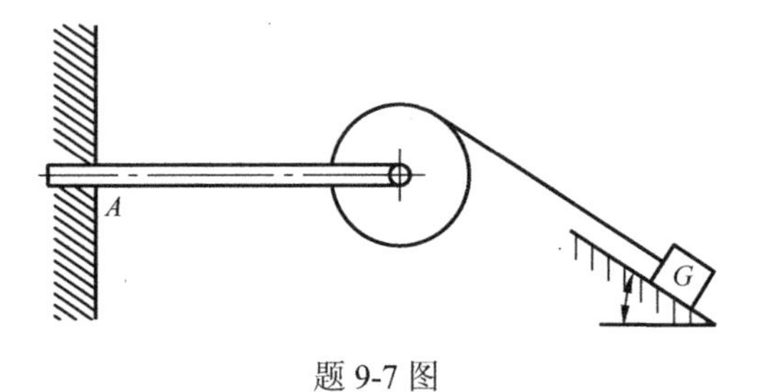

题 9-7 图

9-8　在轮的鼓轮上缠有绳子，绳子的一端固定在天花板上，如图所示。已知轮的质量 m=50kg，R=0.1m，r=0.06m，回转半径 ρ=70mm，重物 G 的质量为 100kg。试求鼓轮中心 O 的加速度以及 AB 段与 DE 段绳子的张力。

9-9　图示系统位于铅锤平面内，杆的一端为固定铰接，另一端铰接一均质圆盘。已知杆长为 l、质量为 m，圆盘半径为 r、质量为 m。杆在水平位置开始运动，试求运动瞬时杆 AB 的角加速度以及支座 A 处的约束力。

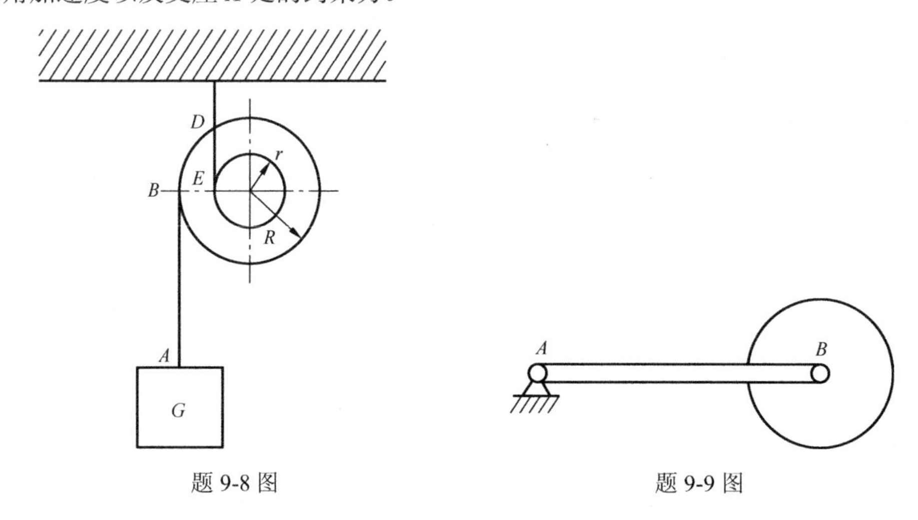

题 9-8 图　　　　题 9-9 图

9-10　重力大小为 100N 的平板置于水平面上，其间的摩擦因数 f=0.2，板上有一小车，车身重 200N，每个车轮重 30N，车轮半径为 20cm。车轮与板之间无相对滑动。若平板上作用一水平力 F=200N，如图所示。求平板的加速度。

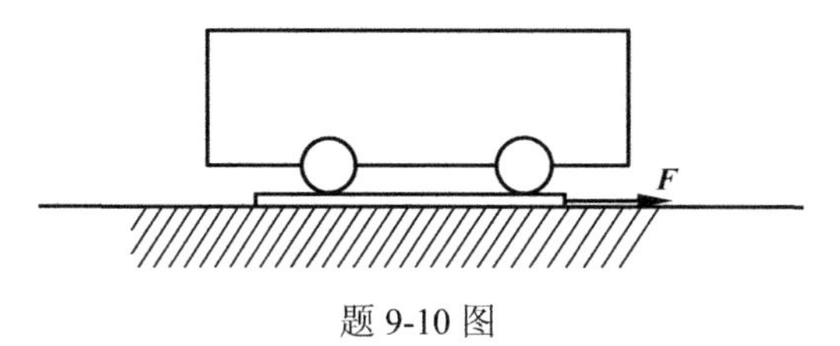

题 9-10 图

第 10 章　达朗贝尔原理

达朗贝尔原理是在引入惯性力的基础上，用静力学中研究平衡问题的方法来研究动力学问题，因此又称为动静法。静力学的方法为一般工程技术人员所熟悉，比较简单、容易掌握，因此，动静法在工程技术中得到了广泛的应用。

10.1　质点和质点系的达朗贝尔原理

10.1.1　质点的达朗贝尔原理

设质量为 m 的非自由质点 M 在主动力 $\boldsymbol{F}$ 和约束力 $\boldsymbol{F}_\mathrm{N}$ 的作用下，沿图 10-1 所示的曲线运动，设其加速度为 $\boldsymbol{a}$，根据牛顿第二定律，有

$$m\boldsymbol{a} = \boldsymbol{F} + \boldsymbol{F}_\mathrm{N} \tag{10-1}$$

令

$$\boldsymbol{F}_\mathrm{I} = -m\boldsymbol{a} \tag{10-2}$$

将 $\boldsymbol{F}_\mathrm{I}$ 称为质点 M 的惯性力，即质点的惯性力的大小等于质点的质量与其加速度的乘积，方向与加速度的方向相反。引入质点的惯性力后，式(10-1)可写成

$$\boldsymbol{F} + \boldsymbol{F}_\mathrm{N} + \boldsymbol{F}_\mathrm{I} = 0 \tag{10-3}$$

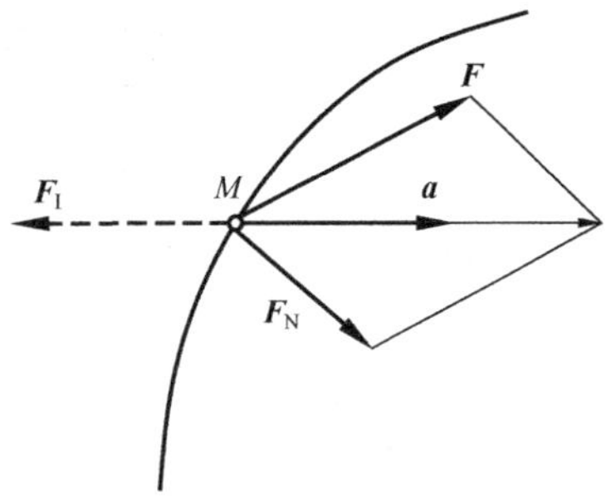

图 10-1

式(10-3)形式上是汇交力系的平衡方程，但惯性力不是实际作用于质点上的力，只能当作一个虚加的力。因此式(10-3)表明：在质点运动的任一瞬时，作用于质点上的主动力、约束力和虚加的惯性力在形式上组成平衡力系，这就是质点的达朗贝尔原理。一般情况下，式(10-3)有三个独立的平衡方程，即

$$\begin{cases} F_x + F_{\mathrm{N}x} + F_{\mathrm{I}x} = 0 \\ F_y + F_{\mathrm{N}y} + F_{\mathrm{I}y} = 0 \\ F_z + F_{\mathrm{N}z} + F_{\mathrm{I}z} = 0 \end{cases} \tag{10-4}$$

这里的惯性力称为达朗贝尔惯性力，它与牵连惯性力和科氏惯性力一样，都不是真实力，但它们之间又有所区别。牵连惯性力和科氏惯性力只对非惯性参考系有意义，其大小和方向取决于所参照的非惯性参考系的运动；而达朗贝尔惯性力的大小和方向取决于质点本身的运动。对于上述在惯性参考系内运动的质点，其达朗贝尔惯性力与质点的绝对加速度有关。当质点在非惯性参考系内运动时，必须在式(10-3)的真实力 $\boldsymbol{F}$ 中增加牵连惯性力和科氏惯性力等非真实力，同时必须将达朗贝尔惯性力 $\boldsymbol{F}_\mathrm{I}$ 的定义中质点的绝对加速度 $\boldsymbol{a}$ 改为相对加速度。

牵连惯性力和科氏惯性力虽不是真实力，但可在非惯性参考系中观察到与真实力相同的作用效果。而达朗贝尔惯性力则不同，它的真实力效应并不作用于质点本身，而是由质点反作用于企图改变它运动状态的施力物体上。例如，当用手推车子在光滑的直线轨道上加速运动时，车子的惯性力作用在手上，使手感觉到力的存在。

10.1.2 质点系的达朗贝尔原理

设由 n 个质点组成的质点系，其中第 i 个质点的质量为 m_i，受到的主动力为 $\boldsymbol{F}_i$，约束力为 $\boldsymbol{F}_{\mathrm{N}i}$，若其加速度为 $\boldsymbol{a}_i$，则惯性力为 $\boldsymbol{F}_{\mathrm{I}i}=-m_i\boldsymbol{a}_i$，由质点的达朗贝尔原理，有

$$\boldsymbol{F}_i+\boldsymbol{F}_{\mathrm{N}i}+\boldsymbol{F}_{\mathrm{I}i}=0 \quad (i=1,2,\cdots,n) \tag{10-5}$$

式(10-5)表明：在质点系运动的任一瞬时，每个质点所受的主动力、约束力和虚加的惯性力在形式上组成一平衡力系，这称为质点系的达朗贝尔原理。对于由 n 个质点组成的空间一般质点系，共有 n 个汇交于不同点的平衡力系，把它们综合在一起就构成一个一般的空间平衡力系。由静力学知，任意力系的平衡条件是力系的主矢和对任意点的主矩分别等于零，即

$$\begin{cases}\sum\boldsymbol{F}_i+\sum\boldsymbol{F}_{\mathrm{N}i}+\sum\boldsymbol{F}_{\mathrm{I}i}=0\\ \sum M_0(\boldsymbol{F}_i)+\sum M_0(\boldsymbol{F}_{\mathrm{N}i})+\sum M_0(\boldsymbol{F}_{\mathrm{I}i})=0\end{cases} \tag{10-6}$$

因为质点系的内力总是大小相等、方向相反地成对出现，质点系内力系的主矢和对任一点的主矩恒等于零，所以在用式(10-6)求解问题时，完全可以将式(10-6)处理为质点系所受到的外主动力、外约束力，而不必考虑内力。

对于空间力系，式(10-6)有六个独立的平衡方程，而对于平面力系，式(10-6)有三个独立的平衡方程，即

$$\begin{cases}\sum F_{ix}+\sum F_{\mathrm{N}ix}+\sum F_{\mathrm{I}ix}=0\\ \sum F_{iy}+\sum F_{\mathrm{N}iy}+\sum F_{\mathrm{I}iy}=0\\ \sum M_0(F_i)+\sum M_0(F_{\mathrm{N}i})+\sum M_0(F_{\mathrm{I}i})=0\end{cases} \tag{10-7}$$

在此需要指出的是，因为惯性力是虚加的，并不是真正地作用于质点或质点系上，所以达朗贝尔原理只是提供一种求解动力学问题的方法，即通过引入惯性力，把动力学方程写成平衡方程的形式，实质仍是动力学问题。式(10-6)可以看作质点系动量定理和动量矩定理的另一种表示形式。但方程在形式上的这种变换带来分析问题和列方程的方便，引出新观点，即对于做任何运动的质点系，除真实作用的主动力和约束力外，只要在每个质点上加上它的惯性力，就可以直接应用静力学中的平衡理论来建立质点系的运动与作用于质点系的力之间的关系，从而求解动力学的问题，即通常说的动静法。

10.2 刚体惯性力系的简化

在用动静法求解质点系动力学问题时，需要在每个质点上虚加惯性力，这些惯性力组

成一个惯性力系。当质点的数目有限时，逐点虚加惯性力是可行的。而刚体是由无数质点组成的不变质点系，刚体内各质点的惯性力形成了一个连续分布的惯性力系，这样一个复杂的惯性力系可以利用力系简化理论进行简化。

由力系简化理论知道，一般力系可向任一点简化为一个力和一个力偶，这个力的大小和方向等于力系的主矢，这个力偶的矩等于力系对简化中心的主矩。主矢的大小和方向与简化中心的选择无关，而主矩的大小和方向一般与简化中心的选择有关。这些结论同样适用于刚体惯性力系的简化。

首先研究惯性力系的主矢。设刚体内任一质点 M_i 的质量为 m_i，加速度为 $\boldsymbol{a}_i$，刚体的质量为 m，其质心加速度为 $\boldsymbol{a}_C$，则刚体惯性力系的主矢为

$$F_{\mathrm{I}}=\sum \boldsymbol{F}_{\mathrm{I}i}=\sum(-m_i\boldsymbol{a}_i)=-m\boldsymbol{a}_C \tag{10-8}$$

式(10-8)表明，无论刚体做什么运动，惯性力系的主矢都等于刚体的质量与其质心加速度的乘积，方向与质心加速度的方向相反。至于惯性力系的主矩，则与简化中心的位置有关，而且随刚体做不同形式的运动而不同。

现将刚体做平动、定轴转动和平面运动这三种情形下惯性力系的简化结果讨论如下。

10.2.1　刚体做平动

如图 10-2 所示，当刚体做平动时，每一瞬时刚体内各质点的加速度相同，都等于刚体质心的加速度，惯性力系是与重力系相似的平行力系，因此，刚体做平动时，惯性力系简化为通过质心 C 的一合力，即

$$\boldsymbol{F}_{\mathrm{I}}=-m\boldsymbol{a}_C$$

上述结论也可用惯性力系对质心 C 的主矩为零加以证明。设刚体上任一质点 M_i 相对质心 C 的矢径为 $\boldsymbol{r}_i$，则惯性力系对质心的主矩为

$$M_{\mathrm{IC}}=\sum \boldsymbol{r}_i\times(-m_i\boldsymbol{a}_i)=-\sum m_i\boldsymbol{a}_i\times\boldsymbol{a}_C=-m\boldsymbol{a}_C\times\boldsymbol{r}_C$$

式中，$\boldsymbol{r}_C$ 为刚体质心相对于质心的矢径，因此，$\boldsymbol{r}_C=0$，于是得

$$M_{\mathrm{IC}}=0$$

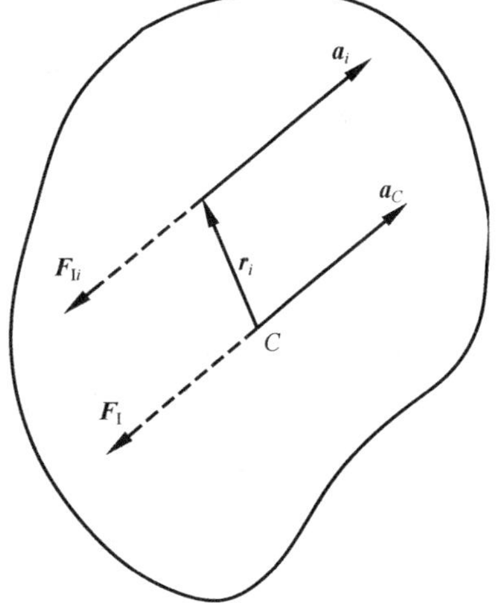

图 10-2

10.2.2　刚体绕定轴转动

这里只讨论刚体具有质量对称平面且转轴垂直于此平面的情形。这时可先将刚体的空间惯性力系简化为在对称平面内的平面力系，再将此平面力系向对称平面与转轴的交点 O 简化。惯性力系的主矢由式(10-8)确定，惯性力系对 O 点的主矩为

$$M_{\mathrm{I}O}=\sum M_O(\boldsymbol{F}_{\mathrm{I}i})$$

式中，$\boldsymbol{F}_{\mathrm{I}i}$ 为刚体上任一点 M_i 的惯性力。若设该质点的质量为 m_i，转动半径为 r_i，刚体的

角速度为 ω，角加速度为 α，则 M_i 点的切向加速度为 $a_{i\tau}=r_i\alpha$，法向加速度为 $a_{in}=r_i\omega^2$。惯性力 $\boldsymbol{F}_{\mathrm{I}i}$ 可用切向惯性力 $\boldsymbol{F}_{\mathrm{I}i\tau}$ 和法向惯性力 $\boldsymbol{F}_{\mathrm{I}in}$ 表示，如图 10-3 所示，其大小分别为

$$F_{\mathrm{I}i\tau}=m_ir_i\alpha,\ F_{\mathrm{I}in}=m_ir_i\omega^2$$

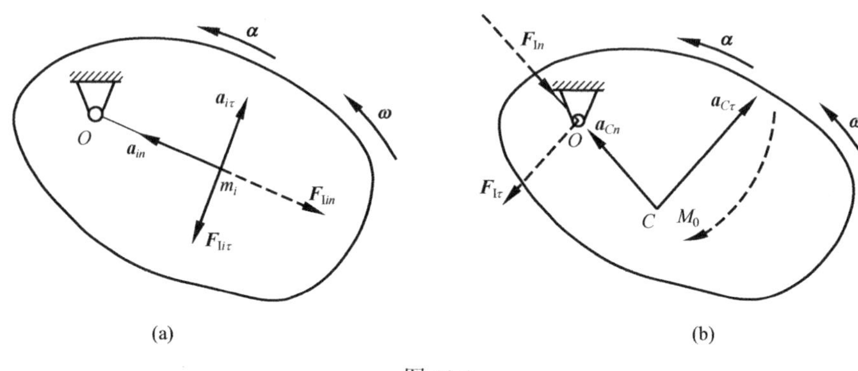

图 10-3

显然，法向惯性力 $\boldsymbol{F}_{\mathrm{I}in}$ 对 O 轴的力矩均为零，于是得惯性力系对 O 轴的主矩为

$$M_{\mathrm{I}O}=\sum M_O(\boldsymbol{F}_{\mathrm{I}i\tau})=-\sum m_ir_i^2\alpha=-J_O\alpha \tag{10-9}$$

式(10-9)表明，惯性力系对转轴 O 的主矩等于刚体对轴 O 的转动惯量与角加速度的乘积，方向与角加速度的方向相反。

由此可见，刚体绕定轴转动时，惯性力系向转轴 O 简化为一力和一力偶，该力通过简化中心 O，其大小和方向等于惯性力系的主矢，即

$$\boldsymbol{F}_{\mathrm{I}}=-m\boldsymbol{a}_C \quad 或 \quad \boldsymbol{F}_{\mathrm{I}\tau}=-m\boldsymbol{a}_{C\tau},\ \boldsymbol{F}_{\mathrm{I}n}=-m\boldsymbol{a}_{Cn}$$

该力偶的力偶矩等于惯性力系对轴 O 的主矩，即

$$M_{\mathrm{I}O}=-J_O\alpha$$

在特殊情况下，若转轴通过质心 C 时惯性力系主矢 $\boldsymbol{F}_{\mathrm{I}}=0$，此时，惯性力系简化为一合力偶，合力偶矩为惯性力系对质心的主矩，即 $M_{\mathrm{I}O}=-J_C\alpha$；若刚体匀速转动，则惯性力系主矩等于零，此时惯性力系简化为通过 O 点的一力，该力 $\boldsymbol{F}_{\mathrm{I}}=-m\boldsymbol{a}_C$；若转轴通过质心，刚体做匀速转动，则惯性力系主矢和主矩都等于零。

10.2.3　刚体做平面运动

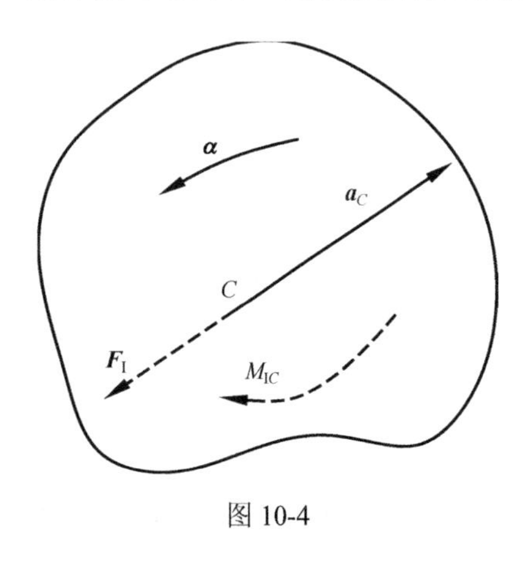

图 10-4

设刚体具有质量对称平面且刚体平行于此平面运动，此时仍先将刚体的惯性力系简化为在对称平面内的平面力系，再将惯性力系向质心 C 简化，得到一力 $\boldsymbol{F}_{\mathrm{I}}$ 和力偶矩为 $M_{\mathrm{I}C}$ 的一力偶，如图 10-4 所示。由于平面运动可以分解为随质心 C 的平动和绕质心 C 的转动，设质心加速度为 $\boldsymbol{a}_C$，转动角加速度为 $\boldsymbol{\alpha}$，则

$$\begin{cases}\boldsymbol{F}_{\mathrm{I}}=-m\boldsymbol{a}_C\\ M_{\mathrm{I}C}=-J_C\alpha\end{cases} \tag{10-10}$$

通过上面的讨论可以看到，由于刚体运动形式不同，惯性力系简化的结果也不相同。因此，在应用动静法研究刚体动力学问题时，必须首先分析刚体的运动，按刚体运动的不同形式虚加惯性力(包括惯性力偶)，然后建立主动力系、约束力系和惯性力系的平衡方程。

10.3　绕定轴转动刚体的动约束力、静平衡和动平衡的概念

本节用动静法研究一般情形下绕定轴转动刚体的动约束力的计算。设刚体在主动力系($\boldsymbol{F}_1,\boldsymbol{F}_2,\cdots,\boldsymbol{F}_{\mathrm{N}}$)作用下绕定轴转动，如图 10-5 所示。轴承 A、B 间的距离为 L，求轴承 A、B 处的动约束力。

建立固定坐标系 $Axyz$，其中 z 轴沿刚体的转轴，设 $\boldsymbol{i}$、$\boldsymbol{j}$、$\boldsymbol{k}$ 分别为轴 x、y、z 方向的单位矢量，刚体在任一瞬时的角速度为 $\boldsymbol{\omega}=\omega\boldsymbol{k}$，角加速度为 $\boldsymbol{\alpha}=\alpha\boldsymbol{k}$。刚体内任一质点 M_i 的质量为 m_i，位置坐标为 x_i、y_i、z_i，相对 A 点的矢径为 $\boldsymbol{r}_i$，则

$$\boldsymbol{r}_i=x_i\boldsymbol{i}+y_i\boldsymbol{j}+z_i\boldsymbol{k}$$

质点 M_i 的速度为

$$\boldsymbol{v}_i=\boldsymbol{\omega}\times\boldsymbol{r}_i=\omega\boldsymbol{k}\times(x_i\boldsymbol{i}+y_i\boldsymbol{j}+z_i\boldsymbol{k})=x_i\omega\boldsymbol{j}-y_i\omega\boldsymbol{i}$$

加速度为

$$\begin{aligned}\boldsymbol{a}_i&=\boldsymbol{\alpha}\times\boldsymbol{r}_i+\boldsymbol{\omega}\times\boldsymbol{v}_i\\&=\alpha\boldsymbol{k}\times(x_i\boldsymbol{i}+y_i\boldsymbol{j}+z_i\boldsymbol{k})+\omega\boldsymbol{k}\times(x_i\omega\boldsymbol{j}-y_i\omega\boldsymbol{i})\\&=-(y_i\alpha+x_i\omega^2)\boldsymbol{i}+(x_i\alpha-y_i\omega^2)\boldsymbol{j}\end{aligned}$$

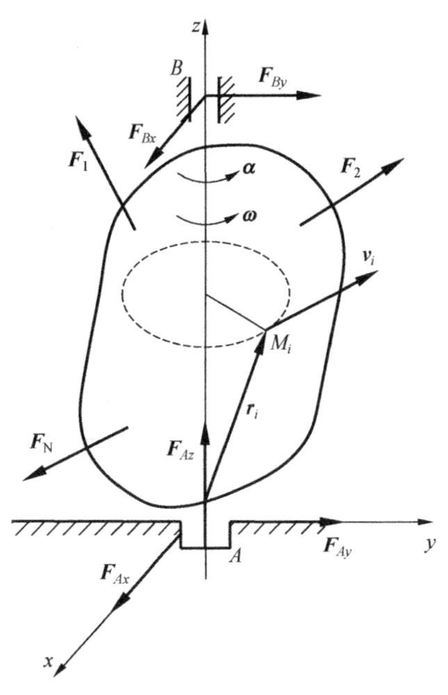

图 10-5

设质心点 C 的坐标为 x_C、y_C、z_C，则质心加速度为

$$\boldsymbol{a}_C=-(y_C\alpha+x_C\omega^2)\boldsymbol{i}+(x_C\alpha-y_C\omega^2)\boldsymbol{j}$$

质点 M_i 的惯性力为

$$\boldsymbol{F}_{\mathrm{I}i}=-m_i\boldsymbol{a}_i=m_i[(y_i\alpha+x_i\omega^2)\boldsymbol{i}-(x_i\alpha-y_i\omega^2)\boldsymbol{j}]$$

惯性力系的主矢和对 A 点的主矩分别为

$$\boldsymbol{F}_{\mathrm{I}}=-m\boldsymbol{a}_C=m[(y_C\alpha+x_C\omega^2)\boldsymbol{i}-(x_C\alpha-y_C\omega^2)\boldsymbol{j}]$$

$$\begin{aligned}\boldsymbol{M}_{\mathrm{I}A}&=\sum\boldsymbol{r}_i\times\boldsymbol{F}_{\mathrm{I}i}=\sum m_i\begin{pmatrix}\boldsymbol{i}&\boldsymbol{j}&\boldsymbol{k}\\x_i&y_i&z_i\\y_i\alpha+x_i\omega^2&-x_i\alpha+y_i\omega^2&0\end{pmatrix}\\&=\left(\sum m_ix_iz_i\alpha-\sum m_iy_iz_i\omega^2\right)\boldsymbol{i}+\left(\sum m_iy_iz_i\alpha+\sum m_ix_iz_i\omega^2\right)\boldsymbol{j}-\sum m_i(x_i^2+y_i^2)\alpha\boldsymbol{k}\end{aligned}$$

式中，$J_z=\sum m_i(x_i^2+y_i^2)$ 是刚体对于转轴 z 的转动惯量。令

$$J_{xz}=\sum m_ix_iz_i,\quad J_{yz}=\sum m_iy_iz_i$$

它们是表征刚体对于坐标质量系分布的几何性质的物理量，与转动惯量 J_z 具有相同的单位，分别称为刚体对于 x、z 和 y、z 的惯性积。与转动惯量不同的是，惯性积可以是正值，也可以是负值，它由刚体的质量对于坐标系的分布情形来定。如果刚体具有质量对称平面 Oxy 或 z 轴是对称轴，则 J_{xz} 和 J_{yz} 都等于零，这就表明，刚体的质量分布使所有对应点的坐标乘积相等而正负号相反，彼此相互抵消。这时 z 轴称为刚体在 A 点的惯性主轴，通过质心的惯性主轴称为中心惯性主轴。

引入惯性积符号后，惯性力系主矢 $\boldsymbol{F}_\mathrm{I}$ 和主矩 $\boldsymbol{M}_{\mathrm{I}A}$ 在 x、y、z 轴上的投影分别为

$$\begin{cases} F_{\mathrm{I}x} = m(y_C\alpha + x_C\omega^2), \quad F_{\mathrm{I}y} = m(-x_C\alpha + y_C\omega^2), \quad F_{\mathrm{I}z} = 0 \\ M_{\mathrm{I}Ax} = J_{xz}\alpha - J_{yz}\omega^2, \quad M_{\mathrm{I}Ay} = J_{yz}\alpha + J_{xz}\omega^2, \quad M_{\mathrm{I}Az} = -J_z\alpha \end{cases} \tag{10-11}$$

下面应用动静法求轴承 A、B 处的约束力。用 $\boldsymbol{F}$、$\boldsymbol{M}_A$ 分别表示主动力系 $(F_1,F_2,\cdots,F_n)$ 的主矢和对于 A 点的主矩，F_x、F_y、F_z 和 M_{Ax}、M_{Ay}、M_{Az} 分别为 $\boldsymbol{F}$ 和 $\boldsymbol{M}_A$ 在三个坐标轴上的投影，则有

$$\begin{aligned} &\sum F_{ix} = 0, \quad F_{Ax} + F_{Bx} + F_x + F_{\mathrm{I}x} = 0 \\ &\sum F_{iy} = 0, \quad F_{Ay} + F_{By} + F_y + F_{\mathrm{I}y} = 0 \\ &\sum F_{iz} = 0, \quad F_{Az} + F_z = 0 \end{aligned}$$

$$\begin{aligned} &\sum M_x = 0, \quad -F_{By}l + M_{Ax} + M_{\mathrm{I}Ax} = 0 \\ &\sum M_y = 0, \quad F_{Bx}l + M_{Ay} + M_{\mathrm{I}Ay} = 0 \\ &\sum M_z = 0, \quad M_{Az} + M_{\mathrm{I}Az} = 0 \end{aligned}$$

代入惯性力后，得轴承 A、B 处的动约束力为

$$\begin{cases} F_{Bx} = -\dfrac{1}{l}(M_{Ay} + J_{yz}\alpha + J_{xz}\omega^2) \\ F_{By} = -\dfrac{1}{l}(M_{Ax} + J_{xz}\alpha - J_{yz}\omega^2) \\ F_{Ax} = \left(\dfrac{M_{Ay}}{l} - F_x\right) + \left[\dfrac{1}{l}(J_{yz}\alpha + J_{xz}\omega^2) - m(y_C\alpha + x_C\omega^2)\right] \\ F_{Ay} = \dfrac{M_{Ax}}{l} - F_y + \dfrac{1}{l}(J_{xz}\alpha - J_{yz}\omega^2) + m(-x_C\alpha + y_C\omega^2) \\ F_{Az} = -F_z \end{cases} \tag{10-12}$$

由 $\sum M_z = 0$ 得刚体的定轴转动微分方程为

$$J_z\alpha = M_{Az} = \sum M_z(\boldsymbol{F}_i)$$

求得的结果表明轴承的动约束力由两部分组成：一部分为主动力系所引起的静约束力；另一部分是转动刚体的惯性力系所引起的附加动约束力。在理想情况下，要使附加动约束力等于零，则需

$$\begin{cases} y_C\alpha + x_C\omega^2 = 0 \\ -x_C\alpha + y_C\omega^2 = 0 \end{cases} \quad 及 \quad \begin{cases} J_{xz}\alpha + J_{yz}\omega^2 = 0 \\ J_{yz}\alpha + J_{xz}\omega^2 = 0 \end{cases}$$

这是关于 x_C、y_C 及 J_{xz}、J_{yz} 为未知量的二元一次方程组。在刚体转动时，其系数行列式为

$$\begin{vmatrix} \omega^2 & \alpha \\ -\alpha & \omega^2 \end{vmatrix} \quad 及 \quad \begin{vmatrix} \alpha & -\omega^2 \\ \omega^2 & \alpha \end{vmatrix}$$

对于任意的 ω、α 都不为零，所以必须满足：

$$\begin{cases} x_C = y_C = 0 \\ J_{xz} = J_{yz} = 0 \end{cases} \tag{10-13}$$

式(10-13)即消除轴承的附加动约束力的条件。前一条件要求转轴 z 通过刚体的质心 C，可使惯性力系的主矢等于零；后一条件要求转轴 z 是刚体的惯性主轴。可见，要使附加动约束力为零，应选取刚体的中心惯性主轴为转轴。

在工程实际中，材料、制造和安装等原因致使转动部件产生偏心，旋转时都有惯性力并引起轴承的附加动约束力，使机器振动，影响机器的平稳运转，严重时造成机器的破坏。因此，对于旋转机械尤其是对于高速和重型机器，除了注意提高制造和装配精度外，制成后要用试验的方法——静平衡和动平衡进行校正，以减小不平衡的惯性力，使机器运转平稳。

1. 静平衡

设质心在转轴上的刚体，若仅有重力的作用，则不论刚体转到什么位置，它都能静止，这种情形称为静平衡。最简单的校正转动部件达到静平衡的方法是，把转动部件放在静平衡架的水平刀口上，如图 10-6 所示，使其自由滚动或往复摆动，如果部件不平衡即质心不在转轴上，当停止转动时，它的重边总是朝下，这时可把校正用的平衡重量附加在部件的轻边上(如用铁片黄油相粘)，再让其滚动或摆动，这样试验校正反复多次，直至部件能够达到随遇平衡；然后按所加平衡重量的大小和位置，在适当位置焊上铁块或镶上铅块，也可以在部件重的一边用钻孔的方法去掉相当的重量，使校正后的部件不再偏心，即达到静平衡。

2. 动平衡

当刚体绕定轴转动时，不出现轴承附加动约束力的现象称为动平衡。若转动部件的轴向尺寸较大，尤其是形状不对称的(如曲轴)或转速很高的部件，虽然进行了静平衡校正，但是转动后仍然可使轴承产生较大的附加动约束力。这是因为惯性力偶所产生的不平衡只有在转动时才显示出来，如图 10-7 所示。转子的质心 C 虽在转轴上，使惯性力系的主矢等于零，但两个不平衡的集中质量 m_1 和 m_2 的惯性力 $\boldsymbol{F}_{I1}$ 和 $\boldsymbol{F}_{I2}$ 组成了一个惯性力偶，该力偶位于通过转轴的平面内，同样可以引起轴承的附加动约束力。

动平衡需要在专门的动平衡机上进行。由动平衡机带动转子转动，测定出应在什么位置附加多少重量从而使惯性力偶减小到允许程度，即达到动平衡。有关动平衡机的原理及

操作将在“机械原理”和有关专业课中讲述。对于重要的高速转动构件，还应考虑转动时转轴的变形影响，这种动平衡将涉及更深的理论。

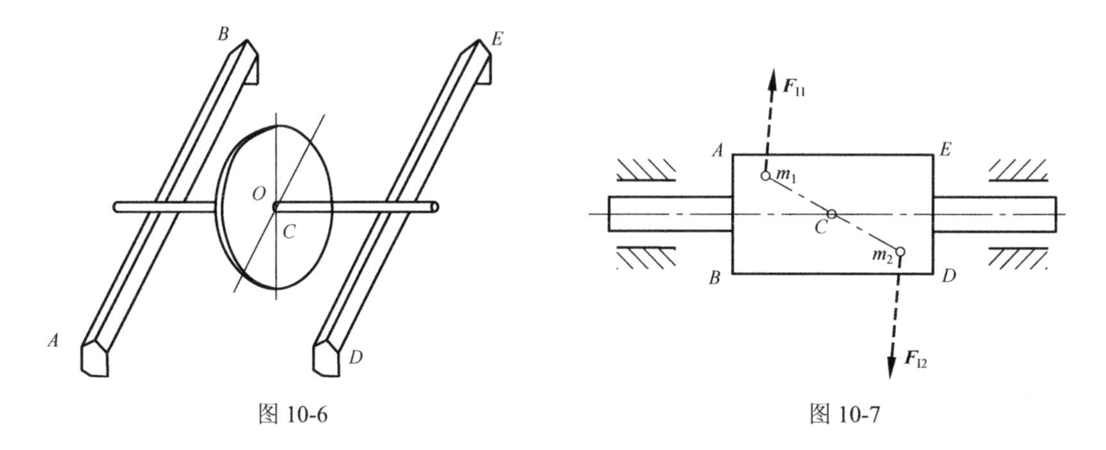

图 10-6　图 10-7

思　考　题

10.1　应用动静法时，对静止的质点是否需要加惯性力?对运动着的质点是否都需要加惯性力?

【提示】 是否需要加惯性力取决于质点的加速度是否为零，而不是是否运动。只要质点的加速度不为零，那么就一定需要加惯性力。

10.2　质点在空中运动，只受到重力作用，当质点做自由落体运动、质点被上抛、质点从楼顶水平弹出时，质点惯性力的大小与方向是否相同?

【提示】 惯性力只与加速度相关，而三种情况 $\boldsymbol{F}$ 的加速度大小和方向是相同的，故惯性力的大小与方向也相同。

10.3　如图 10-8 所示，均质滑轮对轴 O 的转动惯量为 J_O，重物质量为 m，拉力为 $\boldsymbol{F}$，绳与轮间不打滑。当重物以等速 $\boldsymbol{v}$ 上升和下降，以加速度 $\boldsymbol{a}$ 上升和下降时，轮两边绳的拉力是否相同?

10.4　图 10-9 所示平面机构中，$AE//BD$，且 $AE=BD=a$，均质杆 AB 的质量为 m，长为 l。问杆 AB 做何运动?其惯性力系的简化结果是什么？若杆 AB 是非均质杆又如何?

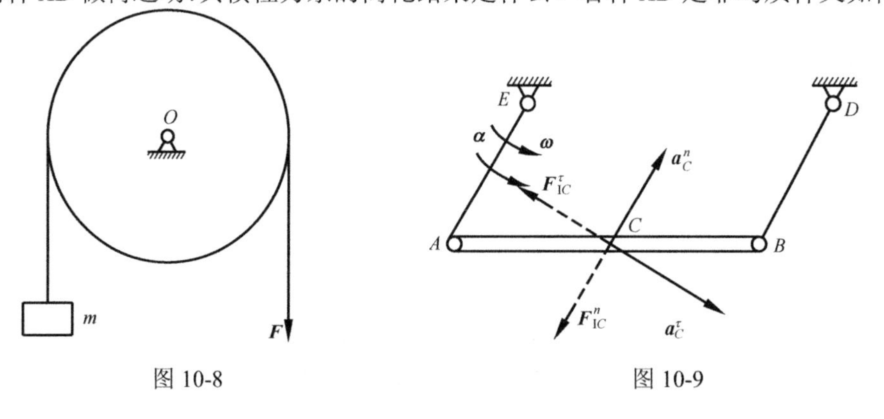

图 10-8　图 10-9

【答案】 杆 AB 做曲线平移。

10.5 对于任意形状的均质等厚板，垂直于板面的轴都是惯性主轴，对吗?不与板面垂直的轴都不是惯性主轴，对吗?

习　题

10-1 有一均质杆，如图所示放在墙角处，杆长为 l，所受重力为 $\boldsymbol{P}$，在一端受到力为 $\boldsymbol{F}$ 的推力。假设墙体为光滑平面，欲使杆能静止在图示位置。试求 $\boldsymbol{F}$ 与 $\boldsymbol{P}$ 之间的关系。

10-2 均质梁与刚架铰接在一起，已知作用在梁段部分的集中力为 $\boldsymbol{F}$，具体位置及钢架尺寸如图，求 B 处所受力的大小。

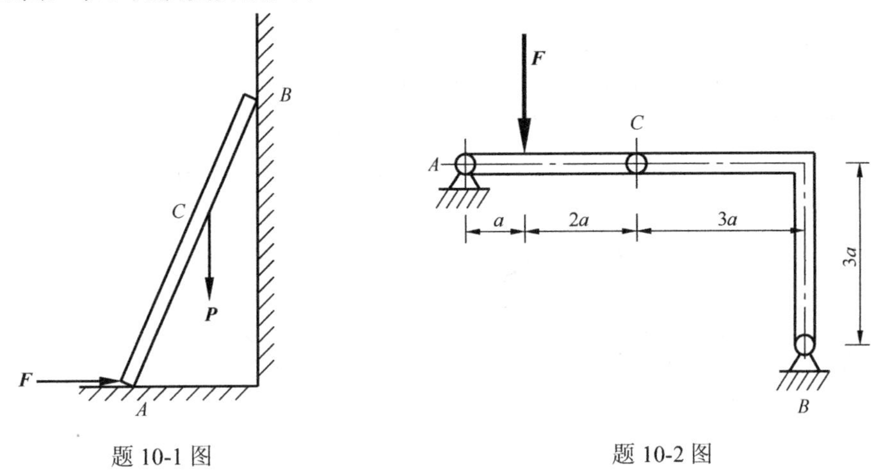

题 10-1 图　　　题 10-2 图

10-3 如图所示机构，各杆自重不计，已知角 θ，$CD=2DE$。求力 $\boldsymbol{T}_1$ 与 $\boldsymbol{T}_2$ 之间的关系。

10-4 在图示机构中，曲柄 OA 上作用一力偶，其矩为 M，另在滑块 B 上作用水平力 $\boldsymbol{F}$。尺寸如图，各杆自重不计。当机构平衡时，试求力偶矩 M 与力 $\boldsymbol{F}$ 的关系。

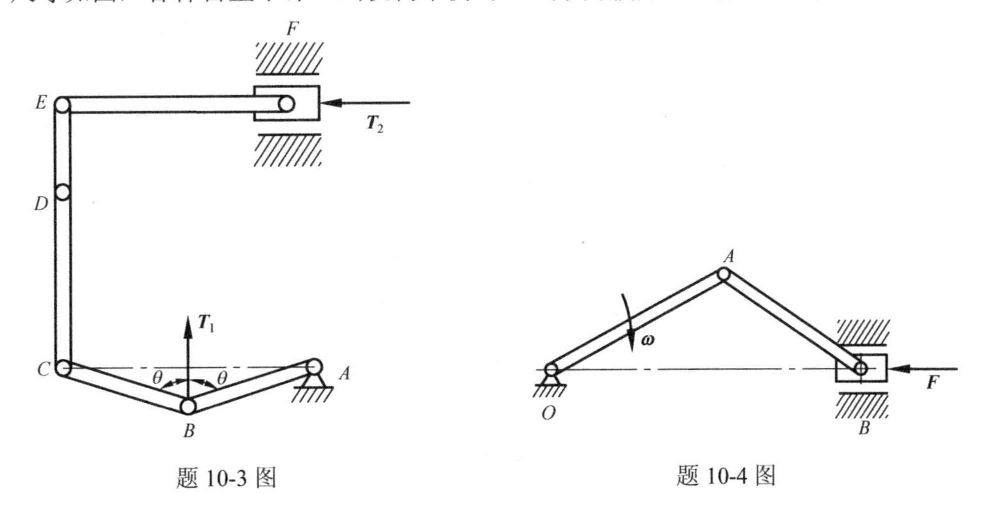

题 10-3 图　　　题 10-4 图

10-5 如图所示连杆机构，在力 $\boldsymbol{F}$ 与 $\boldsymbol{P}$ 作用下在图示位置平衡。不计各杆件自重与摩擦，求 $\boldsymbol{F}$ 与 $\boldsymbol{P}$ 大小的比值。

10-6　如图所示组合梁，在 E 处作用一集中力 $\boldsymbol{P}$。试求固定端 A 处的约束力。

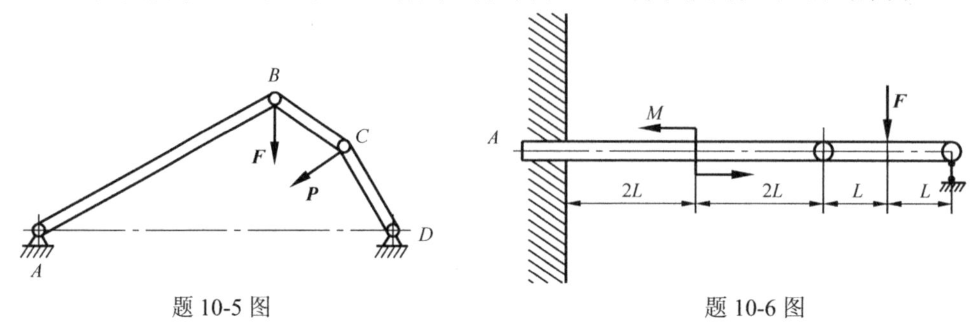

题 10-5 图　　　　题 10-6 图

10-7　如图所示机构中，当曲柄 OA 绕 O 轴旋转时，滑块 A 沿杆 BC 滑动，从而带动 BC 杆绕 B 轴摆动。已知 $BC=a$，$OA=l$，在点 C 处垂直于曲柄作用一集中力 $\boldsymbol{F}$，在曲柄 OA 作用一力偶，其矩为 M。求机构平衡时 $\boldsymbol{F}$ 与 M 的关系。

10-8　如图所示连杆机构，CD 杆水平，AB 杆竖直，BC 杆与水平面成 45° 角，三根杆的长度相同为 l，每根杆重为 $\boldsymbol{P}$。试求使系统在图示位置处于平衡时所需要的水平力 $\boldsymbol{F}$。

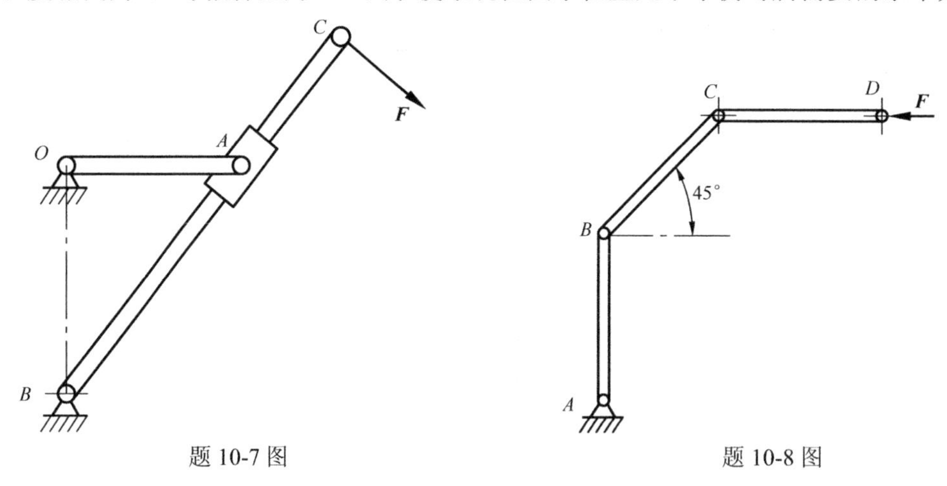

题 10-7 图　　　　题 10-8 图

10-9　在图示机构中，各杆长度均为 a，固定铰支座 A 与 E 之间的距离为 $2a$。各杆自重不计，如果在 B、C、D 三处作用大小为 P 的向下的集中力，求系统平衡时夹角 α 与 β 的关系。

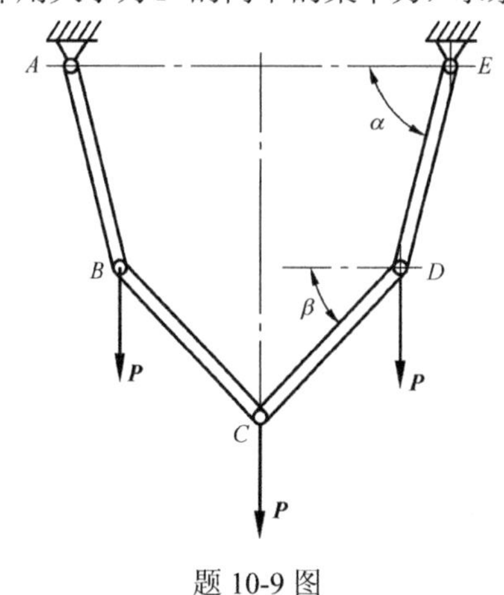

题 10-9 图

第 11 章　机械振动学基础

11.1　振动系统简介

11.1.1　基本概念

机械振动是一种特殊形式的机械运动，是机器或结构物在其静平衡位置附近所做的往复运动。做这个往复运动的机器或结构物称为振动体。实际中为了便于说明问题，人们总是把振动体假设成没有弹性而只有集中质量的刚体，并且把它与一个被忽视了质量而只具有弹性的弹簧联系在一起，组成一个弹簧-质量系统，称为振动系统。简化后的弹簧-质量系统力学模型如下。

当物体(振动体)处于静力平衡位置(图 11-1(a))时，物体的重力与支持它的弹簧的弹性恢复力相互平衡，其合力 $F=0$，所以物体处于静止状态，物体的速度 $v=0$，加速度 $a=0$。

当物体受到向下的冲击力作用时便向下运动，弹簧被拉伸。随着弹簧越来越拉长，弹簧的弹性恢复力逐渐增大，物体做减速运动。当物体的运动速度减小到 $v=0$ 时，物体运动到最低位置(图 11-1(b))。此时由于弹簧的弹性恢复力大于物体的重力，所以合力 $\boldsymbol{F}$ 的方向向上，物体产生向上的加速度 $\boldsymbol{a}$，物体即转而向上运动。

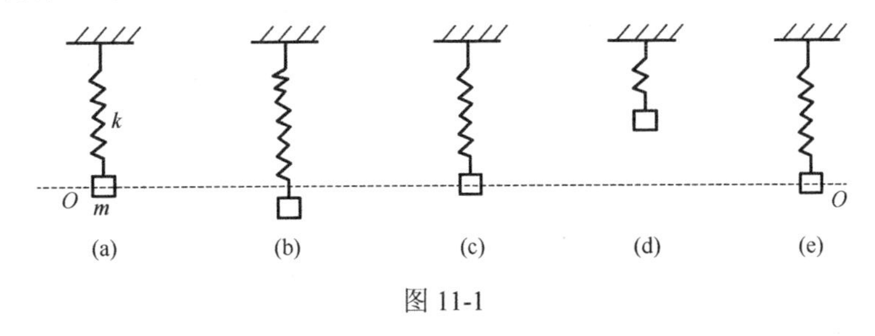

图 11-1

当物体返回平衡位置(图 11-1(c))时，它所受的重力与弹簧弹性恢复力的合力 $\boldsymbol{F}$ 又为零。但由于物体的惯性作用，物体继续向上运动。随着物体向上运动，弹簧逐渐被压缩，则弹簧弹性恢复力增大，且与重力的合力方向向下，所以物体又做减速运动；当物体向上运动的速度减小到零时，物体即运动到最高位置(图 11-1(d))。此时由于被压缩弹簧的弹性恢复力与重力的合力 $\boldsymbol{F}$ 大于惯性力，物体又开始向下运动，直至再次回到平衡位置(图 11-1(e))。此后，由于惯性的作用，物体继续向下运动，重复前面的运动过程。如此，物体在其平衡位置附近做往复运动。当系统内无阻尼时，这种往复运动将循环进行。

物体从平衡位置开始，向下运动到最低位置，然后向上运动，经过平衡位置继续向上运动至最高位置，再向下运动回到平衡位置，即从图 11-1(a)到(e)，算作完成一次振动。物体完成一次振动所占用的时间称为周期。振动物体每经过一个周期后，便重复前一个周期全部过程。周期以 T 表示，单位为秒(s)。

单位时间内振动的次数称为频率，它是周期的倒数。以 f 表示频率，即

$$f = \frac{1}{T} \tag{11-1}$$

在生产实际中往往会遇到各种各样的振动问题，通过不断地认识和掌握各种情况下机械振动的规律，以便控制振动的危害，发挥其有益的作用。提出了进行机械振动或结构的振动分析设计这两方面的问题。前者的问题大致可分为三类：第一类是固有特性问题，如振动系统的固有频率、固有振型等；第二类是振动的响应问题，即振动系统受外界激励作用而产生的振动效应，其中一方面研究振动引起的结构动态变形、其加速度是否超出允许值以及所产生的噪声等，另一方面研究构件动应力、结构疲劳强度或寿命等；第三类是振动的稳定性问题，即研究影响系统稳定性的主要因素以及确定稳定性临界条件等。

振动设计或振动控制是振动分析的逆问题，任务是在产品设计中采取必要措施来满足振动要求，如避开共振、限制振动响应水平、不发生自激振动等。但由于问题的复杂性，一般仍将问题转化为振动分析问题来处理，即先根据经验选取振动系统的质量，确定其系统刚度分布以及必要时外加减振装置等；再分析其固有特性、振动响应及稳定性问题。

11.1.2　机械振动的分类

机械振动可根据不同的特征分为不同的种类。

1. 按振动的输入特性分

(1) 自由振动：系统受到初始激励作用后，仅靠其本身的弹性恢复力“自由地”振动，其振动的特性仅取决于系统本身的物理特性(质量 m 和刚度系数 k)。

(2) 受迫振动：又称为强迫振动，系统受到外界持续的激励作用而“被迫地”产生振动，其振动特性除取决于系统本身的特性外，还取决于激励的特性。

(3) 自激振动：有的系统由于具有非振荡性能源或反馈特性，从而产生一种稳定持续的振动。

2. 按振动的周期特性分

(1) 周期振动：振动系统的某些参量(如位移、速度、加速度等)在相等的时间间隔内做往复运动。往复一次所需的时间间隔称为周期。每经过一个周期以后，运动又重复前一周期的全过程，如图 11-2 所示。

(2) 非周期振动：即瞬态振动，振动系统的参量的变化没有固定的时间间隔，即没有一定的周期，如图 11-3 所示。

3. 按振动的输出特性分

(1) 简谐振动：可以用简单正弦函数或余弦函数表示其运动规律的振动。显然，简谐振动属于周期性振动。

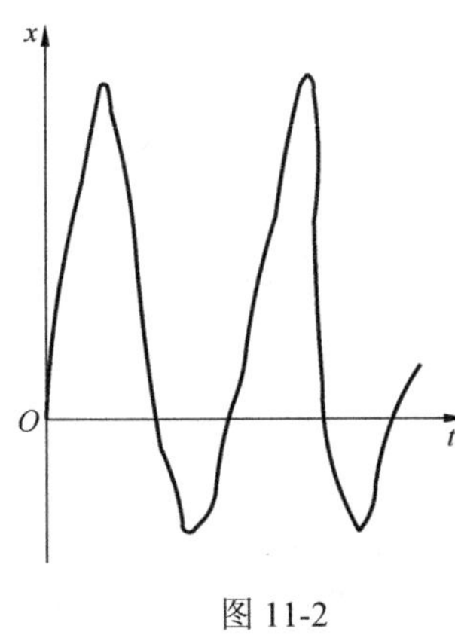

图 11-2

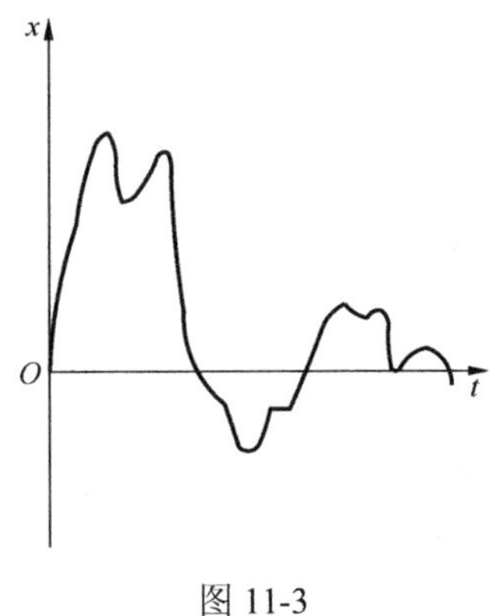

图 11-3

(2) 非简谐振动：不可以直接用简单正弦函数或余弦函数表述其运动规律的振动。如图 11-2 所示的振动，非简谐振动也可能是周期振动。

(3) 随机振动：不能用简单函数或简单函数的组合来表述其运动规律，而只能用统计的方法来研究其规律的非周期振动，如图 11-3 所示。

4. 按振动系统的结构参数特性分

(1) 线性振动：振动系统的惯性力、阻尼力、弹性恢复力分别与加速度、速度、位移呈线性关系，系统中质量、阻力系数和刚度均为常数，该系统的振动可用常系数线性微分方程表述。

(2) 非线性振动：振动系统的阻尼力或弹性恢复力具有非线性性质，系统的振动可以用非线性微分方程表述。

5. 按振动系统的自由度分

(1) 单自由度系统振动：确定系统在振动过程中任何瞬时的几何位置只需一个独立坐标的振动。

(2) 多自由度系统振动：确定系统在振动过程中任何瞬时的几何位置需要多个独立坐标的振动。

(3) 无限多个自由度系统振动：需用无限多个独立坐标确定系统在振动过程中任何瞬时的几何位置。

6. 按振动的位移特征分

(1) 纵向振动：振动体上的质点沿轴线方向发生位移的振动。

(2) 横向振动：振动体上的质点在垂直于轴线方向发生位移的振动。

(3) 扭转振动：振动体上的质点做绕轴线方向发生位移(角位移)的振动。

(4) 摆的振动：振动体上的质点在平衡位置附近做弧线运动。

纵向振动和横向振动又称为直线振动，扭转振动又称为角振动。

11.1.3　振动系统的物理参数

当质量的位移(即弹性元件的变形)为 x，弹性元件的弹性力(等于施加的外力)为 $\boldsymbol{F}_{\mathrm{k}}$ 时，

弹性力和位移的关系可表示为

$$\boldsymbol{F}_{\mathrm{k}}=f(x) \tag{11-2}$$

式中，$\boldsymbol{F}_{\mathrm{k}}$为弹性元件的刚度特性，表示系统内部弹性力变化的性质。各种弹性元件的刚度特性曲线如图 11-4 所示。当位移很小时，作为一阶近似，各种刚度特性曲线均可用过原点的切线代替，即 $\boldsymbol{F}_{\mathrm{k}}=kx$。

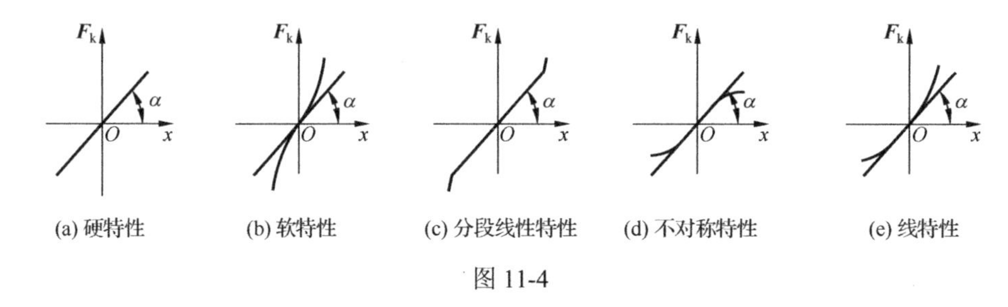

图 11-4

11.2　单自由度系统振动微分方程的建立

11.2.1　自由振动微分方程的建立

如前所述，单自由度振动系统通常包括一个定向振动的质量、连接振动质量与基础之间的弹性元件(其刚度为 k)以及运动中的阻尼(阻尼系数为 r)。振动质量 m、弹簧刚度 k 和阻尼系数 r 是振动系数的 3 个基本要素。为使振动系数做等幅振动，在振动系统中还作用有持续作用的激振力 $\boldsymbol{F}(t)$，此激振力 $\boldsymbol{F}(t)$ 可以是简谐的力 $\boldsymbol{F}_0\sin(\omega t)$，也可以是任意的力。纵向振动系统的受力示意图如图 11-5 所示。

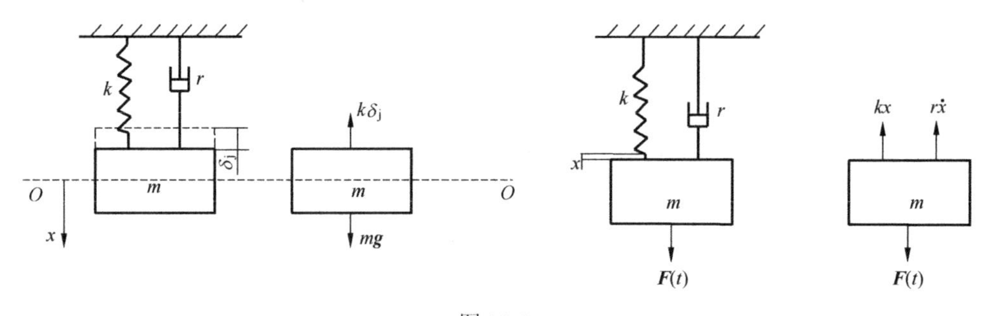

图 11-5

系统振动时，振动质量 m 的位移 x、速度 $\dot{x}$ 和加速度 $\ddot{x}$ 会产生弹性力 kx、阻尼力 $r\dot{x}$ 和惯性力 $m\ddot{x}$，它们分别与振动质量的位移、速度和加速度成正比，但方向相反。

应用牛顿运动定律可以建立振动系统的运动微分方程。现取 x 轴向为正，按牛顿第二定律，作用于质点上所有力的合力等于该质点的质量与沿合力方向的加速度的乘积，则

$$m\ddot{x}=F_0\sin(\omega t)-kx-r\dot{x}-k\delta_{\mathrm{j}}+mg$$

因为把质量块挂上后，弹簧的静变形量为 δ_{j}，此时系统处于静平衡状态，平衡位置为

O—O，由平衡条件可知，

$$k\delta_{\mathrm{j}} = mg$$

所以，

$$m\ddot{x} + r\dot{x} + kx = F_0 \sin(\omega t) \tag{11-3}$$

式(11-3)即单自由度线性纵向振动系统的运动微分方程的通式，又称为单自由度有黏性阻尼的受迫振动方程，可分为如下几种情况。

(1)当 $r = 0$，$\boldsymbol{F}(t) = 0$ 时，为单自由度无阻尼自由振动。

$$m\ddot{x}+kx=0 \tag{11-4}$$

(2)当 $\boldsymbol{F}(t) = 0$ 时，为单自由度有黏性阻尼的自由振动。

$$m\ddot{x}+r\dot{x}+kx=0 \tag{11-5}$$

(3)当 $r = 0$ 时，为单自由度无阻尼受迫振动。

$$m\ddot{x} + kx = F_0 \sin(\omega t) \tag{11-6}$$

11.2.2 单自由度无阻尼系统的自由振动

无阻尼系统自由振动是指振动系统受到初始扰动(激励)以后，不再受外力作用，也不受阻尼的影响所做的振动。

如图 11-6 所示，振动体的质量为 m，它所受到的重力为 $\boldsymbol{W}$，弹簧刚度为 k，弹簧在质量块的作用下静伸长为 δ_{j}，此时系统处于静平衡状态，平衡位置为 O—O。

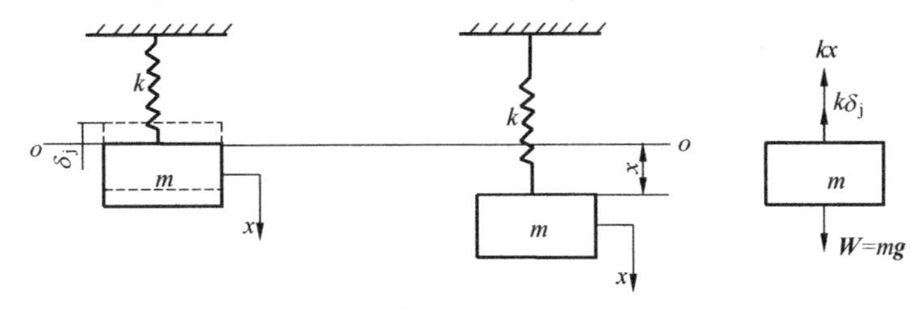

图 11-6

由静平衡条件可知，

$$k\delta_{\mathrm{j}} = W \tag{11-7}$$

当系统受到外界的某种初始干扰作用以后，静平衡状态被破坏，弹性力不再与重力相平衡，产生的弹性恢复力使系统产生自由振动。

取静平衡位置为坐标原点，以 x 表示质量块的位移，并以 x 轴为系统的坐标轴，取向下为正。当质量块离开平衡位置时，在质量块上作用有重力 $\boldsymbol{W}$ 和弹性恢复力 $-k(\delta_{\mathrm{j}} + x)$。由于受力不平衡，质量块即产生加速度，根据牛顿第二定律建立振动微分方程：

$$m\ddot{x} = W - k(\delta_{\mathrm{j}} + x)$$

即

$$m\ddot{x} + kx = 0 \tag{11-8}$$

由此可见，在建立振动微分方程时，若取静平衡位置为坐标原点，就已经考虑了重力的影响，而在建立振动方程的过程中不必出现重力 $\boldsymbol{W}$ 和静变形 δ_j。现将式 $m\ddot{x}+kx=0$ 改写为

$$\ddot{x}+\frac{k}{m}x=0 \tag{11-9}$$

令 $\frac{k}{m}=\omega_n^2$，并代入式(11-9)，则

$$\ddot{x}+\omega_n^2x=0 \tag{11-10}$$

该方程为一个齐次二阶常系数线性微分方程，显然 $x=e^{st}$ 是方程的特解，将 $\ddot{x}=s^2e^{st}$ 代入式(11-10)得 $(s^2+\omega_n^2)e^{st}=0$。由于 $e^{st}\neq 0$，得

$$s^2+\omega_n^2=0 \tag{11-11}$$

式(11-11)称为微分方程的特征方程，其特征根为

$$s=\pm i\omega_n \tag{11-12}$$

式中，$i=\sqrt{-1}$。

所以振动微分方程的通解为 $x=c_1e^{i\omega_n t}+c_2e^{-i\omega_n t}$。

由欧拉公式可得

$$\begin{aligned} x&=c_1[\cos(\omega_n t)+i\sin(\omega_n t)]+c_2[\cos(\omega_n t)-i\sin(\omega_n t)] \\ &=(c_1+c_2)\cos(\omega_n t)+i(c_1-c_2)\sin(\omega_n t) \\ &=D_1\cos(\omega_n t)+D_2\sin(\omega_n t) \end{aligned} \tag{11-13}$$

式中，$D_1=c_1+c_2$，$D_2=i(c_1-c_2)$，由初始条件确定。

式(11-13)表明，单自由度无阻尼系统自由振动包含两个频率相同的简谐振动，而这两个简谐振动的合成仍是一个简谐振动，可用式(11-14)表示：

$$x=A\sin(\omega_n t+\varphi_0) \tag{11-14}$$

其中，

$$A=\sqrt{D_1^2+D_2^2} \tag{11-15}$$

$$\varphi_0=\arctan\frac{D_1}{D_2} \tag{11-16}$$

$$\omega_n=\sqrt{\frac{k}{m}} \tag{11-17}$$

式中，A 为振幅，它表示质量偏离静平衡位置的最大位移；φ_0 为初始相位角，rad/s；ω_n 为振动系统的固有频率，rad/s。

将振动的初始条件 $t=0$，$x=x_0$，$\dot{x}=\dot{x}_0$ 代入式(11-14)中，得

$$x_0=D_1,\quad \dot{x}_0=D_2\omega_n$$

则

$$A=\sqrt{{x_0}^2+\frac{\dot{x}_0^2}{\omega_n^2}},\quad \varphi_0=\arctan\frac{x_0\omega_n}{\dot{x}_0}$$

系统每秒振动的次数称为系统的固有频率(Hz)，以 f 表示：

$$f=\frac{\omega_n}{2\pi}=\frac{1}{2\pi}\sqrt{\frac{k}{m}} \tag{11-18}$$

振动一次所用的时间称为周期(s)，用 T 表示，周期 T 是频率 f 的倒数：

$$T=\frac{1}{f}=\frac{2\pi}{\omega_n}=2\pi\sqrt{\frac{m}{k}} \tag{11-19}$$

由式(11-19)可知，系统的固有频率(ω_n或f)是系统的固有特性，它仅取决于振动系统本身的固有参数(m 和 k)，而与系统所受的初始扰动(初始条件)无关。因此，对相同质量的两个系统，弹簧刚度小的系统固有频率低，弹簧刚度大的系统固有频率高；而对刚度相同的两个系统，质量大的系统固有频率低，质量小的系统固有频率高。

图 11-7 表示两个刚度系数分别为 k_1、k_2 的两种弹簧并联系统。图 11-8 表示两个刚度系数分别为 k_1、k_2 的弹簧串联系统。下面分别研究这两个系统的固有频率和等效弹簧刚度系数。

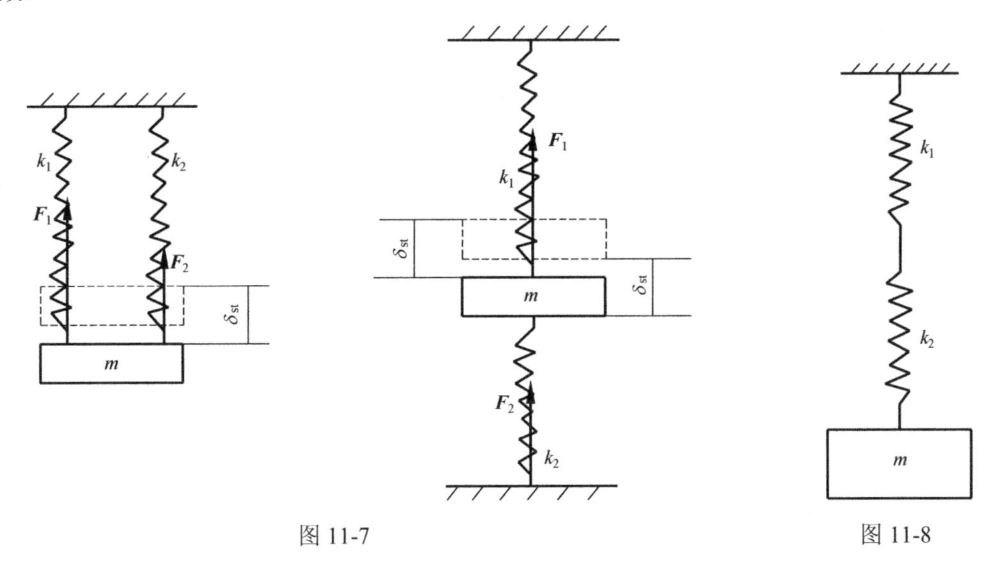

图 11-7　　图 11-8

1. 弹簧并联

设物块在重力 mg 作用下平移，其静变形为 δ_{st}，两个弹簧分别为 $\boldsymbol{F}_1$ 和 $\boldsymbol{F}_2$。弹簧变形量相同，因此

$$F_1=k_1\delta_{st},\quad F_2=k_2\delta_{st}$$

在平衡时，有

$$mg=F_1+F_2=(k_1+k_2)\delta_{st}$$

令

$$k_{eq}=k_1+k_2 \tag{11-20}$$

k_{eq} 称为等效弹簧刚度系数，上式成为

$$mg=k_{eq}\delta_{st}\quad 或\quad \delta_{st}=\frac{mg}{k_{eq}}$$

因此上述并联系统的固有频率为

$$\omega_n = \sqrt{\frac{k_{eq}}{m}} = \sqrt{\frac{k_1 + k_2}{m}} \tag{11-21}$$

此系统相当于一个有效弹簧，当两个弹簧并联时，其等效弹簧刚度系数等于两个弹簧刚度系数之和。

2. 弹簧串联

图 11-8 所示两个弹簧串联，每个弹簧受的力都等于物块的重量 mg，因此两个弹簧的静伸长分别为

$$\delta_{st1} = \frac{mg}{k_1}, \quad \delta_{st2} = \frac{mg}{k_2}$$

两个弹簧总的静伸长为 $\delta_{st} = \delta_{st1} + \delta_{st2} = mg\left(\frac{1}{k_1} + \frac{1}{k_2}\right)$

若弹簧串联系统的等效弹簧刚度系数为 k_{eq}，则

$$\delta_{st} = \frac{mg}{k_{eq}}$$

比较上面两式得

$$\frac{1}{k_{eq}} = \frac{1}{k_1} + \frac{1}{k_2} \tag{11-22}$$

或

$$k_{eq} = \frac{k_1 k_2}{k_1 + k_2} \tag{11-23}$$

上述弹簧串联系统的固有频率为

$$\omega_n = \sqrt{\frac{k_{eq}}{m}} = \sqrt{\frac{k_1 k_2}{m(k_1 + k_2)}} \tag{11-24}$$

当两个弹簧串联时，其等效弹簧刚度系数的倒数等于两个弹簧刚度系数倒数之和。

11.2.3 单自由度有阻尼系统的自由振动

无阻尼自由振动只是一种理想情况，实际中系统振动不可避免地存在阻力，因而自由振动都是会衰减的，振幅将随时间延长而逐渐减小，最后停止振动，在振动中这些阻力称为阻尼。在实际振动系统中存在多种类型的阻尼，其中黏性阻尼力与速度呈线性关系，因此通常都假设系统阻尼为黏性阻尼，以便简化振动问题的分析。

单自由度有阻尼系统自由振动的力学模型如图 11-9 所示。假定阻尼为黏性阻尼，当质体振动时，阻尼力 $\boldsymbol{F}_r$ 与质体 m 的速度 $\dot{\boldsymbol{x}}$ 成正比，且方向相反，即

$$\boldsymbol{F}_r = -r\dot{\boldsymbol{x}} \tag{11-25}$$

式中，r 为黏性阻尼系数，$N \cdot s/m$。

根据牛顿第二定律，建立具有黏性阻尼的自由振动微分方程为

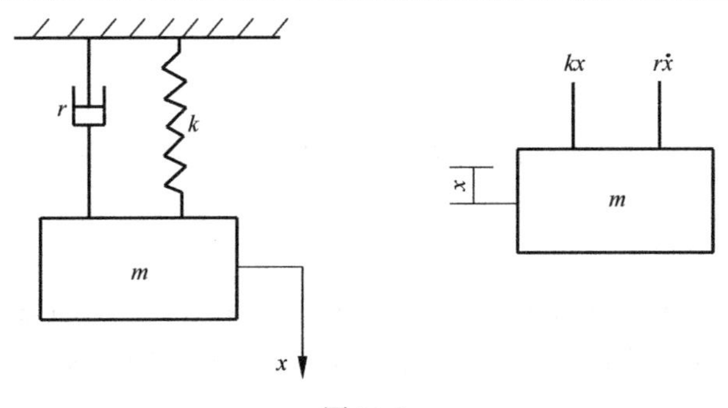

图 11-9

$$m\ddot{x} = -r\dot{x} - kx$$
$$m\ddot{x} + r\dot{x} + kx = 0 \tag{11-26}$$

令 $\frac{k}{m} = \omega_n^2, \frac{r}{m} = 2n$，代入式(11-26)，得

$$\ddot{x} + 2n\dot{x} + \omega_n^2 x = 0 \tag{11-27}$$

该方程式是一个齐次二阶常系数线性微分方程，设其特解为

$$x = e^{st}$$

把它的一阶、二阶导数 $\dot{x} = se^{st}$，$\ddot{x} = s^2 e^{st}$ 代入式(11-27)，得

$$(s^2 + 2ns + \omega_n^2)e^{st} = 0$$

因 $e^{st} \neq 0$，故必有

$$s^2 + 2ns + \omega_n^2 = 0 \tag{11-28}$$

式(11-28)称为特征方程。该方程的两个根为

$$s_{1,2} = -n \pm i\sqrt{\omega_n^2 - n^2} \tag{11-29}$$

令 $\omega_r = \sqrt{\omega_n^2 - n^2}$，微分方程(11-27)的通解可表达为

$$x = C_1 e^{(-n+i\omega_r t)} + C_2 e^{(-n-i\omega_r t)} = e^{-nt}(C_1 e^{i\omega_r t} + C_2 e^{-i\omega_r t}) \tag{11-30}$$

式中，C_1 和 C_2 为待定常数，由振动的初始条件确定。

11.3　简谐激励作用下的强迫振动

11.3.1　无阻尼系统的强迫振动

具有黏性阻尼的系统的自由振动会逐渐衰减。但是，当系统受到外界动态作用力持续周期的作用时，系统将产生等幅振动，该振动称为受迫振动，这种振动就是系统对外力的响应。例如，工件上轴向开槽会使车刀每转一次受到一次冲击，磨床砂轮的不平衡会对工件施加周期压力，传动带的接扣会周期性地冲击转动轴等。这些冲击就不像自由振动那样只在开始瞬时给予扰动，而是持续不断地给系统以扰动，因而产生受迫振动。作用在系统上持续的激振按随时间变化的规律可分为简谐激振、非简谐周期激振和随时间变化的非周期任意激振。

简谐激振力是按正弦函数或余弦函数规律变化的力，如偏心质量引起的离心力、载荷不均或传动不均衡产生的冲击力等。非简谐周期激振力如凸轮旋转产生的激振力、单活塞-连杆机构的激振力等。

随时间变化的非周期任意激振力如爆破载荷的作用力、提升机紧急制动的冲击力等。对系统持续激振的作用形式可以是力直接作用到系统上，也可以是位移、速度或加速度。

外界激振所引起系统的振动形态称为对激振的响应，系统的响应也可以是位移、速度或加速度，一般以位移的形式表达。

图 11-10(a)所示简支梁的中点装有双轴惯性激振器，忽略阻尼，简化为图 11-10(b)所示的力学模型。激振器的质量为 m，梁的跨度为 l，刚度为 k。激振器为两个以 $\boldsymbol{\omega}$ 角速度反方向转动的偏心圆盘。偏心质量产生的离心惯性力的水平分量互相平衡，而垂直分量叠加为激振力 $\boldsymbol{F}_0\sin(\omega t)$ 作用在质量 m 上，使系统产生受迫振动。

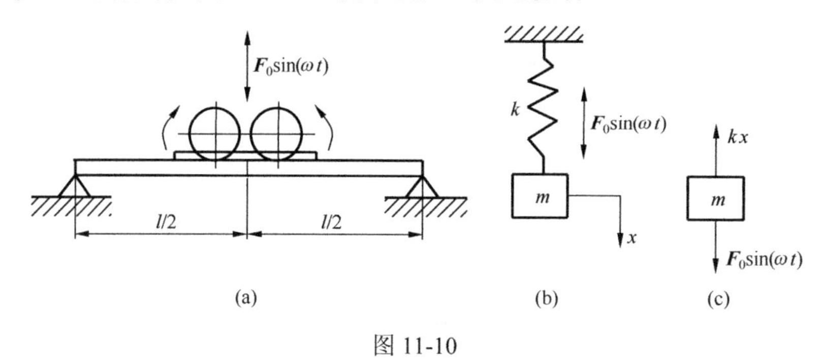

图 11-10

质量 m 的受力情况如图 11-10(c)所示。忽略阻尼的影响时，振动方程表示为

$$m\ddot{x}+kx=F_0\sin(\omega t) \tag{11-31}$$

$$\ddot{x}+\frac{k}{m}x=\frac{F_0}{m}\sin(\omega t) \tag{11-32}$$

令 $\dfrac{k}{m}=\omega_{\mathrm{n}}^2$，$\dfrac{F_0}{m}=q$，代入式(11-32)中，得

$$\ddot{x}+\omega_{\mathrm{n}}^2x=q\sin(\omega t) \tag{11-33}$$

设 $x=B\sin(\omega t)$ 为式(11-33)的特解，代入式(11-33)可解得

$$B=\frac{q}{\omega_{\mathrm{n}}^2-\omega^2}$$

所以微分方程式(11-33)的通解可表达为

$$x=C_1\cos(\omega_{\mathrm{n}}t)+C_2\sin(\omega_{\mathrm{n}}t)+\frac{q}{\omega_{\mathrm{n}}^2-\omega^2}\sin(\omega t) \tag{11-34}$$

无阻尼受迫振动是由两个谐振动合成的：第一部分是频率为固有频率的自由振动；第二部分是频率为激振力频率的振动，称为受迫振动。

11.3.2　有阻尼系统的强迫振动

质量 m 上作用简谐激振力 $\boldsymbol{F}_0\sin(\omega t)$，位移为 $x(t)$，其正方向如图 11-11 所示，速度为 $\dot{x}(t)$，加速度为 $\ddot{x}(t)$。作用在质量 m 上的弹性恢复力为$-kx$，阻尼力为$-r\dot{x}$，根据牛顿第二定律建立系统的振动微分方程式为

$$m\ddot{x}+r\dot{x}+kx=F_0\sin(\omega t) \tag{11-35}$$

将 $\dfrac{k}{m}=\omega_\text{n}^2,\ \dfrac{r}{m}=2n,\ \dfrac{F_0}{m}=q$ 代入得

$$\ddot{x}+2n\dot{x}+\omega_\text{n}^2x=q\sin(\omega t) \tag{11-36}$$

通解可表示为

$$x_1(t)=A\mathrm{e}^{-nt}\sin(\omega_\text{r}t+\varphi_\text{r})$$

式中，$x_1(t)$ 为阻尼系统的自由振动，在小阻尼的情况下，这是一个衰减振动，只在开始振动后某一较短的时间内有意义，随着时间的延长，它将衰减下去。当仅研究受迫振动中持续的等幅振动时，可以省略去 $x_1(t)$。$x_2(t)$ 为阻尼系统的受迫振动，称为系统的稳态解。从微分方程式非齐次项是正弦函数这一性质，可知特解的形式也为正弦函数，它的频率与激振频率相同。因此，可设此特解为

$$x_2(t)=B\sin(\omega t-\psi) \tag{11-37}$$

式中，B 为受迫振动的振幅；ψ 为位移落后于激振力的相位角。

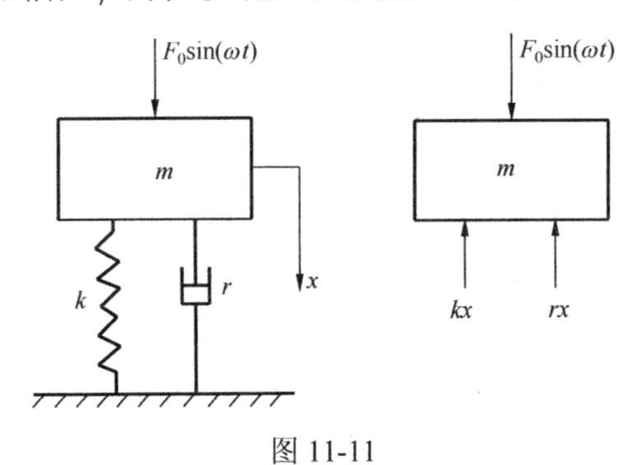

图 11-11

将 $x_2(t)$ 及其一阶、二阶导数代入方程(11-35)中，可解出 B 与 ψ 为

$$B=\frac{q}{\sqrt{(\omega_\text{n}^2-\omega^2)^2+4n^2\omega^2}} \tag{11-38}$$

$$\psi=\arctan\frac{2n\omega}{\omega_\text{n}^2-\omega^2} \tag{11-39}$$

令 $\dfrac{\omega}{\omega_\text{n}}=z,\ \dfrac{n}{\omega_\text{n}}=\zeta$，得

$$B=\frac{F_0}{k}\times\frac{1}{\sqrt{(1-z^2)^2+(2\zeta z)^2}} \tag{11-40}$$

$$\psi = \arctan\frac{2\zeta z}{1-z^2} \tag{11-41}$$

从式(11-40)和式(11-41)可以看出，具有黏性阻尼的系统受到简谐激振力作用时，受迫振动也是一个简谐运动，其频率和激振频率 ω 相同，振幅 B、相位角 ψ 取决于系统本身的性质(质量 m、弹簧刚度 k、黏性阻尼系数 r)和激振力的性质(激振力幅值 F_0、频率 ω)，与初始条件无关。

11.4　两自由度自由振动系统

单自由度系统的振动理论是振动理论的基础。在实际工程问题中，还经常会遇到一些不能简化为单自由度系统的振动问题，因此有必要进一步研究多自由度系统的振动理论。

两自由度系统是最简单的多自由度系统。从单自由度系统到两自由度系统，振动的性质和研究的方法有质的不同。研究两自由度系统是分析和掌握多自由度系统振动特性的基础。

两自由度系统是指要用两个独立坐标才能确定系统在振动过程中任何瞬时的几何位置的振动系统。很多生产实际中的问题都可以简化为两自由度振动系统。

11.4.1　系统的运动微分方程

图 11-12(a)为两自由度振动系统，两个物块质量各为 m_1 和 m_2，质量 m_1 与一端固定的刚度系数为 k_1 的弹簧连接，质量 m_2 用刚度系数为 k_2 的弹簧与 m_1 连接。物块可以在水平方向运动，摩擦等阻力都忽略不计。

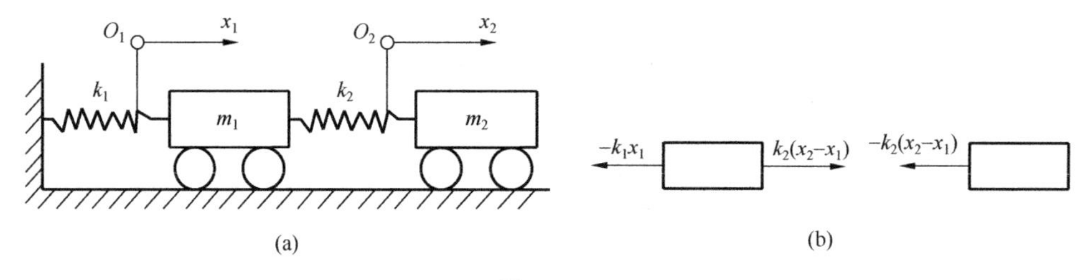

图 11-12

现建立系统的振动微分方程。选取两物块的平衡位置 O_1 和 O_2 分别为两物块的坐标原点，取两物块离平衡位置的位移 x_1 和 x_2 为系统的坐标。在平衡位置上两弹簧的弹性恢复力为零，当系统发生运动时，弹性恢复力如图 11-12(b)所示，运动微分方程可表示为

$$\begin{cases} m_1\ddot{x}_1 = -k_1x_1 + k_2(x_2 - x_1) \\ m_2\ddot{x}_2 = -k_2(x_2 - x_1) \end{cases} \tag{11-42}$$

即

$$\begin{cases} m_1\ddot{x}_1 + (k_1 + k_2)x_1 - k_2x_2 = 0 \\ m_2\ddot{x}_2 - k_2x_1 + k_2x_2 = 0 \end{cases} \tag{11-43}$$

式(11-43)是一个二阶线性齐次微分方程组。

令 $b=\dfrac{k_1+k_2}{m_1}$，$c=\dfrac{k_2}{m_1}$，$d=\dfrac{k_2}{m_2}$，于是微分方程组可改写为

$$\begin{cases}\ddot{x}_1+bx_1-cx_2=0\\ \ddot{x}_2-dx_1+dx_2=0\end{cases} \tag{11-44}$$

根据微分方程理论，可设上列方程组的解为

$$x_1=A\sin(\omega t+\theta),\quad x_2=B\sin(\omega t+\theta) \tag{11-45}$$

式中，A,B 为振幅；ω 为角频率；θ 为初相角，将式(11-45)代入式(11-43)得

$$\begin{cases}-A\omega^2\sin(\omega t+\theta)+bA\sin(\omega t+\theta)-cB\sin(\omega t+\theta)=0\\ -B\omega^2\sin(\omega t+\theta)-dA\sin(\omega t+\theta)+dB\sin(\omega t+\theta)=0\end{cases}$$

整理后得

$$\begin{cases}(b-\omega^2)A-cB=0\\ -dA+(d-\omega^2)B=0\end{cases} \tag{11-46}$$

式(11-46)是关于振幅 A、B 的二元一次齐次代数方程组，此式有零解 $A=B=0$，这相当于系统在平衡位置静止不动。系统发生振动时，方程具有非零解，此方程的系统行列式必须为零，即

$$\begin{vmatrix}b-\omega^2 & -c\\ -d & d-\omega^2\end{vmatrix}=0 \tag{11-47}$$

此行列式称为频率行列式，展开行列式后得到代数方程：

$$\omega^4-(b+d)\omega^2+d(b-c)=0 \tag{11-48}$$

式(11-48)是系统的本征方程，称为频率方程。频率方程是关于 ω^2 的一元二次代数方程，可解出它的两个根为

$$\omega_{1,2}^2=\frac{b+d}{2}\mp\sqrt{\left(\frac{b+d}{2}\right)^2-d(b-c)} \tag{11-49}$$

整理得

$$\omega_{1,2}^2=\frac{b+d}{2}\mp\sqrt{\left(\frac{b-d}{2}\right)^2+cd} \tag{11-50}$$

由式(11-49)和式(11-50)可见，ω^2 的两个根是实数，而且都是正数。其中第一个根 ω_1 较小，称为第一固有频率；第二个根 ω_2 较大，称为第二固有频率。由此得出结论：两自由度系统具有两个固有频率，这两个固有频率只与系统的质量和刚度等参数有关，而与振动的初始条件无关。

11.4.2　自由振动振幅的特点

对于第一固有频率，

$$\frac{A_1}{B_1}=\frac{c}{b-\omega_1^2}=\frac{d-\omega_1^2}{d}=\frac{1}{\gamma_1} \tag{11-51}$$

对于第二固有频率，

$$\frac{A_2}{B_2}=\frac{c}{b-\omega_2^2}=\frac{d-\omega_2^2}{d}=\frac{1}{\gamma_2} \tag{11-52}$$

其中，γ_1和γ_2为比例常数。从式(11-51)和式(11-52)可以看出：这两个常数只与系统的质量、刚度等参数有关。由此可见，对于确定的两自由度系统，两组振幅 A 和 B 的两个比值是两个定值。对应于第一固有频率 ω_1 的振动称为第一主振动，它的运动规律为

$$\begin{cases} x_1^{(1)} = A_1\sin(\omega_1 t + \theta_1) \\ x_2^{(1)} = \gamma_1 A_1\sin(\omega_1 t + \theta_1) \end{cases} \tag{11-53}$$

对应于第二固有频率 ω_2 的振动称为第二主振动，它的运动规律为

$$\begin{cases} x_1^{(2)} = A_2\sin(\omega_2 t + \theta_2) \\ x_2^{(1)} = \gamma_2 A_2\sin(\omega_2 t + \theta_2) \end{cases} \tag{11-54}$$

可得到各个主振动中两个物块的振幅比：

$$\gamma_1 = \frac{B_1}{A_1} = \frac{b-\omega_1^2}{c} = \frac{1}{c}\left[\frac{b-d}{2} + \sqrt{\left(\frac{b-d}{2}\right)^2 + cd}\right] > 0$$

$$\gamma_2 = \frac{B_2}{A_2} = \frac{b-\omega_2^2}{c} = \frac{1}{c}\left[\frac{b-d}{2} - \sqrt{\left(\frac{b-d}{2}\right)^2 + cd}\right] < 0$$

上两式说明，当系统做第一主振动时，振幅比γ_1为正，表示 m_1 和 m_2 总是同相位，即做同方向的振动；当系统做第二主振动时，振幅比γ_2为负，表示 m_1 和 m_2 反相位，即做反向振动。

对于图 11-13(a)所示系统，图 11-13(b)表示在第一主振动中振动的形状，称为第一主振型；图 11-13(c)表示在第二主振动中振动的形状，称为第二主振型。在第二主振动中，由于 m_1 和 m_2 始终做反向振动，其位移 $x_1^{(2)}$ 和 $x_2^{(2)}$ 的比值为确定的比值，所以在弹簧 k_2 上始终有一点不发生振动，这一点称为节点。图 11-13(c)中的点 C 就是始终不振动的点。

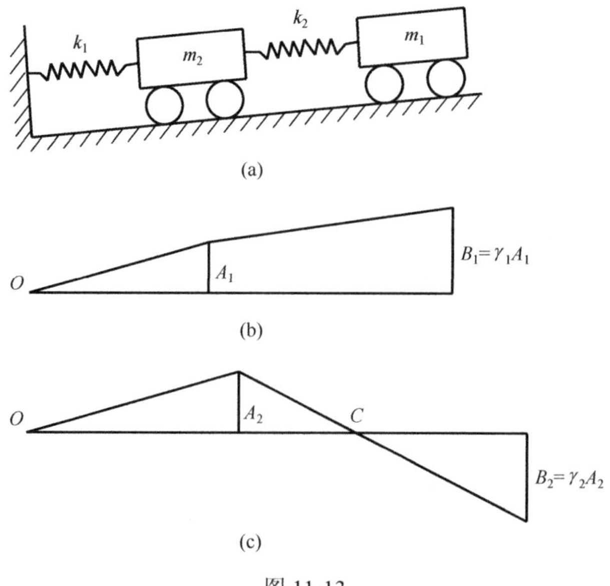

图 11-13

就确定的系统而言，振幅比 γ_1 和 γ_2 只与系统的参数有关，是确定的值，所以各阶主振型具有确定的形状，即主振型和固有频率一样都只与系统本身的参数有关，而与振动的初始条件无关，因此主振型也称固有振型。

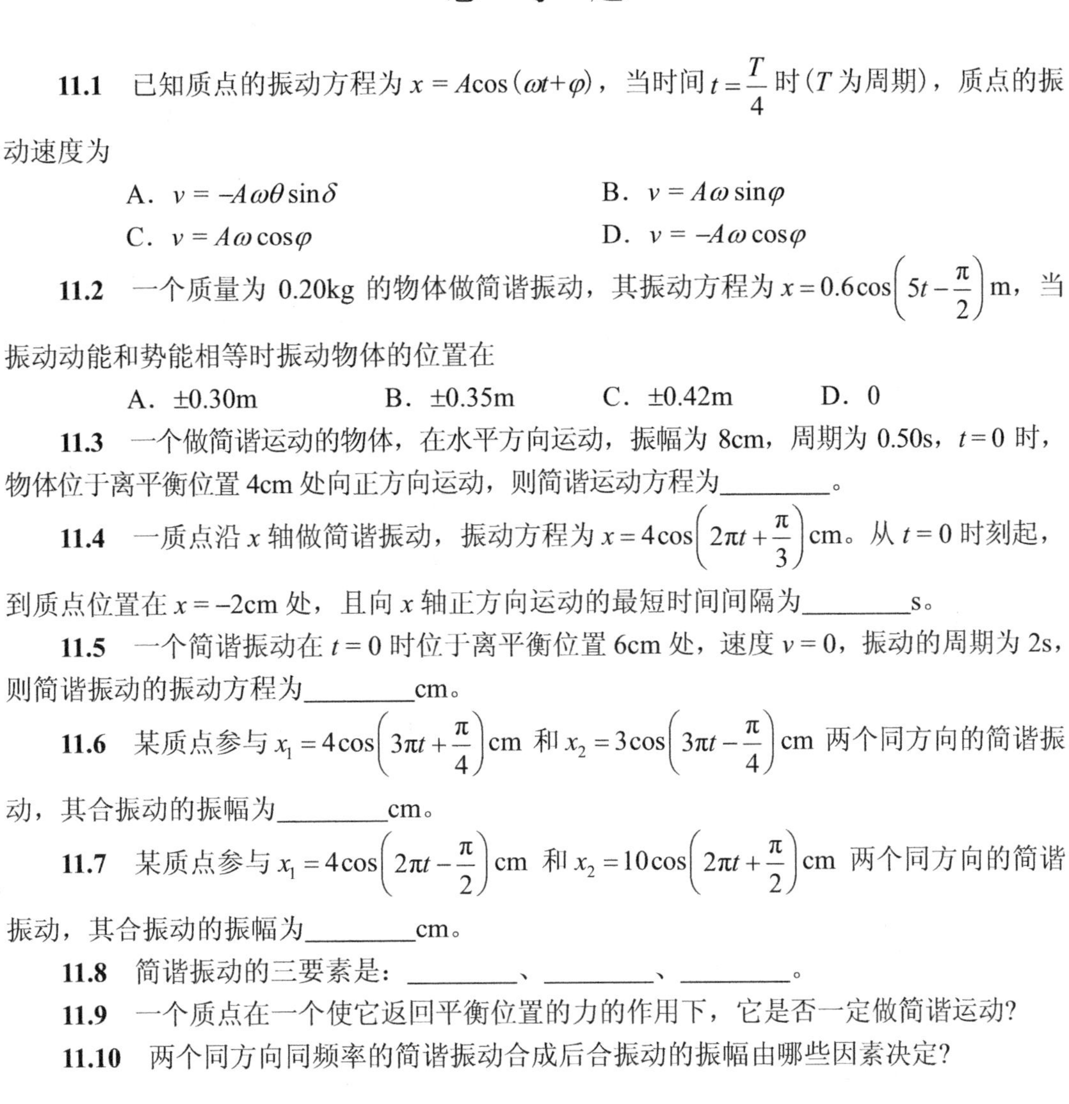

思　考　题

11.1　已知质点的振动方程为 $x = A\cos(\omega t+\varphi)$，当时间 $t=\dfrac{T}{4}$ 时（T 为周期），质点的振动速度为

A．$v = -A\omega\theta\sin\delta$　　B．$v = A\omega\sin\varphi$

C．$v = A\omega\cos\varphi$　　D．$v = -A\omega\cos\varphi$

11.2　一个质量为 0.20kg 的物体做简谐振动，其振动方程为 $x = 0.6\cos\left(5t-\dfrac{\pi}{2}\right)$m，当振动动能和势能相等时振动物体的位置在

A．±0.30m　　B．±0.35m　　C．±0.42m　　D．0

11.3　一个做简谐运动的物体，在水平方向运动，振幅为 8cm，周期为 0.50s，$t=0$ 时，物体位于离平衡位置 4cm 处向正方向运动，则简谐运动方程为________。

11.4　一质点沿 x 轴做简谐振动，振动方程为 $x=4\cos\left(2\pi t+\dfrac{\pi}{3}\right)$cm。从 $t=0$ 时刻起，到质点位置在 $x=-2$cm 处，且向 x 轴正方向运动的最短时间间隔为________s。

11.5　一个简谐振动在 $t=0$ 时位于离平衡位置 6cm 处，速度 $v=0$，振动的周期为 2s，则简谐振动的振动方程为________cm。

11.6　某质点参与 $x_1=4\cos\left(3\pi t+\dfrac{\pi}{4}\right)$cm 和 $x_2=3\cos\left(3\pi t-\dfrac{\pi}{4}\right)$cm 两个同方向的简谐振动，其合振动的振幅为________cm。

11.7　某质点参与 $x_1=4\cos\left(2\pi t-\dfrac{\pi}{2}\right)$cm 和 $x_2=10\cos\left(2\pi t+\dfrac{\pi}{2}\right)$cm 两个同方向的简谐振动，其合振动的振幅为________cm。

11.8　简谐振动的三要素是：________、________、________。

11.9　一个质点在一个使它返回平衡位置的力的作用下，它是否一定做简谐运动?

11.10　两个同方向同频率的简谐振动合成后合振动的振幅由哪些因素决定?

习　　题

11-1　如图所示，设有三个刚度分别为 k_1、k_2、k_3 的线性弹簧，试分别求出它们在并联和串联两种状态时的刚度。

11-2　如图所示一圆轮在平面上做纯滚动，圆心通过弹簧连接在固定端。已知圆轮质量为 m、转动惯量为 I。试求系统的固有频率。

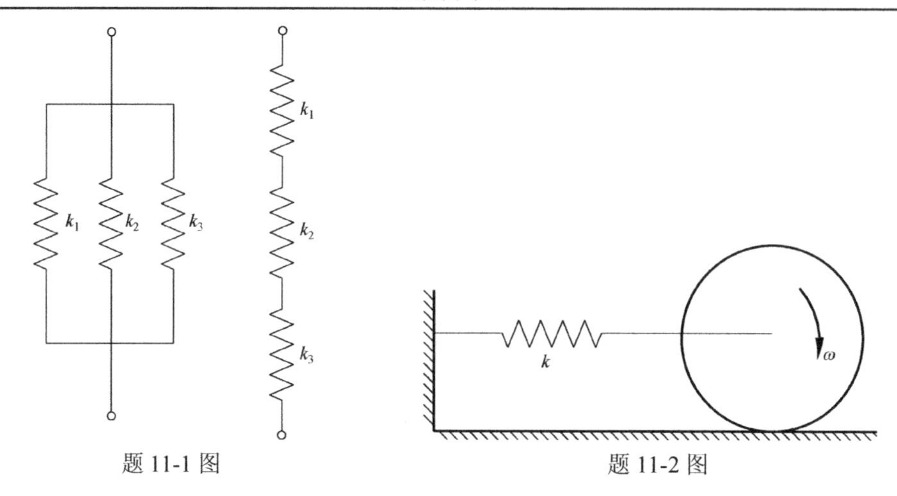

题 11-1 图　　题 11-2 图

11-3　如图所示微振系统，试求：(1)系统的质量矩阵和刚度矩阵；(2)固有频率。

11-4　如图所示的扭转系统。设 $k_1=k_2=k_3$，转动惯量 $I_1=I_2$。试求扭转系统的总刚度和固有频率。

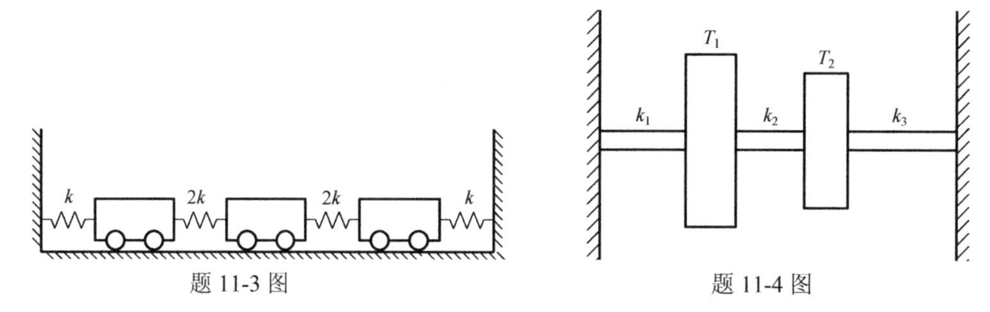

题 11-3 图　　题 11-4 图

11-5　如图所示偏心轮机构，偏心距为 e，轮子半径为 r，对转轴的转动惯量为 I，轮缘一侧通过两串联弹簧固定在地面，弹簧刚度分别为 k_1 和 k_2，轮缘另一侧通过绳子挂一重物，重量为 G。在图示位置，系统平衡。试写出系统的动能函数与势能函数并求出系统的固有频率。

11-6　求图示系统的稳态响应。

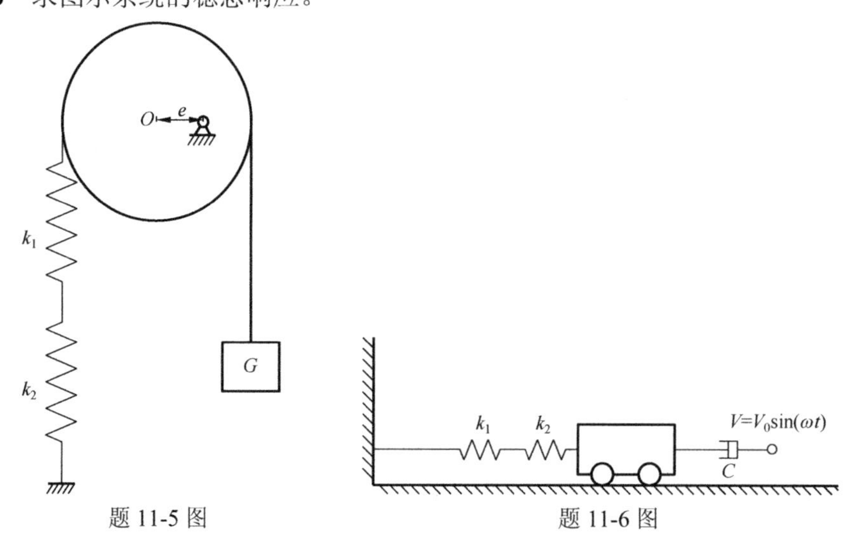

题 11-5 图　　题 11-6 图

11-7　如图所示，三个齿轮相啮合，轴 1、轴 2、轴 3 的扭转刚度分别为 k_1、k_2、k_3，齿轮齿数分别为 Z_1、Z_2、Z_3，转动惯量分别为 I_1、I_2、I_3，试求该系统做微幅振动时的固有频率。

11-8　如图所示系统，两弹簧的刚度分别为 k_1 和 k_2，物块质量为 m，圆盘转动惯量为 I，试建立系统的运动微分方程，计算系统的固有频率。

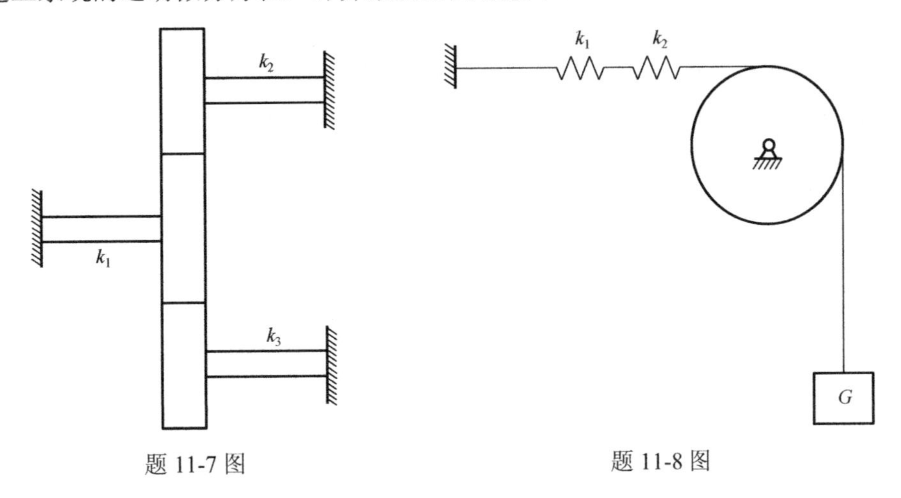

题 11-7 图　　题 11-8 图

11-9　如图所示系统，小车在地面上水平运动，质量为 m，两弹簧的刚度为 k，试求系统的等效刚度，并写成关于 x 的形式。

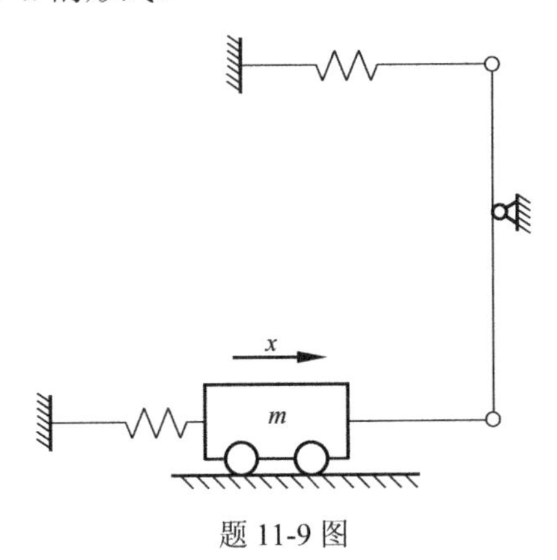

题 11-9 图

参 考 文 献

哈尔滨工业大学理论力学教研室, 2016. 理论力学[M]. 8 版. 北京: 高等教育出版社.
李晓雷, 俞德孚, 孙逢春, 2010. 机械振动基础[M]. 2 版. 北京: 北京理工大学出版社.
孙毅, 程燕平, 张莉, 2017. 理论力学习题全解[M]. 北京：高等教育出版社.
张秉荣, 章剑青, 1996. 工程力学[M]. 北京: 机械工业出版社.
周培源, 2018. 理论力学[M]. 北京：科学出版社.